자연은 우리가 살찌기를 바란다

자연은 우리가 살찌기를 바란다
생존 스위치, 비만과 질병에 숨겨진 놀라운 과학

초판 1쇄 발행 2022년 8월 10일

지은이 리처드 J. 존슨
옮긴이 최경은

펴낸이 김진규
경영지원 정동윤
책임편집 김정희

펴낸곳 (주)시프 | 출판등록 2021년 2월 15일(제2021-000035호)
주소 경기도 고양시 덕양구 권율대로668 티오피클래식 209-2호
전화 070-7576-1412
팩스 0303-3448-3388
이메일 seepbooks@naver.com

ISBN 979-11-92421-04-9 03470

자연은 우리가 살찌기를 바란다

생존 스위치, 비만과 질병에 숨겨진 놀라운 과학

리처드 J. 존슨 지음
최경은 옮김

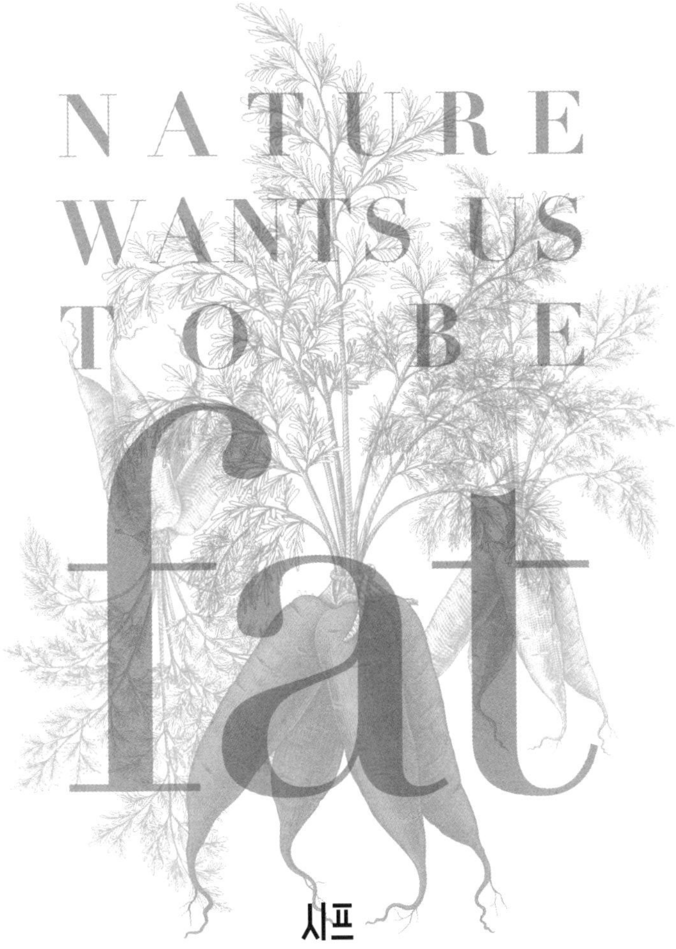

시프

나에게 멘토와 롤모델이 되어주신 아버지(J. 리처드 존슨)와

윌리엄 카우저, 시모어 클레바노프, 크레이그 티셔, 토머스 벌, 스티븐 베너,

나의 가족(올가, 트레이시, 리키)에게,

그리고 나에게 주치의가 될 기회를 주신 환자들께 감사한 마음을 담아.

《뉴욕타임스》 베스트셀러 1위
《그레인 브레인》*Grain Brain*의 저자
의학박사 데이비드 펄머터의 추천사!

《자연은 우리가 살찌기를 바란다》에 쏟아진 찬사

"칼로리는 그냥 칼로리가 아니다. 리처드 존슨 박사는 표면상으로는 에너지원으로 보이는 프럭토스라는 단당류가 단순한 돌연변이로 인해서 미국과 전세계를 괴롭히는 다양한 만성질환을 유발하는 독으로 변하게 된 과정을 알려준다."

_ **로버트 러스틱**(의학박사, 법학석사, 샌프란시스코 캘리포니아대학교 신경내분비학자, 《메타볼리컬》*Metabolical* 저자)

"비만의 과학에 관한 대단히 흥미로운 책이며 실용적인 팁이 가득 담겨 있다. 존슨 박사는 '우리가 문화 때문이 아니라 생물학적 원인으로 인해서 살이 찐다'고 지적하며 이러한 생물학적 원인을 진화적 관점에서 설명한다. 상당히 중요한 저작이다."

_ **제이슨 펑**(의학박사, 《비만 코드》*The Obesity Code*의 저자)

"저자는 프럭토스 특유의 대사적 특성을 알기 쉽게 설명하는 데 평생 전념해왔고 그 덕분에 학계의 많은 사람들이 훨씬 더 명확하게 이 분야를 이해할 수 있게 되었다. 나 역시 그의 연구를 통해 수많은 것들을 알게 되었고 영양학, 인슐린 저항성, 비알코올성 지방간, 2형 당뇨병 및 대사증후군과 연관된 다양한 대사성 질환들에 대한 생각을 정립할 수 있었다. 그는 프럭토스의 독특한 대사적 역할에 관한 진화학적 설명을 제공함으로써 격론이 오가는 주제에서 감정을 배제하고 생물학적 이치가 자연스럽게 드러나도록 한다."

_ **피터 아티아**(의학박사, 얼리 메디컬Early Medical 창립자, '드라이브'The Drive 팟캐스트 진행자)

"지극히 흥미롭고 도발적인 이 책은 프럭토스가 당뇨병과 비만을 비롯한 여러 만성질환의 발병에 특별한 역할을 담당한다고 주장한다. 과연 '지방 스위치'가 존재할까? 우리는 이를 반전시킬 수 있을까? 존슨 박사는 동물학과 인간학을 아우르며 다양한 분야에 걸친 흥미로운 여정으로 우리를 안내하고 인류사의 여러 사례를 소개함으로써 엄밀한 답변을 제공한다."

_ **니나 타이숄스**(과학 저널리스트, 세계적인 베스트셀러 《지방의 역설》*The Big Fat Surprise* 저자)

"만약 프럭토스가 우리를 살찌게 하고 그 살이 빠지지 않게 만드는 핵심적인 공통분모라면 어떻게 될까? 존슨 박사는 자연이 여분의 프럭토스에 대응해서 지방을 저장하도록 인체를 정교하게 설계한 이유가 무엇인지를 상세한 연구를 통해 설득력 있게 제시한다. 또한 어떻게 하면 우리가 이러한 지식을 활용해서 대사성 질환이라는 심각한 유행병에서 벗어날 수 있을지를 알려준다. 이 책을 읽는 독자는 프럭토스가 지방 비축을 위해서 우리의 생존 메커니즘('생존 스위치')을 어떻게 활성화하는지를 알 수 있다. 전세계를 휩쓸고 있는 대사 이상으로 인해서 셀 수 없이 많은 사람들이 목숨을 잃거나 고통 받고 있으며 막대한 의료비용이 발생한다. 이 책은 체중을 감량하고 건강을 관리하고 음식이 우리 몸에 미치는 영향을 이해하고 싶은 모든 사람들에게 증거에 기반한 생명선이자 실용적인 지침서가 되어줄 것이다."

_ **케이시 민스**(의학박사, 대사 건강 전문의, 레벨스Levels 공동 창립자)

"존슨 박사는 왕성하게 활동하고 있는 과학자로, 프럭토스의 대사가 건강에 미치는 영향에 관한 놀라운 사실들을 발견해냈다. 최근작인 이 책에서 그는 점점 더 많은 사람들이 살이 찌는 이유를 설명해줄 수 있는 믿을 만한 새 이론을 소개하고 이러한 상황을 해결하는 데 도움이 되는 방안을 제시한다. 수십여 년에 걸친 중요한 과학적 연구를 누구나 쉽게 이해할 수 있게 알려주는 보기 드문 책이다."

_ **제프 볼렉**(박사, 공인영양사, 오하이오주립대학교 교수, 버타 헬스Virta Health 공동 창립자 겸 최고과학책임자, 《저탄수 생활의 기술과 과학》*The Art and Science of Low Carbohydrate Living*, 《저탄수 퍼포먼스의 기술과 과학》*The Art and Science of Low Carbohydrate Performance* 저자)

"릭 존슨은 최정상급 과학자이자 천부적인 재능이 있는 작가다. 인간의 영양학 및 생리학 연구의 선구자인 그는 우리의 체중이 늘어날 수밖에 없는 이유와 이러한 상황에 대한 해결책을 대사적 측면에서 새롭게 설명한다. 이 책에서 그는 이 분야에 관한 최신 연구를 알기 쉽게 풀어서 소개한다. 자연의 실제 사례와 문화적 레퍼런스가 정교하게 교차되어 상당히 설득력 있고 유익하고 즐거운 독서 경험을 제공한다."

_ **마이클 고란**(의학박사, 《슈거프루프》*Sugarproof* 저자)

"나는 식단과 뇌 기능의 연관성에 관심이 많아 그동안 리처드 존슨 박사가 발표한 글과 저서를 꼼꼼하게 챙겨서 읽어왔다. 그는 늘 식단 및 건강 관련 이슈들의 최첨단을 걸어왔고 특히 프럭토스의 핵심적인 역할을 강조했다. 그의 최신작인《자연은 우리가 살찌기를 바란다》는 비만 및 대사장애의 병리학을 이해하는 데 새로운 기준을 제공한다. 기저에 존재하는 병리학을 과학적으로 서술해 보여주며, 이러한 정보를 활용해 비만과 대사장애에 반전을 일으킬 수 있는 혁신적인 방법을 제시한다. 이 책은 의학계 및 과학계에 몸담은 사람들뿐만 아니라 일반 대중도 '필독서'로 읽어야 한다.

_ **윌리엄 L. 윌슨**(의학박사, 가정의학과 의사, 《브레인 드레인》*Brain Drain* 저자)

"뚱뚱한 사람들은 게으르고 어리석고 음식 섭취량을 조절하지 못한다는 역겨운 고정관념이 존재한다. 그러나 실제로 체중 증가에 중요한 역할을 하는 것은 우리가 먹는 음식의 종류다. 리처드 존슨 박사는 프럭토스가 체중 증가에 미치는 영향에 초점을 맞추고 긴 세월 이 분야에 관한 연구의 최첨단을 달려왔다.《자연은 우리가 살찌기를 바란다》는 우리가 어쩌다가 이런 상황에 처하게 되었는지를 정확하고 상세하게 설명하고, 비만 유행병을 종식하기 위해서는 무엇이 필요한지를 알려준다. 정말로 흥미로운 책이다!"

_ **지미 무어**(세계적인 베스트셀러 《지방을 태우는 몸》*Keto Clarity* 저자)

"《자연은 우리가 살찌기를 바란다》는 비만과 관련된 여러 문제들에 관한 핵심적인 통찰을 분명하게 제시한다. 학계의 권위 있는 연구자인 존슨 박사는 체중 증가의 원인, 체중 감량이 너무나도 힘든 이유, 최적의 체중과 건강을 유지하는 데 가장 효과적인 전략 등을 이해하는 데 도움이 되는 새롭고 강력한 틀을 제공한다.《자연은 우리가 살찌기를 바란다》는 의료 전문가나 환자뿐만 아니라 자신의 삶 속에서 과체중 및 비만과 관련된 문제들을 이해하고 효과적으로 대처하는 데 관심이 있는 모든 사람들에게 다양하고 중대한 통찰을 전한다."

_ **바버라 내터슨 호러위츠**(의학박사, 하버드 의과대학 교수,《의사와 수의사가 만나다》*Zoobiquity* 공동 저자)

"《지방 스위치》의 저자인 존슨 교수는 체중 증가 이면의 놀라운 과학에 관한 흥미로운 정보들이 가득한 후속작을 발표했다. 즐겁게 읽을 수 있는 필독서다. 그는 인류의 조상에 관한 유전학과 자연에 대한 연구를 바탕으로 생체모방적 접근법을 활용해, 지방의 힘과 비만이 서서히 진행되는 팬데믹이 된 까닭을 설명한다. 이 책을 읽으면 이 시대의 가장 저명한 과학 저술가에게서 자연이 우리가 살찌기를 바라는 이유가 무엇인지를 배울 수 있다."

_ **피터 스텐빈켈**(의학박사, 카롤린스카 연구소, 자연의학의 세계적인 전문가)

"《자연은 우리가 살찌기를 바란다》는 모든 이들을 위한 필독서다. 이 책에는 명망 높은 과학자가 동물학과 인류학에 대한 관찰에서부터 엄격한 실험 연구에 이르기까지 다양한 분야를 아우르는 탐구의 여정이 담겨 있다. 그는 자연의 방어기제가 비만을 비롯한 현대의 질병들을 유발하는 근본 원인이라는 결론에 다다른다. 이 여정에 관한 이야기가 자유롭고 흥미로운 방식으로 전개되므로 마지막 장을 넘길 때까지 결코 손에서 놓을 수가 없다."

_ **베르나르도 로드리게스 이투르베**(의학박사, 의과대학 교수, 세계신장학회 전 회장)

"교수, 임상의, 비만 연구 전문가이자 작가인 리처드 존슨 박사는 신간 《자연은 우리가 살찌기를 바란다》에서 비만과 만성질환의 근본 원인을 독특한 시각으로 살펴본다. 그의 설명에 따르면 진화적인 관점에서는 우리가 생존을 위해서 먹지만, 풍요로운 현대 사회에서는 음식의 필요성과 식욕을 자극하고 살찌게 만드는 정제식품 및 가공식품이 가득한 환경 사이의 부조화가 발생한다. 그는 특히 프럭토스와 요산이 지방 축적 및 만성질환을 유발하는 역할을 한다고 강조하며 이러한 상황을 미연에 방지하고 반전을 꾀할 수 있는 방안을 소개한다. 이 책을 일반 대중과 의료·보건 전문가들에게 강력 추천하고 싶다."

_ **제프리 거버**(의학박사, 미국 가정의학회 회원, 다이어트 전문의, 저탄수 컨퍼런스Low Carb Conferences 공동 주최자)

"이 놀라운 책에는 수많은 사람들이 비만을 겪고 2형 당뇨병에 걸리는 이유가 무엇인지를 알아내기 위해 미로를 헤쳐나가는 존슨 박사의 긴 여정이 담겨 있다. 그는 불리한 환경에서 살아남기 위해 일부러 스스로 살을 찌우는 다른 동물들의 흥미로운 사례들을 틈틈이 적절하게 소개한다. 존슨 박사에 따르면 바로 이 생존 스위치가 우리를 살찌게 만드는 숨겨진 이유다. 과거에는 갑자기 음식을 구하기 힘든 상황에서도 생존할 수 있도록 인류가 진화해왔지만 이제는 대다수의 사람들이 풍요로운 세상에서 살아가고 있다. 그 결과, 생존 스위치는 지금 우리에게 해를 끼치고 있다. 이 책에는 그럴 필요가 없음에도 프럭토스가 생존 스위치를 활성화시키는 바람에 비만을 초래하는 과정과 존슨 박사와 동료들의 여러 실험들이 실려 있다. 상당히 쉽고 즐겁게 읽을 수 있는 책이다."

_ **그레이엄 맥그레거**(대영제국훈장CBE 보유, 영국왕립의사협회RCP 회원, 울프슨 연구소 순환기내과 교수, 런던 바츠 의대 석좌교수, 액션 온 솔트 앤드 슈거 의장Action on Salt and Sugar 회장)

추천사

자연선택, 보다 적절하게 표현하자면 유전선택은 특정한 유기체의 서식 환경이 생존에 가장 유리한 유전적 구조의 구체적 변이를 '선택'하는 과정을 가리키며 이러한 변이는 대대손손 전해진다. 따라서 유기체의 유전적 구성이 건강에 이로운지 아닌지 여부는 상당히 맥락 의존적이라 할 수 있다. 그 유기체가 생존하고자 하는 환경과 관련이 있기 때문이다.

대개 지구상의 생명체에 영향을 미치는 환경의 변화는 비교적 느리게 발생해왔다. 기온이나 식량 가용성 등의 변수는 본래 점진적으로 변화하는 특성을 지니므로, 환경의 변화에 맞서 생존할 수 있도록 코딩된 무작위한 유전적 변이의 선택이 순조롭게 이루어졌다. 이 다이내믹한 과정은 모든 생물의 게놈이 지속적으로 개선되는 데 핵심적인 역할을 한다.

존슨 박사가 이 책에서 힘주어 말했듯이, 수백만 년 전에 우리의 먼 영장류 조상들은 환경의 변화에 따른 도전에 직면했다. 수백만 년에 걸쳐서 지구가 점점 추워지고 그로 인해서 식량 가용성이 줄어든 상황에서 생존을 극대화할 수 있는 유전자를 선호할 수밖에 없는 환경적인 압력이 발생했다. 이렇게 새로운 유전적 구조 덕분에 우리의 머나먼 선조들은 더욱 적극적으로 지방을 만들고 저장할 수 있게 되었고 이는 생존에 유리하게 작용했다. 식량난을 겪는 시기에 도움이 되는 강력하고 효과적인 생리학적 이점을 얻게 된 것이다.

물론 이러한 유전적 변화는 보다 가까운 인류의 조상들에게도 유리하게 작용했다. 수렵과 채집 활동에 항상 성공한다는 보장이 없었으니 말이다. 실제로 인류 역사상 거의 모든 기간에 식량 안보는 보잘것없는 수준에 불과했다.

그런데 지금으로부터 약 1만4천~1만7천 년 전 농업이 발달하기 시작하면서 갑작스럽게 상황이 판이하게 달라졌다. 소위 농업혁명이라고 불리는 일대 사건으로 인해 인체의 생리학은 다른 종류의 극심한 환경적 스트레스를 받는 상황에 처하게 되었다. 불과 수천 년 사이에 탄수화물이 풍부한 농작물로부터 열량을 풍족하게 얻게 됐고, 이것이 마침내 인간의 식단을 지배하게 되었다. 이러한 변화는 너무나도 급격했기 때문에 유전학적 적응이 미처 작동하지 못했다. 이에 따른 환경과 진화의 심각한 불일치가 오늘날까지도 우리의 건강을 지속적으로 위협하고 있다. 유전자 구성 때문에 우리는 식량 부족에 대비해 몸 상태를 계속 준비한다. 풍부한 탄수화물, 특히 프럭토스fructose

를 얻을 때마다 지방을 만들고 저장하는 것이다. 간단히 말해서 우리는 결코 오지 않는 겨울을 위해서 끊임없이 대비하고 있다.

농업혁명은 인류 최고의 축복 중 하나로 여겨진다. 그런 말도 일리는 있다. 식량 안보가 증진된 덕분에 인류는 놀라운 도약을 수차례 이뤄낼 수 있었다. 그러나 과체중 및 비만 인구가 무려 20억 명 이상에 달하는 현재의 상황에서 알 수 있듯이 건강 유지를 위한 게놈의 역량이 도전받는다는 측면에서 살펴본다면, 인간의 영양과 관련된 대변동을 그저 단순히 보편적으로 지지할 수만은 없는 이유가 존재한다. 유발 하라리는 베스트셀러인 자신의 저서《사피엔스》에서 다음과 같이 말했다.

> 번영하는 현대 사회에서 살아가는 요즘 사람들은 이런 점을 이해하기가 어렵다. 지금 우리가 풍요와 안정을 누리고 있고 이러한 풍요와 안정은 농업혁명이 구축한 기반에 바탕을 두고 있기 때문에, 우리는 농업혁명이 놀라운 진보였다고 제멋대로 생각한다.

우리에게는 절약 유전자가 있다. 식량이 부족한 상황에 처했을 때 생존율을 극대화할 수 있도록 인체의 생리를 조절하는 데 적합한 게놈이다. 그런데 선진국 인구 대다수는 식량난을 겪어본 적이 없다. 또한 존슨 박사에 따르면 환경과 진화의 불일치는 체중 증가뿐 아니라 당뇨병과 고혈압 등 수많은 대사 관련 질환을 설명해준다.

지금으로부터 50년 전에《마이애미 헤럴드》에 기고한 칼럼에서 나는 환경과 진화의 불일치가 건강에 미치는 영향에 대해 살펴보았고 다음과 같은 말로 끝맺었다. "하지만 과거의 체계에 갇힌 현대인들은 과연 어떨까?" 여기서 '체계'란 인체의 생리학적 측면을 뜻하며, 우리의 유전자에 담긴 정보의 표현이자 먼 옛날에 살았던 모든 조상들로부터 물려받은 것이다. 과거에 우리의 조상들이 처했던 환경에는 너무나도 잘 적응했던 인체의 생리학적 측면이 지금 현대사회에서 우리가 경험하는 상황에는 그리 적합하지 않다. 특히 음식과 관련된 문제가 그렇다.

건강 증진을 위해서 우리는 환경과 유전이 더욱 잘 연계되도록 노력해야 한다. 비록 우리가 현재의 세상에 더욱 적합하도록 진화 과정의 속도를 높이거나 게놈에 특정한 변화를 시도할 수는 없지만, 이러한 관계의 환경적 측면에는 분명히 영향을 미칠 수 있다.

이 책에서 존슨 박사는 지난 20여 년간 동물 모델과 인간에 대한 상세한 연구에 전념한 경험을 바탕으로 마침내 우리의 DNA와 조화로운 관계를 유지하는 데 바탕이 되는 프로그램을 마련했다. 그는 프럭토스당이 어떻게 핵심적인 신호전달물질 역할을 하는지를 밝혀냈다. 칼로리 비축함인 지방의 형성 및 저장을 늘리고 2형 당뇨병의 전조인 인슐린 저항성을 높여서 인체가 식량 부족에 대비할 수 있도록 경계 태세를 갖추게 한다는 것이다. 마지막으로 존슨 박사는 매우 흥미로운 과학적 견해를 제시한다. 그는 프럭토스 대사의 궁극적 부산물인 요산이 전세계적으로 각종 대사성 질환과 관련된 문제들이 급증하는 현상에 핵심적인 역할을 한다는 것을 강조하는데, 이러한 견해는 거의 전적으로 존슨 박사가 고안해낸 것이다.

현대인들의 선택이 우리가 조상들로부터 물려받은 유전자에 어떻게 작용하는지를 이해한다면 모두가 그토록 원하는 건강 관련 목표들을 달성할 수 있도록 라이프스타일을 개선할 계기가 될 것이다. 이것이야말로 진정으로 힘을 북돋아주는 선물이다.

2021년 7월 캐나다 온타리오주 헌츠빌에서

데이비드 펄머터

(의학박사, 미국 영양학회FACN 회원)

차례

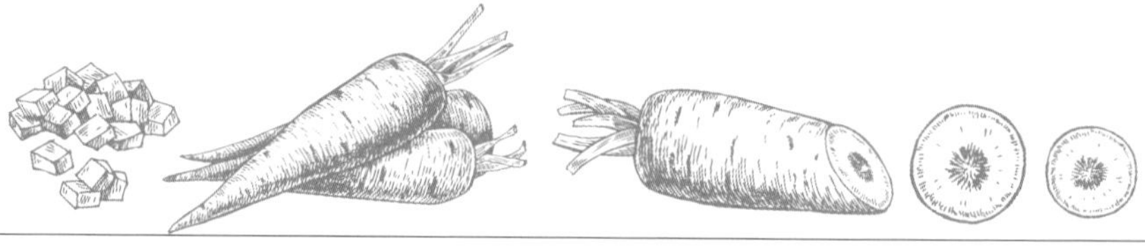

3부 자연보다 더 영리해지는 법

서문

유행병의 탄생

비가 내리던 1893년 5월 1일 아침, 그로버 클리블랜드 대통령은 시카고 세계박람회의 개막을 알리고 12만9천여 명의 관람객들을 환영했다. 개막 연설을 마친 그가 황금과 상아로 만든 버튼을 누르자 기존의 가스등을 대체한 새로운 전등이 일제히 켜지면서 2.5제곱킬로미터에 달하는 박람회장 전체를 밝혔다. 6개월 뒤 박람회가 폐막할 때까지 이곳에 다녀간 관람객 수는 무려 2천7백만 명에 달했다. 시카고 세계박람회는 19세기 최대의 박람회였고 인류 역사를 통틀어 가장 규모가 큰 행사 중 하나였다.

이 박람회의 공식 명칭은 '콜럼버스 박람회'The Columbian Exposition였는데 크리스토퍼 콜럼버스가 미국을 발견한 첫 항해의 400주년을 기념한다는 의미였다. 실제로 그 이름에 걸맞게 과거를 기념하는 전시물이 많았다. '니냐호' '핀타호' '산타마리아호'를 실물 크기로 복원한 배 세 척이 잭슨 파크 인근의 미시간호에 정박해 있었고 관람을 희망하는 사람들은 들뜬 마음으로 배에 올라서 미국으로의 항해가 어땠을지 직접 살펴볼 수 있었다. 또한 박람회장 옆에서는 그 유명한 버펄로 빌(Buffalo Bill, 미국 서부개척시대를 상징하는 인물 중 하나로, 서부시대에 관한 순회공연으로 널리 알려짐.—옮긴이)의 〈와일드 웨스트〉 쇼가 열렸다. 말 공연, '인디언들'의 춤, 명사수 애니 오클리의 사격 묘기, 컬래미티 제인(Calamity Jane, 미국 서부개척시대에 활약한 여성.—옮긴이)의 이야기 등으로 서부개척시대의 모험을 보여주는 공연이었다.

그런데 사실상 관람객 대다수는 과거에는 그다지 관심이 없었다. 시카고 세계박람회는 미래에 관한 박람회였고 인류 역사상 미래가 그토록 밝았던 적은 없었기 때문이다. 전등뿐 아니라 몇 개월 전 뉴욕시와 시카고 간에 최초의 전화 연결이 이루어졌기 때문에 이제 전화기도 사용할 수 있었다. 미국 최초의 자동차 회사가 설립되었고 휘발유로 작동하는 차량을 새로 출시했다. 얼마 전에는 축음기가 발명되어 축음기 가게에서 콘서트나 음악 레코드를 들을 수 있었다.

시카고 박람회에는 현대의 놀라운 신문물이 가득했다. 최초의 대관람차, 최초의 전기 무빙워크, 운하와 수로 사이로 사람들을 실어 나르는 전기 곤돌라가 있었다. 또한 전기 급탕기, 식기세척기뿐만 아니라 새로운 전기 오븐까지 완비된 최초의 전기식 주방도 선보였다. 한편 훗날 크래커 잭Cracker Jack이라는 이름이 붙게 된 캐러멜 팝콘과

리글리의 주시프루트 껌처럼 설탕을 함유한 새로운 간식거리도 등장했다. 탄산음료 코너에서는 새로 나온 청량음료를 맛볼 수 있었다.

기술 및 산업 분야와 마찬가지로 의학계 역시 황금기를 누리고 있었다. 지난 수백 년간 디프테리아, 폐렴, 장티푸스, 콜레라를 비롯한 여러 전염병이 인류를 위협해왔고 이로 인해 수많은 사망자가 발생했다. 그중에서도 사람들은 고열과 잦은 각혈을 유발하는 결핵을 특히 두려워했다. 결핵에 걸리면 점점 쇠약해지다가 결국 병 앞에 무릎을 꿇었다. 앤드루 잭슨 대통령, 프레데리크 쇼팽, 존 키츠, 제인 오스틴 등 여러 유명인사들도 결핵으로 목숨을 잃었다. 결핵으로부터 안전한 사람은 아무도 없었다.

하지만 이제는 의학이 눈부신 발전을 이루어내기 시작했다. 손 씻기처럼 간단한 위생 습관이 확고하게 자리를 잡고 콜레라·광견병 등의 질병에 대한 백신이 최초로 도입되면서 드디어 전염병에 대한 통제가 가능해지던 시기였다. 더 나아가 에밀 폰 베링은 일반적인 박테리아 감염에 대한 최초의 치료법을 개발해냈다. 베링은 말에 백신을 접종해서 디프테리아 치료에 필요한 항독소를 만들어냈고 이를 활용해 끔찍한 감염병으로 고통받는 아이들을 치료할 수 있음을 실제로 보여주었다. 또한 그보다 불과 10년 전에는 로베르트 코흐라는 젊은 의사가 결핵을 유발하는 박테리아를 밝혀내 과학계를 깜짝 놀라게 했다. 이제 결핵의 원인을 발견했으니 효과적인 치료법도 곧 개발될 게 분명했다. 그야말로 기쁨과 환희의 시대였다. 그동안 골칫거리였던 전염병을 물리칠 수 있게 되었으니 이제는 이상적인 행복의 시대가 도래하리라는 희망으로 가득했다. 안전하고 건강하게 장수할 수 있을 것이라는 기대가 있었다. 이런 시대의 분위기와 일맥상통하게 의사였던 아서 코넌 도일 경은《셜록 홈스의 모험》을 출간했다. 어떻게 하면 통찰력과 관찰력을 이용해 가장 어려운 문제나 미스터리를 풀어낼 수 있는지를 잘 보여주는 책이었다.

그러나 그 당시 사람들은 미처 몰랐던 충격적인 규모의 유행병이 곧 전세계에 만연할 예정이었다. 이 심각한 문제가 1890년대에 시작된 것은 아니었고, 앞으로 이 책에서 살펴보겠지만 그보다 훨씬 더 오래전으로 거슬러올라간다. 하지만 19세기 말에 급변점에 다다른 것은 사실이다. 예전에는 보기 드물었던 질병이 일반 대중 사이에서 눈에 띄게 증가했기 때문이다. 또한 이 유행병은 한 가지 질병이 아니라 여러 종류의 질환으로 이어졌고, 오늘날까지도 미국과 전세계를 맹렬히 휩쓸고 있다.

이 새로운 유행병 때문에 지금까지 수백만 명에 달하는 사람들이 목숨을 잃었다. 이는 1347~50년에 4천만 명의 사망자가 발생한 흑사병이나 1918~20년에 당시 세계 인구의 5퍼센트에 달하는 4천5백만 명의 목숨을 앗아간 스페인독감과 비슷한 수치다. 그런데 이전의 유행병들과 다른 점이 하나 있다. 이 병은 일반적인 의미에서 전염되지 않는다. 즉 한 사람이 다른 사람에게 옮기지 않는다. 바이러스, 박테리아나 기생충과도 무관하다. 발열이나 급성 질환을 유발하지도 않는

비만

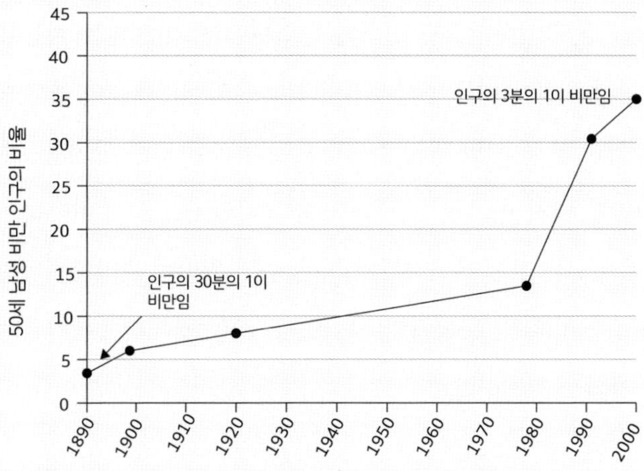

미국에서 비만은 20세기에 급격히 증가했다. 이 표는 **체질량지수(BMI)** 30 이상을 비만으로 보았을 때 50대 남성 인구의 비만율을 나타낸다.

★《인간생물학연보》*Annals of Human Biology* 참고(2004; 31174~82).

다. 최소한 초기 단계에는 말이다. 단 며칠이나 몇 주, 몇 달 사이에 사망하는 것이 아니라 수십 년에 걸쳐서 죽어간다. 또한 이 유행병은 너무나도 만연해서 요즘 의사들은 이런 질환을 우리 시대의 '통상적' 질병으로 배운다. 지금 내가 하는 이야기는 단지 비만에 국한된 것이 아니다. 특히 당뇨병, 고혈압, 뇌졸중, 심장 질환 등 오늘날 병원이 환자들로 넘쳐나는 원인이 되는 질병들이 모두 해당된다. 이런 질환들은 '비전염성 질환'이라고 지칭하기도 한다. 비록 감염을 통해 전파되는 것은 아니지만 이런 질병들은 전세계에 널리 퍼져 있고 어디서나 이환율과 사망률이 심각한 실정이다.

1890년 당시만 하더라도 현재와 동일한 기준의 정의를 적용할 때 비만의 영향을 받는 미국 성인 인구는 겨우 3퍼센트에 불과했고, 당뇨병 환자 역시 인구 10만 명당 2~3명으로 미미한 수준이었다. 고혈압 환자는 65세 이하 미국 인구 중 5퍼센트 미만이었고, 쥐어짜는 듯한 흉통을 유발하는 보기 드문 질환인 협심증의 원인이 관상동맥 질환이라는 가설이 이제 막 등장하던 시기였다. 그런데 지난 1세기 사이에 이 모든 것이 변해버렸다.

당뇨병 사망률

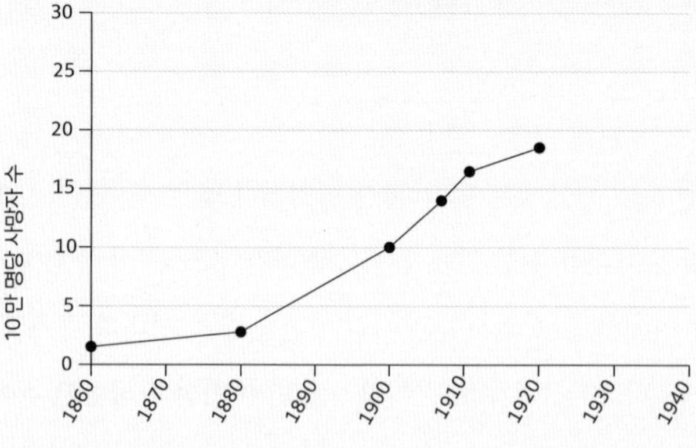

미국에서는 1860년 이후에 당뇨병이 증가했다. 이 표는 인구 10만 명당 당뇨병 사망률로 당뇨병의 빈도를 나타낸다. 1920년대에 인슐린이 도입되면서 사망률이 떨어지기 시작했다.
★《인간생물학연보》 참고(2004; 31174~82).

지금 미국의 비만 인구는 30~40퍼센트에 달하며 당뇨병 환자도 10~12퍼센트 수준이다. 사모아를 비롯한 세계 여러 곳에서는 성인 인구의 40~50퍼센트가 당뇨병을 앓고 있다. 마찬가지로 고혈압 환자가 인구의 3분의 1에 달하며 가장 큰 사망 원인이 심장 질환이다. 위에서 언급한 질병을 앓고 있는 가족이나 친구가 없는 사람이 거의 없을 정도다.

비만, 당뇨병, 고혈압 및 관상동맥 질환이 1890년대부터 급격하게 증가하기 시작한 현상을 살펴보면 '이런 질병들의 원인으로 작용한 공통 요인은 과연 무엇일까?'라는 질문에 다다르게 된다. 1890년대의 어떤 점이 특별했기에 비만 및 비만에 관련된 질환들이 등장하게 된 것일까? 우리의 라이프스타일을 변화시킨 놀라운 기술의 발달 때문이었을까? 아니면 경제적 변동이나 식단의 특정한 변화 때문이었을까? 나중에 우리는 주요 원인을 조사하기 위해 이 시기로 다시 돌아오게 될 것이다. 일단 지금 가장 눈에 띄는 점은 일반인들도 의사들도 조만간 들이닥칠 상황을 예상치 못했다는 것이다.

최초의 세계박람회가 열렸던 시기 이래로 수많은 사람들이 비만과 당뇨병, 심장 질환이라는 유행병에 맞서 싸우는 데 상당한 노력을 기울였다. 그 결과 최소한 당뇨병과 심장 질환의 치료에 관해서는 놀라운 발전이 이루어졌다. 이제 우리는 다양한 종류의 인슐린과 혈당치를 조절하는 데 도움이 되는 여러 약 등 수많은 새로운 치료법을 보유하고 있다. 또한 고혈압 치료에 필요한 약도 모두 갖춰져 있다. 심장

미국 인구 중 당뇨병 진단을 받은 사람들의 유병률

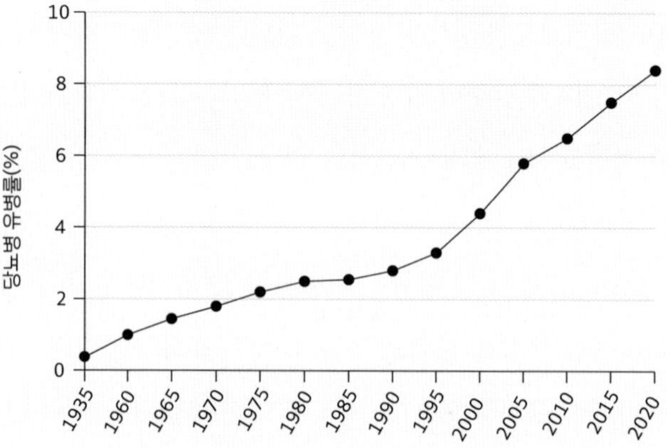

이 표는 당뇨병 진단을 받은 사람들의 유병률을 성인 인구의 비율로 나타낸다. 미확진 당뇨병까지 포함하면 그 비율은 더욱 높아진다. 일례로 2020년을 기준으로 미국에서 당뇨병을 진단받은 사람들과 미확진 당뇨병 환자들을 합하면 전체 인구의 10.5퍼센트, 또는 18세 이상 인구의 13퍼센트에 달하는 것으로 추정된다.

★《미국공공보건학회지》*Americal Journal of Public Health* 참고(http://www.cdc.gov/diabetes/data; Am J Pub Health 1946; 36:26~3).

질환에 대해서도 더 많은 선택지가 있다. 금연 운동 덕분에 심장마비 사례가 감소했다. 약 복용으로 콜레스테롤을 낮출 수 있고 혈소판을 억제해서 혈전이 생성될 가능성을 줄일 수 있다. 또한 심장에 카테터를 삽입해 관상동맥을 확장할 수 있을뿐 아니라 이제는 심장을 교체하는 것도 가능하다. 이러한 의학적 개입은 상당한 효과를 발휘했고 특히 관상동맥 질환으로 인한 사망률은 최근 수십 년간 눈에 띄게 감소했다. 그러나 이와 같은 의학의 발달에도 불구하고 여전히 심장 질환은 최대 사망원인이다. 또한 이런 다른 유행병도 계속해서 맹위를 떨치고 있다.

문제는 치료와 관리에 대한 놀라운 발견에도 불구하고 이런 유행병을 일으키는 근본적 원인을 우리가 아직도 제대로 파악하지 못하고 있다는 점이다. 물론 효과적인 치료법도 다 좋지만 애초에 그런 문제를 유발하는 원인이 무엇인지를 아는 편이 더 좋지 않을까? 나는 내 심장에 카테터를 삽입하고 싶지는 않다. 아무리 의학이 비약적으로 발전한다 하더라도 당뇨병은 우리를 망가뜨리며 심장 질환은 어두운 그림자를 드리우는 불청객처럼 우리 주변을 서성인다. 우리는 왜 이런 질병으로 고생하는지 그 이유를 알아야 한다. 어떻게 하면 비만과 비만에 관련된 질병을 예방하고 치료할 수 있는지를 이해해야 한다. 1970년대 이후로 비만과 당뇨병의 유병률 상승이 가속화되었기 때문에 이 점이 더욱 중요해졌다.

이제 우리는 고정관념에서 벗어나 다른 분야의 박사에게 자문을 구할 필요가 있다.

여러 시대를 거치는 동안 수없이 많은 현자들이 있었지만 내가 가장 좋아하는 박사는 따로 있다. 어린 시절에 그 박사의 책을 열렬히 탐독했고 지금도 그에게서 훌륭한 조언을 얻곤 한다. 바로 그 저명한 닥터 수스Dr. Seuss(《그린치》를 비롯해 독특한 등장인물들이 등장하는 작품들로 유명한 그림책 작가.—옮긴이)께서는 이렇게 말씀하셨다. "왼쪽 또 오른

쪽으로, 낮게 또 높게 생각해봐. 네가 시도해본다면 얼마나 많은 것들을 생각해낼 수 있는지!"

위스콘신대학 학부생 시절 은사님 중에 정말 놀라운 수학 교수님이 한 분 계셨다. 그 교수님은 미적분 수업 첫 시간에 우리에게 이런 질문을 던졌다. 어떻게 하면 수학을 활용해 사막에 사는 사자를 잡을 수 있을까? (물론 사자는 사막에 살지 않기 때문에 그건 불가능하다고 말한 학생도 있었다. 그러자 교수님은 이렇게 답하셨다. 특수한 상황을 가정할 때 이 사자는 사막에 살고 있고, 그렇기 때문에 더욱 굶주린 상태라고 말이다.) 나는 이 문제에 관해서 잠시 고민해보았지만 제대로 답변할 수가 없었다. 아무도 대답하지 못하자 교수님은 답을 구하는 방법이 의외로 간단하다고 말씀하셨다. 일단 양쪽의 면적이 동일하게 나누어지도록 사막 한가운데에 울타리를 친다. 쌍안경으로 사자의 위치를 파악해 둘 중 어느 쪽에 있는지를 확인한 다음, 해당 구역을 가로지르는 울타리를 하나 더 세운다. 계속 이 과정을 반복하다보면 결국 작은 울타리 속의 공간에 사자를 가둘 수 있다. 이런 해법은 어떤 공간을 절반으로 줄이는 작업을 반복한다는 수학적 개념을 활용한 것이다. 이 문제에서 답은 결코 0이 될 수 없지만, 결국 유한한 크기의 동물은 무엇이든 잡을 수 있게 된다. 나는 이 일을 통해서 반드시 일반적인 접근 방식을 고수할 필요는 없다는 커다란 교훈을 얻었다. '가지 않은 길'을 택하는 것도 보람있는 일이 될 수 있다.

이 책에는 비만이 왜 생겨나고 당뇨병, 심장 질환, 고혈압 등 비만과 관련된 질병에 걸리는 이유가 무엇인지 그 근본적인 원인을 찾아내기 위해 나와 여러 동료들이 색다른 방식으로 접근한 이야기가 담겨 있다. (우리의 연구 결과에 따르면 암, 치매, 여러 행동장애 등 일반적으로 비만 및 당뇨병과 한데 묶어서 생각하지 않는 다른 질병들 또한 관련되어 있는 것으로 보인다.) 우리는 고전적인 임상 연구 및 실험실 연구뿐 아니라 자연과 역사, 진화를 아울러 다양한 각도에서 이 문제를 탐구했다. 어린 시절 나는 관찰과 추론의 힘으로 불가능한 사건을 해결해내는 셜록 홈스를 동경했다. 물론 그의 재능에 비견할 바는 못 되지만, 소설 속 탐정이 걸어온 길과 상당히 흡사하게 나도 직업상 갖가지 조사에 참여해왔다. 질문을 던지고 단서를 찾아내고 잘못된 단서는 버리고 확실한 증거를 밝혀내 진실에 한발짝 더 가까이 다가가기 위해 애써왔다. 내 목표는 창의적인 수학 교수님이 냈던 문제를 해결하는 것과도 비슷했다. 다만 이번에는 사자를 울타리에 가두는 게 아니라 이런 질병들을 일으키는 근본 원인을 알아내고 싶었다.

나는 여전히 환자들을 진료하는 신장 전문의지만 연구에 상당한 시간을 바친다. 대다수의 과학자들이 그렇듯이 나도 처음에는 내 전공 분야와 관련된 연구부터 시작했다. 그런데 연구를 통해 새로운 사실을 발견하면서 다른 분야로까지 범위가 넓어졌다. 나와 우리 팀의 연구 분야는 신장병에서 고혈압, 당뇨병으로 확대되고 이제는 알츠하이머병과 암을 비롯한 다른 질병까지 아우르게 되었다. 이처럼 익숙한 영역에서 벗어나 다른 분야로 연구가 확대될 때 겁내지 않는 법을 배웠고, 해당 주제에 관해 협력해줄 전문가들을 찾아나섰다.

연구를 진행하다 비만과 관련된 영역에 다다랐을 때 나는 비만을 일으키는 근본 원인에 대한 사람들의 이해가 아직도 부족하다는 것을 깨달았다. 만약 지난 수십 년간 귀가 따갑게 들어온 것처럼 정말로 비만의 원인이 너무 많이 먹고 운동은 너무 적게 하기 때문이라면 아마도 쉽게 치료할 수 있었을 것이다.

그랬다면 다이어트법과 운동 루틴이 이렇게까지 다양하지도 않았을 테고 어떤 방법이 가장 좋은지에 대해 다들 그토록 왈가왈부할 필요도 없었을 것이다. 알고 보니 문제는 체중 감량 그 자체가 아니었다. 대부분의 방법으로 이 목표는 달성할 수 있기 때문이다. 사실 진짜 문제는 감량된 체중을 유지하기가 매우 어렵다는 것이다. 마치 우리가 그토록 힘겹게 뺐던 지방이 다시 생겨나게 만드는 기저 프로세스라도 있는 것처럼. 일단 과체중 상태가 되면 몇 년을 노력해도 이미 불어난 살을 빼기가 어렵고, 우리는 어쩔 수 없이 객식구가 되어버린 살과 함께 살아가게 된다.

그래서 생각했다. 무언가 빠진 부분은 없을까? 여전히 드러나지 않은 근본 원인이 있는 건 아닐까? 찾아내기 어려운 이야기가 아직 발견되지 않은 채 숨겨져 있는 건 아닐까? 그런 원인을 찾아내려면 기지를 발휘해야 할 것 같았다. 연구실 실험이나 진료를 통한 실험에서 중요한 통찰을 얻기도 하지만 이런 것들은 전체 이야기의 일부분에 불과하다. 전통적인 생리학·유전학·운동의학·영양학부터 시작해 역사·

진화·자연에 관한 연구 등 의학 이외의 분야까지 통틀어 모든 관련 영역을 살펴보아야만 비로소 보다 충실하게 전체 그림을 파악할 수 있다. 따라서 우리의 연구 분야는 점차 확대되어 (동면하는 다람쥐와 곰을 비롯해서) 자연 속의 동물들에 관해서도 연구하고 (19세기 유럽에서 빙하기 인류의 역사에 이르기까지) 역사에 대해서도 살펴보게 되었다. 우리가 단서를 찾아서 왼쪽 또 오른쪽으로, 높게 또 낮게 가볼 수 있었던 게 감사할 따름이다.

우리는 연구를 통해서 동물들이 생존하는 데 도움이 되는 생물학적 프로세스를 파악해냈다. 이러한 프로세스는 대개 동물이 먹는 음식에 의해서 촉발되는데, 다른 음식도 이 프로세스를 촉진하지만 특히 식단에 함유되어 있는 일반적인 당류의 일종인 **프럭토스fructose***가 상당히 중요한 역할을 하는 것으로 밝혀졌다. 우리는 이를 **생존 스위치**라고 부른다. 자연에 사는 동물이 먹이를 구할 수 없을 때 스스로를 보호할 수 있도록 행동뿐 아니라 신체적 변화 및 대사활동과 관련된 다양한 변화를 불러일으키기 때문이다. 이 스위치의 특징 중 하나는 동물이 지방을 저장하도록 돕는다는 것이다. 먹이를 구할 수 없으면 지방을 분해해서 에너지를 공급할 수 있다. 많은 현대인들도 이 스위치를 켜버렸고 계속 켜진 상태가 유지되고 있기 때문에 결과적으로 지금 우리는 점점 살이 찐다. 한때는 우리를 보호하기 위한 생존 스위치

* 굵은 글씨로 표기한 단어들의 정의는 책 말미의 용어 정리를 참고하기 바란다.

였던 것이 이제는 **지방 스위치**가 되어 비만을 부추기는 것이다. 더욱 우려스러운 점은 최근의 연구 결과에 따르면 이 스위치가 비만과 당뇨병 등 그간 비만과 관련이 있다고 여겨져온 질병들을 일으킬 뿐만 아니라 심장 질환, 암, 알츠하이머병 등 다른 질환에도 중요한 역할을 할 수 있다는 점이다. 지금까지 밝혀낸 핵심적인 사실 중 하나는 비만이 이런 다른 질병들의 '원인이 아니라는' 점이다. 오히려 비만 및 비만과 관련된 질병들을 일으키는 것은 생존 스위치라는 동일한 생물학적 기저 프로세스다.

나는 이미 2012년에 출간한《지방 스위치》*The Fat Switch*에서 이 스위치에 대해 언급한 바 있다. 그 이후로 우리는 이 스위치가 어떻게 작동하고, 어떤 것이 이 스위치를 켜고, 특히 가장 흥미롭게는 어떤 것이 이 스위치를 끄는지에 관해서 수많은 것들을 알게 되었다. 우리가 먹는 음식과 음료에 첨가된 당류 속 프럭토스가 이런 프로그램을 작동시키는 주범이기는 하지만, 그밖에도 생존 스위치를 켜는 다른 음식과 다른 요인들을 파악해냈다. 또한 이런 연구를 통해 여러 질병의 예방 및 치료에 대한 새로운 통찰을 얻었다. 그중에서도 저탄수 식단과 **간헐적 단식** 등은 이미 널리 활용되고 있다. 이 밖에도 우리는 아직 잘 알려져 있지 않고 흔히 권장되지는 않는 다른 해결 방안들도 찾아냈다. 이 책을 통해 독자 여러분에게 새로운 접근법을 알려드릴 수 있어 매우 기쁘다.

아직까지는 과학계 전체가 우리의 연구를 완전히 받아들인 상황은 아니지만, 과학적 발견이 처음 탄생할 때는 이런 경우가 많다. 우리의 연구는 탄탄한 과학적 기반을 바탕으로 하며 저명한 학술지에 게재된 바 있고 그중 상당 부분은 임상 연구로 뒷받침되어 있다.

그러면 이제 창의력을 발휘하여 역사상 최대 유행병의 미스터리를 풀어보자. 어디서부터 시작하면 좋을까? 여기서 셜록 홈스의 훌륭한 조언에 귀를 기울여보자. "수사를 시작하기 전에 먼저 우리가 알고 있는 것들을 곰곰이 헤아려봅시다. 이미 아는 것들을 최대한 활용하고 본질적인 것과 우연한 것을 구분하기 위해서." 과연 어떻게 비만이 유익할 수 있는지를 이해하는 데서부터 시작하자. 이를 위해 우리는 자연을 살펴볼 필요가 있다. 인간을 포함한 동물이 왜 살찌는지에 관한 가장 초기의 단서를 여기서 찾아낼 수 있기 때문이다.

1

자연이 우리가 살찌기를 바라는 이유

1

지방의 힘

지방 과다 상태를 뜻하는 비만은 흔히 나쁘고 건강에 해로운 것으로 여겨진다. 그 이유 중 하나는 비만이 종종 고혈압, 혈액 및 간에 존재하는 지방의 일종인 **중성지방triglyceride** 축적, 고혈당치를 수반하기 때문이다. 이와 같은 임상 소견은 당뇨 전단계와 일치하며 실제로 비만 인구 중 상당수는 일정 시간이 흐른 뒤에 당뇨병에 걸린다. 이런 상태는 **대사증후군metobolic syndrome**이라고 불리며 비정상적인 질병으로 간주된다.

그러나 자연에서는 사뭇 다르다. 비만은 기피의 대상이 아닐 뿐더러 심지어 어떤 동물들은 비만을 계획적으로 준비하기까지 한다. 혹한기나 지독한 가뭄, 자연재해에서 살아남아야 하는 동물들에게 비만은 구세주와도 같다. 따라서 '지방은 나쁘면서도 좋다'는 역설이 성립

한다. 그렇다면 지방이 인간에게는 문젯거리로 보이는 이유를 우리는 어떻게 이해할 수 있을까?

어쩌면 당뇨병 및 심장 질환과의 연관성이 아니라 먼저 비만에 따른 이점을 살펴보고, 자연에서 비만에 대한 관점이 우리 인간의 견해와는 다른 이유를 알아본다면 도움이 될지도 모른다. 어떻게 지방이 유익한 역할을 하는지를 이해한다면 동물들의 체중 증가를 유발하는 원인과 방법을 파악할 수 있을 것이다. 이렇게 얻은 정보를 바탕으로 인간의 체중 증가를 유발하는 원인은 무엇인지, 체중 증가는 어째서 건강 악화와 연관되는지, 그리고 체중 감량이 왜 그렇게 힘들고 어려운지에 대한 수수께끼를 풀어내는 데 필요한 첫 번째 실마리를 얻게 될 것이다.

그럼 비만의 끝판왕 중 하나인 황제펭귄 이야기부터 시작해보자. 황제펭귄이야말로 지방의 제왕이라 부를 만하다.

자연에서 배운 것들

먼 옛날 한때는 키가 180센티미터 넘는 거대 펭귄이 있었지만 오늘날 세계에서 가장 몸집이 큰 펭귄은 남극에 사는 황제펭귄이다. 키가 120센티미터에 달하는 이 위풍당당한 펭귄들은 보통 체중이 18~22킬로그램 정도로, 해안가에 서식하며 물고기·크릴·오징어 등을 포식한다.

황제펭귄은 빠르게 헤엄치고 다이빙에도 능하며 무려 20분간 잠수할 수 있고 수심 약 460미터에 달하는 깊은 바다에 다녀오기도 한다. 조류 가운데서 가장 깊이 다이빙하는 종이다.

남극의 겨울에 황제펭귄은 알을 품는다. 알을 품기 한두 달 전부터 체중이 증가하기 시작해서 초겨울 무렵이면 몸집이 평소의 두 배 정도로 커진다. 온몸에 지방을 축적해서 우스꽝스러울 만큼 몸집이 불어나는 녀석들도 있다. 그런 다음에는 시속 1.5~3킬로미터 정도로 뒤뚱뒤뚱 걸어서 내륙으로 향한다. 얼룩무늬물범과 범고래 등 해안에 사는 포식자들을 피하기 위해서다. 황제펭귄은 내륙으로 약 40~65킬로미터 이동한 뒤 짝짓기를 한다. 암컷은 알을 한 개 낳고 나서 먹이를 더 구하러 다시 바다로 향한다. 수컷은 그동안 참고 견딘다. 섭씨 40도 이하로 기온이 떨어진 환경에서 알의 온기를 유지하기 위해 몸통 아래쪽과 발 사이에 알을 넣고 품는다. 바람이 점점 거세지면 추위를 피하기 위해 다른 펭귄들과 한데 모여 서로 몸을 맞대기도 한다.

그렇게 두 달이나 가만히 앉아서 알을 지키는 동안 수컷은 아무것도 먹지 않는다. 미리 축적해둔 많은 양의 지방이 영하권의 날씨에서 단열 효과를 내고 알을 품는 동안 수컷이 살아가는 데 필요한 열량을 제공한다. 수컷 펭귄은 암컷보다 몸집이 더 크고 먹이 없이도 더 오래 버틸 수 있다. 체지방이 더 많기 때문이다. 알이 부화하기 전에 수컷이 축적해둔 지방이 소진되면 수컷은 자신의 생존을 위해서 알을 버리고 다시 바다로 가서 먹이를 찾으려 할 것이다. 하지만 대개 수컷 펭귄의 체지방은 충분하다. 아기 펭귄이 태어날 무렵에는 엄마 펭귄이 돌아오고 이전에 삼켰던 먹이를 게워내서 아기에게 먹인다. 그제서야 수컷 펭귄은 먹이 활동을 하러 떠나고 다시 체중을 늘린다.

다른 동물들도 먹이를 구하기 힘든 기간을 버텨내기 위해서 일 년 중 특정 시기에 지방을 축적하기도 한다. 예를 들어 장거리를 이동하는 철새들은 중요한 비행을 앞두고 미리 많이 먹어둔다. 그렇게 상당히 몸집을 불린 덕분에 긴 여정 동안 필요한 에너지를 얻을 수 있다. 유럽의 정원솔새는 충분한 지방을 축적한 뒤 사하라사막을 횡단해 아프리카 열대지방의 겨울철 서식지로 향한다. 그런데 장거리 비행으로 말할 것 같으면 큰뒷부리도요가 으뜸이다. 해안가에 서식하는 이 새는 긴 부리로 모래나 진흙을 헤집어 곤충과 갑각류를 잡아먹고 대이동에 앞서 늦가을에 간과 체내에 지방을 축적한다. 어떤 기록에 따르면 8일간 쉬지 않고 날아서 알래스카에서 뉴질랜드까지 약 1만1265 킬로미터를 이동한 큰뒷부리도요도 있다.

동면을 하는 동물들도 가을에 먹이 섭취량을 늘리는데, 곧 다가올 추운 겨울에 대비해 지방을 축적하기 위해서다. 이들은 에너지 소모를 줄이기 위해 생명 유지에 필요한 화학 반응인 대사를 둔화시킨다. 더 많이 먹는데 에너지 소비는 줄이면 섭취한 먹이가 지방으로 더 많이 전환된다. 동면에 들어가면 거의 영하에 근접할 정도로 체온을 떨어뜨려서 더욱 심박수를 낮추고 대사를 둔화시키기 때문에 이런 동물들은 거의 죽은 것처럼 보이기도 한다.

내가 몸담고 있는 대학에는 동면실이 있다. 온도와 빛을 제어해서 북미의 열세줄땅다람쥐를 비롯한 여러 동물들의 겨울철 행동을 연구하는 곳이다. 동면할 때는 체온이 섭씨 4도까지 내려간다. 손으로 들어보면 거의 돌덩이처럼 보이기도 하지만 생명이 없는 것은 아니다. 심장이 뛰고 있고 한없이 느리게 숨을 쉰다. 서서히 과다 지방을 태워서 기나긴 겨울 동안 살아남는 데 필요한 에너지를 얻는다.

아마존에 서식하는 파쿠라는 물고기는 거대한 피라냐와 비슷하게 생겼는데 날카로운 이빨은 없다. 채식을 하는 파쿠가 가장 좋아하는 음식은 과일이다. 매년 파쿠는 폭우로 아마존이 범람하기를 기다린다. 이 시기에 아마존의 수위는 9~12미터가량 상승하며 강물이 수킬로미터에 걸쳐 정글까지 퍼져나가서 약 7만 제곱킬로미터에 달하는 숲이 물에 잠겨버린다. 아마존의 범람기에는 수많은 과일나무에서 잘 익은 열매가 강으로 떨어지는데, 과일을 좋아하는 파쿠는 너무 많이 먹은 나머지 지방 함량이 세 배로 늘어난다. 그러다 홍수가 점점 잦아들고 아마존이 다시 평상시 강의 모습으로 돌아오면 더이상 과일을 얻을 수 없게 된다. 그러면 파쿠는 먹이 없이도 6개월이나 버틴다. 이미 축적해둔 지방에 의존해 살면서 다시 아마존이 범람해 과일을 먹을 수 있을 때까지 기다리는 것이다.

> 야생에서 살아간다면
> 지방은 나쁜 것이 아니다.

이처럼 야생에서 살아간다면 지방은 나쁜 것이 아니다. 물론 포식자를 피해서 달아날 때 속도가 느려질 만큼 지방을 많이 보유하는 것은 바람직하지 않겠지만, 먹이를 얻기 어려운 상황이 닥치면 지방이 핵심적인 보호 기능을 담당한다. 이런 경우라면 자연의 법칙을 재고해볼 법하다. 어쩌면 적자생존適者生存이 아니라 때로는 비자생존肥者生存일지도 모른다.

우리는 일반적으로 인간의 비만을 약점으로 간주한다. 하지만 어쩌면 지금껏 자연의 관점에서 생각해본 적이 없는 것은 아닐까? 이런 역설에 비추어 인간의 비만에 관해 다시 생각해보자. 먼저 단식 이야기를 두 가지 하려고 한다.

단식 이야기

겸손한 변호사였던 마하트마 간디는 대영제국의 지배에 맞서 저항하며 20년 넘게 인도의 독립운동을 이끌었다. 그는 전통적으로 가난한 계층이 입었던 로인클로스loincloth(허리에 두르는 단출하고 허름한 옷.—옮긴이) 차림으로 지냈고, 음식을 얻기 위해 동물을 살생하는 것에 반대했기 때문에 오로지 채식만 했다. 간디의 저항 방식은 먼 거리를 행진하는 것이었다. 20년간의 저항 기간에 매일 평균 16킬로미터 정도를 걸었다고 하는데, 전부 계산해보면 걸어서 지구를 두 바퀴 도는 만큼의 거리에 해당한다.

특히 간디의 가장 효과적인 저항 수단 중 하나는 바로 죽음을 무릅쓴 단식 투쟁이었다. 그는 열일곱 차례나 단식투쟁에 나섰는데 그중 최장 기간은 무려 21일에 달했다. 폭력적인 항거가 흔히 발생하는 세상에서, 비폭력 저항의 일환으로 죽음을 각오한 단식투쟁을 벌인 겸손한 그의 신념은 세상에 커다란 울림을 주었다. 간디의 리더십과 행동은 1947년 8월 15일에 마침내 인도가 영국으로부터 독립하는 데 기여했다.

인도가 독립을 이룬 뒤에도 간디에게는 해야 할 일이 남아 있었다. 인도에는 힌두교, 이슬람교, 시크교 등 서로 다른 일곱 개의 종교 집단이 있었고 그 사이에서는 마찰이 일어났다. 영국은 독립법에 의거하여 인도를 인도와 파키스탄, 두 나라로 분리했다. 힌두교는 인도, 이슬람교는 파키스탄이었다.

종교를 기준으로 국가를 세우는 바람에, 안타깝게도 양국에 살던 소수 종교 집단이 어려운 상황에 처하게 되었다. 이에 독립 직후에는 각지에서 반란과 폭동이 발생했다. 파키스탄에서는 힌두교도와 시크교도가 학살되었고 캘커타와 델리에서는 이슬람교도가 목숨을 잃었다. 간디는 도덕적 책임을 부르짖었고 종교 집단들과 정부가 싸움을 멈추고 각 나라의 종교적 소수자들을 보호해야 한다고 촉구했다. 이런 노력에도 불구하고 사망자 수는 점차 늘어갔다.

결국 1948년 1월에 간디는 '델리가 평화를 되찾고 이슬람교인이 혼자서 자유롭게 시내를 활보하는 날이 올 때까지' 죽음을 무릅쓰고 단식투쟁에 들어가겠다고 발표했다. 산양유와 채소, 과일주스로 식사를 한 뒤에 그는 뉴델리에서 단식투쟁을 시작했다. 당시 간디의 나이는 77세였고 165센티미터 남짓한 키에 체중은 불과 45킬로그램 정도였다. 수척하지만 결의에 찬 모습으로 그는 노쇠한 몸에 숄을 두른 채 매일 저녁 방에서 나와 기도하고 사람들을 향해 연설했다. 낮은 목소리는 거의 들리지 않을 지경이었다. 단식 사흘째가 되자 그는 눈에 띄게 허약해졌다. 어느 미국인 기자가 찾아와 간이침대에 누워 잠든 간디를 보더니 그의 얼굴에 고통의 흔적이 보인다고 말했다. 닷새째가 되자 의사들이 그의 건강 상태에 대해 상당한 우려를 표시했지만 간디의 의지는 굳건했다. 델리 시민들과 전 세계 사람들은 자신의 신념을 관철하기 위해 죽음을 무릅쓰고 스스로 굶주림을 택한 이 사람에게 충격을 받았고 마음이 흔들렸다. 엿새째에는 힌두교, 이슬람교, 시크교 지도자들이 정부 지도자들과 한 자리에 모여서 간디가 요구한 바를 따르겠다는 서약서에 서명했다. 몸은 쇠약해졌지만 소기의 목적을 달성한 간디는 그제야 단식투쟁을 끝냈다.

그로부터 17년 뒤, 인도에서 수천 킬로미터 떨어진 스코틀랜드 던디에서 앵거스 바비에리라는 27세 남성이 체중을 감량하기 위해 병원에 입원했다. 그는 지난 몇 년간 아버지가 운영하는 피시앤칩스 가게에서 일하면서 점점 체중이 늘었고, 입원하던 날에는 무려 204킬로그램이 넘었다. 앵거스는 몇 주간의 단식을 통해 비만을 치료한다는 새로운 접근법에 관심을 보였다. 전년도에 《미국의학협회지》*Journal of* *the American Medical Association*에 실린 논문에 따르면 최장 100일 동안 단식한 사례도 있었다.

앵거스는 차, 커피, 물을 마실 수 있었고 비타민 섭취는 허용됐지만 열량이 있는 음식이나 음료는 모두 제한되었다. 애초에는 '단' 몇 주간 단식을 할 계획이었지만 그가 정말 잘해낸 덕분에 한 달씩 단식을 이어갔고 마침내 음식을 전혀 먹지 않고 무려 1년 넘게 버텨낼 수 있었다. 놀라운 것은 이렇게 오랫동안 단식을 지속하는데도 다른 부작용이 나타나지 않았다는 점이다. 단식 기간에 그는 125킬로그램을 감량했다. 살이 너무 많이 빠진 나머지 예전에 입던 바지에 현재 사이즈로 세 명은 들어갈 수 있는 정도였다. 체중 감량에 성공한 앵거스는 단식을 끝낸 뒤에 삶은 달걀 한 개와 버터 바른 빵을 조금 먹었다. 그 이후에도 그는 여러 해 동안 90킬로그램 이하로 체중을 유지했고 25년을 더 살면서 가정도 꾸렸다.

이 두 가지 일화에는 생존과 지방의 힘에 관한 중요한 이야기가 담겨 있다. 우리가 먹지 않을 때는 세포 조직에 저장된 음식에 의존할 수밖에 없는데 이것은 주로 지방이다. 그 이외에도 일부는 간, 근육 및 다른 세포 조직에 저장된 **글리코겐**이라는 탄수화물을 통해서 에너지를 얻기도 한다. 간디는 지방이 거의 없었기 때문에 단 5일만 단식하고서도 거의 빈사에 이른 반면, 앵거스는 외래 환자로 382일간 단식해도 끄떡없었다. 아이러니하게도 간디가 정치적으로 설득력을 발휘할 수 있었던 이유 중 하나는 그의 지방 저장량이 아주 적은 수준이었기 때문이다. 만약 그에게 살집이 있었다면 단식투쟁이 그렇게까지 커다란 영향을 미치지 못했을 것이다.

여기서 알 수 있는 점은 음식을 구할 수 없을 때 지방이 우리의 생존에 필요한 연료를 제공해준다는 것이다. 지방이 더 많을수록 더 오랫동안 단식할 수 있다. 물론 간디와 앵거스는 자발적으로 단식했다.* 만약 선택의 여지가 없다면 어떻게 될까?

적당한 과체중의 이점

시애틀에 있는 워싱턴대학병원에서 근무하던 시절에 나는 길 건너편의 대학 체육관에 주 2~3회 들러서 운동을 했다. 그리 잘하는 편은 아니지만 웨이트리프팅을 30~45분 정도 했는데, 때로는 체육관에서 보디빌더인 친구를 마주치기도 했다.

그는 엄청난 근육질에 몸이 아주 탄탄했고 지방은 전혀 눈에 띄지 않았다. 나보다 열 살 내지 열다섯 살은 더 많았지만 열 살은 젊어보였다. 그는 나의 롤모델이었고 나도 그런 외모를 갖고 싶었다. 그를 보면 자극을 받아서 더욱 열심히 체육관에 나가곤 했다.

* 단식을 통한 체중 감량 또는 체중 감량 수단으로서의 단식에 대해 관심이 있다면 이 책 10장에 실려 있는 간헐적 단식과 장기간 단식의 장점과 단점 부분을 먼저 읽어보기를 바란다.

그런데 어느 날 체육관에 운동을 하러 갔는데 그가 보이지 않았다. 폐렴으로 입원했다는 이야기를 전해들은 나는 병원으로 그를 찾아갔다. 그런데 단 며칠 사이에 근육이 상당 부분 사라져버린 모습을 보고 충격을 받았다. 그는 더 나이들어 보였고 쇠약해 보이기까지 했다. 그래도 여전히 웃음을 잃지 않은 얼굴을 보고 나는 희망을 느꼈다. 며칠 뒤 그는 완전히 회복했고 나중에는 힘을 되찾았지만 그러기까지는 몇 주가 걸렸다.

그의 문제점은 전부가 근육이고 지방이 없다는 것이었다. 물론 그 덕분에 체육관에서는 멋진 몸매를 자랑할 수 있었지만 일단 병에 걸리자 그런 상태는 바람직하지 않았다. 폐렴에 걸린 그는 식욕을 잃었고 최소한의 음식만 먹었다. 고열을 이겨내고 감염에 맞서 싸우려면 에너지가 필요했는데도 말이다. 음식이 체내에 들어오지 않는 상황인데다 연소할 지방도 없었기 때문에 그의 몸은 필요한 에너지를 끌어 쓰기 위해 근육을 분해했다. 그렇게 근육이 녹아내리자 그는 갑자기 다 죽어가는 것처럼 보였다. 근육이 분해되면 간, 신장 등 다른 계통의 부전이 발생하기 때문이다. 그야말로 대혼란이다. 아이러니하게도 만약 그의 몸이 그렇게 탄탄하지 않았다면, 만약 근육 대신 태울 수 있는 지방이 어느 정도 있었다면 근육은 아껴둘 수 있었을 것이고 그렇게까지 병이 심해지지는 않았을 것이다.

사람이 더 오래 사는 데 필요한 지방의 양 또는 적정 체중에 관한 연구는 상당히 많다. 지금까지 알려진 바에 따르면 암, 심장 질환, 신부전 등 위중한 병에 걸릴 위험성이 높은 사람들과 70세 이상의 노인의 경우에는 BMI 27* 수준의 적당한 과체중이 생존 가능성 증가와 연관되어 있다. 심지어 일반 인구 전반의 경우에도 적당한 과체중이 수명을 더 늘린다는 연구 결과도 있다.

위중한 병에 걸릴 위험성이 높은 사람들과 70세 이상의 노인의 경우에는 적당한 과체중이 생존 가능성 증가와 연관되어 있다.

그렇다면 칼로리를 적게 섭취하는 게 수명 연장과 관련 있다고 결론짓는 수많은 연구는 과연 어떻게 설명할 수 있을까? 실험실 환경에서 칼로리 제한이 미치는 영향을 연구한 사례들을 살펴보면 대부분 평소 섭취하는 양의 약 70퍼센트만 섭취하도록 한다. 결국 지방이 거의 없어지는데도 그런 쥐가 보통 쥐 및 살찐 쥐보다 더 오래 산다. 어떤 연구에 따르면 그런 쥐는 보통 쥐보다 노화가 느리게 진행된다고도 한다.

이와 비슷한 증거가 인간 세상에도 존재한다. 오키나와는 세계에서 100세 이상 인구가 가장 많은 곳으로 유명한데, 학생들의 음식 섭취량에 대한 연구 결과에 따르면 오키나와 사람들은 일본의 다른 지역에 사는 사람들에 비해 음식 섭취량이 3분의 1 정도 적다. 일본의 다

*BMI 20~25는 정상 범위에 해당하며 BMI 25~30은 과체중, 30 초과는 비만에 해당한다.

른 지역으로 이주한 사람들은 새로 이사한 곳의 이웃들과 수명이 거의 비슷해진다는 연구 결과를 고려하면, 오키나와의 식습관이 그 지역 사람들의 장수에 영향을 주었다는 것을 알 수 있다.

저칼로리 식단을 따르는 동물들이 더 오래 사는 이유는 지방을 늘리는 것에 대가가 따르기 때문이라는 게 나의 견해다. 우리가 먹는 음식은 **아데노신3인산adenosine triphosphate, ATP**이라고 부르는 즉각적인 에너지로 분해되거나 지방 등의 저장에너지로 전환된다. 보통 우리가 섭취하는 **열량**은 즉시 사용 가능한 ATP로 전환되는데, 그렇게 하는 대신 나중을 위해서 열량을 축적하려면 세포에서 ATP 생산을 줄여야 하고 과다한 칼로리를 지방으로 돌려야 한다. 우리 연구팀은 대부분의 ATP가 생산되는 세포의 '에너지 공장', 즉 **미토콘드리아mitochondria**가 **산화 스트레스oxidative stress**에 노출되면 이런 현상이 발생한다는 결론을 내렸다. 즉 지방을 축적하면 그 대가로 우리의 에너지 공장이 일정량의 산화 스트레스에 노출되는 것이다. 수십 년간 이런 상황이 지속되면 산화 스트레스 때문에 우리 몸이 풀가동 상태를 유지하는 데 필요한 에너지를 만들어내는 에너지 공장의 기능이 저하되거나 아예 공장을 잃게 될 수도 있다.

그러면 산화 스트레스란 무엇일까? 우리의 몸이 산소를 사용할 때마다 그중 일부는 세포 조직에 손상을 입힐 수 있는 유해한 산소 함유 화학물질로 전환된다.* 장기적으로 다량의 지방을 축적하는 것처럼 오랜 시간에 걸쳐 누적된 가벼운 산화 스트레스가 노화의 근본 원인으로 보이는데, 에너지 공장에 계속 손상이 발생해서 노화가 더 빨리 진행되기 때문이다. 그래서 칼로리 섭취를 줄이면 외모가 젊어지고 더 오래 살 수 있게 되는 것이다.

하지만 여기에는 숨겨진 문제가 있다. 물론 저칼로리 식단을 지키는 동물들이 더 오래 사는 것은 사실이다. 특히 실험실에 있는 동물들의 경우가 그런데, 이들은 매일 일정한 음식 섭취량을 보장받기 때문이다. 그러나 만약 이 동물들이 풀려나 야생에서 살아간다면 생존의 위협을 받게 된다. 비축된 지방이 없기 때문에 홍수나 가뭄, 눈보라, 화재 등 예상치 못한 상황이 발생해 식량난을 겪게 되면 스스로를 보호할 수단이 없다. 아마도 머지않아 어려운 상황에 처하게 될 것이다.

그렇다면 우리 인간은 어떨까? 에너지 공장을 보존하기 위해서 음식 저장량을 최소화한다는 게 상식적으로 말이 될까? 대다수의 사람들에게는 그럴지도 모른다. 우리에게는 굶주림으로부터 스스로를 보호할 수 있는 안전장치들이 많이 있기 때문이다. 식료품 가게에 가면 평균 4만 가지 이상의 다양한 식품을 살 수 있고 병원에 가면 아픈 환자들도 다양한 방법으로 영양을 공급받을 수 있다. 하지만 보디빌더인 내 친구가 겪었던 일처럼, 갑자기 어떤 병에 걸려서 제대로 대응할 시간적 여유가 없는 상황이 발생할 수도 있다.

* 또한 일광 화상을 유발하는 자외선, 주름 형성에 영향을 주기도 하는 흡연 등도 산화 스트레스의 원인이 될 수 있다.

또한 경제적 여건이나 또다른 이유로 지속적으로 음식을 얻지 못하는 사람들도 여전히 많다. 어느 자료에 따르면 전 세계 인구의 9분의 1은 지속적인 굶주림을 겪고 있다. 예를 들어 에티오피아와 수단을 비롯한 여러 아프리카 국가들에서 특히 기근은 흔한 일이다. 대개는 가뭄이 원인이지만 전쟁 때문에 식량 공급이 차단되거나 병충해, 홍수 및 기타 원인으로 흉작이 발생해서이기도 하다. 1950년에 캐나다에서 발생한 기근의 원인은 카리부(북미산 순록.—옮긴이)의 이동 경로 변경이었는데, 이에 카리부를 주식으로 하는 이누이트족이 굶주림을 겪었다. 기근은 엄청난 사망자 발생으로 이어지기도 해, 1943년 벵골 대기근으로 2만 명이 넘는 사람들이 목숨을 잃었다.

이런 사례들을 고려할 때 사람이 보유해야 할 적정 체지방 비율이란 존재하지 않는다. 그 사람이 처한 상황에 따라 적정량이 달라지기 때문이다. 만약 음식이 풍부한 사회에서 날씬한 몸매와 낮은 칼로리 섭취량을 유지하는 사람이라면 아마도 잘 지낼 것이고 오래 살 가능성이 높다. 그러나 혹시 만성 질환을 앓고 있거나 나이가 많다면, 또는 항상 음식을 제대로 얻을 수 있는 게 아니라면, 또는 기근의 위험이 존재하는 지역에 살고 있다면 지방을 어느 정도 비축해두는 편이 더 낫다.

지금까지 우리는 지방이 개인의 생존에 어떤 도움을 줄 수 있는지 살펴보았다. 지방은 개인만이 아니라 종種의 생존에도 영향을 미친다. 어떤 종이 생존하기 위해서는 생식 능력이 관건인데, 이때 지방을 충분히 비축하는 것이 가장 중요하다.

임신과 지방 확보의 중요성

임신 기간에는 엄마가 아기의 발달에 필요한 영양분을 충분히 제공하는 것이 매우 중요하며, 이는 출산 이후의 수유기에도 마찬가지다. 일반적인 체중의 여성(체중의 평균 25퍼센트)이 남성(평균 15퍼센트)에 비해 더 많은 지방을 보유하는 방향으로 진화해온 것도 이런 이유 때문이다. 저명한 생물학자인 로즈 프리슈의 연구 결과에 따르면 출산할 때까지 임신을 유지하려면 여성의 체지방이 최소한 22퍼센트는 되어야 한다. 프리슈의 말에 따르면 음식이 없는 상황에서 임신한 여성이 만기 출산하고 3개월간 모유수유를 하는 데 필요한 열량을 충당하려면 16킬로그램에 달하는 여분의 지방이 필요하다.

요즘에는 대다수 여성들이 음식을 충분히 얻을 수 있기 때문에 임신 기간에 아기가 굶는 상황을 걱정하지는 않는다. 하지만 현대에 발생한 기근 사례에 관한 의학적 기록을 살펴보면 기근이 임신한 여성과 아기에게 미치는 영향을 가늠해볼 수 있다. 예를 들어 제2차 세계대전 중의 네덜란드 기근(1944~45)을 떠올려보자. 네덜란드는 1940년에 독일에 함락되었지만 1944년 여름 즈음에는 연합군이 남부 지방의 상당 부분을 해방시켰다. 독일의 세력이 점차 약화되어가던 그 해 9월, 런던에 망명 중이던 네덜란드의 지도자들은 나치의 활동을 저지하기 위해 전국 철도 파업을 지시했다. 그러자 나치는 보복에 나섰고 암스테르담을 비롯한 여러 도시가 있는 네덜란드 서부의 점령 지역으로 향하는 식량 및 연료 공급을 차단했다. 설상가상으로 혹한의 날씨까지 겹쳐서 450만 명이 굶주릴 위기였다. 6~7개월간 가용 식량이 제한적이었기 때문에 배급을 하는 수밖에 없었다. 처음에는 1인당 하루에 일반적인 칼로리 섭취량의 절반 수준인 1천 칼로리를 공급받았으나 기근이 심해지면서 500칼로리까지 감소했다. 이에 1945년 4월과 5월에 독일은 이례적인 호의를 베풀어 영국·캐나다·미국 공군으로 하여금 굶주리는 사람들에게 물자를 전달할 수 있게 했다. 통조림, 건조식품, 초콜릿 등 최소 1만1천 톤에 달하는 물자가 투입되었다. 그러나 이런 조치에도 불구하고 2만 명가량이 목숨을 잃었다.

기근이 임신에 미친 영향은 실로 엄청났다. 기근이 가장 극심했을 때는 출산율이 3분의 2나 감소했다. 무사히 출산에 성공한 여성들은 예전에 비해 임신 기간 체중이 적게 증가했고, 체중이 최소한으로 늘거나 심지어 체중이 감소한 여성들은 평균치보다 작은 아기를 낳았다. 아주 작은 아기들의 경우에는 발달에 영향을 미치는 수많은 건강 관련 문제가 즉시 또는 나중에 발생하게 되며, 성인이 되었을 때 비만과 고혈압이 발생할 위험이 더 높다. 또한 기근이 지속되는 동안에는 수정률도 급락했으며 이 영향은 9개월 뒤 출산율에도 반영되었다. 여성의 체지방이 15퍼센트 미만으로 떨어지면 난소의 배란 능력이 저하되고 월경이 멈출 수도 있다. 또한 거식증을 앓는 여성 환자, 발레리나나 마라톤 선수도 월경 및 배란 중단을 겪는 사례가 여럿 발견된 바 있다. 굶주림은 남성의 정자 생성도 감소시킨다.

> 현대 사회에서는 여분의 체지방이 생존에 영향을 줄 만큼 중대한 영향을 미치지 않지만 과거에는 매우 중요했다.

현대사회에서는 여분의 체지방이 생존에 영향을 줄 만큼 중대한 영향을 미치지는 않지만 과거에는 매우 중요했다. 그중에서도 특히 기근이 발생했을 때 그러했다. 대개 기근은 수개월에서 수년 동안 지속되는데 기원전 2200년 무렵에는 무려 100년 동안 기근이 계속되었다. 그 당시의 기근은 너무나도 심각한 나머지 이집트 고대 왕국과 메소포타미아 아카드제국의 몰락에도 중요한 역할을 한 것으로 보인다.

인류의 역사를 살펴보면 초기에 이와 같은 식량 부족을 겪은 기간이 또 있었다. 앞서 언급한 기근만큼 심하진 않았지만 무려 1만 년 넘게 지속되었다는 점에서 기록적인 사건이라 할 수 있다. 그 시절의 예술품 중에는 과체중이거나 임신한 여성처럼 보이는 조각상이 다수 존재한다. 선사시대로부터 우리는 어떤 비밀을 알아낼 수 있을까?

빙하기 과체중 여성 조각상의 미스터리

최초의 호모사피엔스는 약 7만5천 년 전에 아프리카를 떠나서 4만5천 년 전에 유럽에 도달했다. 그 당시는 마지막 빙하기였는데 그들은 잠시 따뜻했던 시기에 도착했다. 초기 인류는 소규모로 집단을 이루어 수렵 활동을 했으며 빙하 전면부의 드넓은 초원과 툰드라를 어슬렁거리는 매머드·말·순록 등 몸집이 큰 사냥감을 잡았다. 뼈와 부싯돌로 만든 창을 쓰는 수준 높은 사냥꾼으로서 성공적인 수렵 활동을 하던 그들은 얼마 지나지 않아 기후변화의 위협을 받았다. 약 3만8천 년 전에 빙하가 또다시 전진했고 겨울의 기온이 섭씨 0도에서 영하 5도까지 내려갈 정도로 날씨가 추워졌다. 과도한 수렵 활동으로 인해 큰 사냥감의 수가 줄어들자 초기 인류는 굶주림에 시달렸다. 어떤 집단은 멸종했고 다른 집단은 비바람이 들이치지 않는 안전한 숲과 작은 사냥감이 남아 있는 계곡을 향해 남쪽으로 이주했다. 4천~8천 년 동안 인구의 3분의 2가 감소했으며 살아남은 사람들의 평균 신장은 7~11센티미터 줄어든 것으로 추정된다.

이 시기에는 덩치 큰 사냥감을 그린 아름다운 동굴 벽화를 비롯한 인류 최초의 예술품이 등장했다. 동굴 벽화에서는 사람의 형상을 찾아보기 어렵지만 최초의 조각품 가운데는 사람 모양의 작은 조각상이 빈번하게 등장했다. 재료는 주로 매머드 상아, 돌, 드물게는 진흙이었고 손에 쥐거나 실에 꿰어 목에 걸 수 있을 만큼 작은 것들도 많았다. 대부분은 표면이 반들거리는데, 그만큼 많은 사람들의 손길을 거쳤고 여러 세대에 걸쳐서 전해내려온 것으로 추측된다.

이런 조각상들 가운데 대다수가 벌거벗은 과체중 여성의 모습을 띠고 있다. 사람들이 굶주리던 시기에 만들어진 작품이라는 점을 감안하면 일견 그런 모습이 특이하게 여겨질 수 있다. 어떤 조각상은 임신한 여성처럼 보이기도 한다. 어떤 고고학자들은 이런 조각상이 아름다움 또는 다산의 상징이라고 여겨 '비너스 조각상'Venus figurines이라는 이름을 붙여주었다. 그러나 근래에는 '비너스'라는 단어가 비하의 의미로 쓰이기도 하므로 그냥 여성 조각상이라고 지칭하기로 하자.

이런 조각상들이 부족의 생존을 상징하거나, 수개월간 식량을 구할 수 없는 가혹한 시기에도 아기를 낳아야 하는 여성의 이상적인 모습을 나타내는 것은 아닐까 하는 생각이 들었다. 이러한 가능성에 관해 연구를 진행하는 동안에 다행히 아랍에미리트 샤르자아메리칸대학교에서 인류학과 고고학을 가르치다가 은퇴한 존 W. 폭스 교수와 내 오랜 동료인 분자생물학자 미겔 라나스파가 도움을 주었다. 만약 이 가설이 맞는다면 빙하가 전진해 기후가 추워질 때는 조각상이 더 살찐 모습을 띠고, 나중에 기후가 따뜻해져서 빙하가 후퇴했을 때는 더 날씬한 모습을 띠는 경향이 나타나리라는 게 우리가 내린 결론이었다. 또한 빙하에서 더 가까운 곳에서 발견된 조각상들이 먼 곳에서 발견된 것보다 더 살찐 모습을 띨 것이라고 추론했다.

이런 생각이 실제로 맞는지 알아보기 위해 여성 조각상 40여 개의 허리-어깨 비율과 허리-엉덩이 비율을 측정해보았다. 이 데이터는 우리가 세운 가설을 뒷받침해주었다. 즉 빙하가 전진하는 동안 만들어진 조각상은 빙하가 후퇴하는 시기의 조각상에 비해 비만도가 더 높았다. 또한 빙하가 전진하는 시기의 조각상은 빙하 전면부와 더 가까울수록 더 살찐 모습이었다.

이 시기의 조각상들은 대다수가 여성 조각상이며, 남성 조각상도 일부 발견된 바 있다. 보통 날씬한 모습이고 어떤 남성 조각상은 고양잇과 동물과 비슷한 형상이다. 대형 고양잇과 동물들은 빙하기 최대의 포식자였다. 남성 조각상은 수렵을 상징한다고 볼 수도 있겠다. 이와 유사하게 여성 조각상은 성공적인 모성 활동을 통한 부족의 생존을 상징할 수도 있다.

식량을 구하기 어려울 때 임신 성공 가능성을 높여주기 때문에 비만이 유리하다는 생각은 어쩌면 현대까지 전해 내려왔는지도 모른다. 영국의 탐험가 존 스피크가 1850년대에 나일강을 따라서 여행한 기록에 따르면, 빅토리아 호수 인근 카라그 왕의 아내들에게는 살찌는 것이 장려되어 방에 틀어박힌 채 계속 우유와 플랜테인(바나나의 일종.—옮긴이)을 먹도록 했다. 윌리엄 와드는 18세기 튀니지에서도 신혼부부들에게 이와 비슷한 관행이 적용되었다고 언급했다.

생식력 및 성공적인 임신과의 연관성 때문에 적당한 살집이 사람들에게 매력적으로 보였을 수도 있다. 마치 좋은 건강 상태를 알려주기 때문에 발그레한 볼이 매력적으로 보이는 것처럼 말이다. 조각상의 모델이 된 여성들은 그저 아름답게 보였을지도 모른다. 플랑드르 출신의 화가인 피터 폴 루벤스는 풍만한 여성을 묘사한 그림으로 특히 유명한데, 그의 작품 속 여성들은 거부할 수 없는 아름다움과 매혹적인 분위기를 지니고 있다. 17세기 전반에 앤트워프에 살았던 루벤스는 기근과 굶주림, 흑사병을 목도했다. 그의 첫 아내도 1626년에 흑사병으로 세상을 떠났다. 같은 시기에 루벤스는 암스테르담 왕족 및 부유층의 비만 인구가 점점 늘어나는 광경도 지켜보았다. 아마도 굶주림과 비만의 서로 대조적인 모습 때문에 질병과 건강의 차이가 체중에서 비롯된다는 생각이 더욱 커졌을 것이다. 그게 루벤스가 아름다움을 바라보는 관점에 영향을 준 것이 아닐까 싶다.

정리하자면 지방을 보유하는 일은 야생동물한테만 중요한 것이 아니다. 충분한 지방 확보가 개인의 생존만이 아니라 인간이라는 종 전체의 생존에까지 중대한 역할을 한다는 것을 초기 인류는 알고 있었다. 또한 생존과 관련된 지방의 역할이 예술의 탄생과 매력적인 외모에 대한 우리의 인식에까지 영향을 미쳤을지도 모른다.

자연은 주변 상황이 어려울 때 우리가 충분한 지방을 확보하기를 바란다. 자연에게 비만은 부자연스러운 것이 아니며 질병도 아니다. 지방은 강력한 힘을 지니고 있고 유익하며 아름답다. 최소한 적절한 환경 하에서는 그렇다.

2

비만의 유익함

이제 우리는 비만의 원인에 대한 첫번째 단서를 찾아냈다. 즉, 지방은 존재 이유가 있다. 지방은 동물이 먹이를 구할 수 없을 때 열량을 제공한다. 어려운 시기에 보호장치가 되어주고 생존에 중대한 역할을 하기도 한다. 자연에서 지방은 좋은 녀석이고 지방을 보유하는 것은 대개 바람직하다. 과거에는 우리가 지방의 힘을 잘 알고 있었지만 오늘날에는 지방의 중요성을 잊고 말았다. 이제는 지방에 대한 인식의 변화가 필요하다. 우리 몸에 있는 지방은 거추장스럽고 쓸모없는 세포조직층이 아니라 식량이 없을 때 도움이 되는 도구다.

이런 정보를 활용해 비만의 원인을 파악하기에 앞서, 일단 사건 현장을 더욱 잘 이해해야 한다. 셜록이라면 그렇게 조언했을 것이다. 만약 생존을 돕기 위해 지방이 생성된다면 동물이 곧 다가올 위기에 대비하는 시기가 사건 현장에 해당한다. 지방은 식량을 구할 수 없을 때 열량을 저장할 방편을 제공한다. 그런데 동물이 생존하기 위해서는 다른 것들도 필요하다. 특히 가장 중요한 것은 물이다.

물이라는 자원의 소중함

동물이 생존하기 위해서는 필요한 열량을 제공하는 지방을 보유해야 할 뿐만 아니라 반드시 충분한 물이 있어야 한다. 그러면 동물은 물을 구할 수 없을 때 어떻게 물을 얻을까? 폐어는 1년 이상 말라버린 호수 밑바닥에 파묻혀 지내는 동안 어떻게 물을 얻을까? 곰은 추운 겨울에 몇 달간 굴속에서 동면할 때 물을 어떻게 얻을까? 큰뒷부리도요는 넓은 바다를 가로질러 수천 킬로미터를 쉬지 않고 날아가는 동안 어떻게 물을 얻을까? 동물들이 물 부족 상황에서 살아남는 방법이 식량 부족 상황에서 살아남는 방법과 어떤 연관이 있을까?

우리는 물을 당연하게 여기곤 한다. 대학시절 나는 1930년대에 뉴욕시에 온 아마존 정글의 부족장 이야기를 처음 들었는데, 이 일화는 우리가 얼마나 물의 소중함을 잊고 사는지를 여실히 보여준다. 난생 처음 서양 문명을 경험한 부족장은 자동차와 지하철, 라디오, 전화기, 전기와 전등, 높은 다리와 우뚝 솟은 고층건물들을 보고 틀림없이 깜짝 놀라고 감탄했을 것이다. 며칠간 이렇게 엄청난 발명품들을 모두 둘러본 뒤 어느 기자로부터 그는 이런 질문을 받았다. "지금까지 본 것들 중에서 어떤 것이 가장 놀라웠나요?" 부족장의 대답은 의외였다. 그는 서양세계의 가장 중요한 발명품은 바로 물이 나오는 수도꼭지라고 생각했다.

자동차, 엘리베이터, 전화기와 전등 덕분에 우리의 생활이 안락해지고 편리해진 것은 사실이다. 하지만 앞으로 무슨 일이 들이닥칠지 모르는 정글에서 하루하루 살아가는 사람들에게 물보다 더 귀중한 것은 없다. 그래서 그 부족장에게는 수도꼭지의 손잡이만 돌리면 바로 물을 얻을 수 있는 능력이 가장 큰 기적처럼 여겨졌던 것이다. 물을 확보하는 것은 곧바로 생존과 직결되어 다른 모든 욕구를 능가한다.

지금도 물 부족 현상은 흔하며 세계 인구의 약 3분의 1에서 절반 정도가 그 영향을 받는다. 특히 남아시아, 북아프리카, 중동 지역이 그렇다. 어느 지역은 물이 너무 적어 사람이 거의 살 수 없다. 물 부족은 사람들이 이동하는 이유가 되기도 하고 전쟁을 초래하는 원인이 되기도 한다. 인구 증가와 공해, 기후변화로 인해 향후 수십 년간 물 부족 현상이 심화될 전망이며, 가장 귀중한 자원 중 하나인 물의 중요성이 다시 주목받고 있다.

야생에서
물 없이 생존하기

모든 기술을 동원할 수 있는 인간도 충분한 물을 확보하는 것을 장담할 수 없다면 과연 야생에서 살아가는 동물들은 어떨까? 물을 거의 구하기 힘든 사막에 사는 동물들은 어떻게 생존하는 걸까? 가뭄이 지속되고 몇 주 동안이나 비가 내리지 않는다면 어떤 일이 벌어질까? 인간이라면 물을 비축해두거나 물병을 가지고 다닐 수도 있겠지만 동물들은 그럴 수가 없다. 기후변화로 인해 세계는 더워지고 있고 열파熱波 현상도 늘어나고 있다. 지난 50년간 평균 기온은 1도 상승하는 데 그쳤지만 폭염이 기승을 부리는 날의 수는 현저하게 증가했다. 몇몇 연구 결과에 따르면 최근 열파 현상의 75퍼센트가 기후변화로 인한 것으로 추정된다. 이렇게 기온이 치솟으면 탈수 상태에 빠지기 쉽다. 동물들은 어떻게 생존하는 걸까?

많은 동물들은 물 공급량이 고갈될 때 살아남을 수 있는 기발한 방법들을 고안해냈다. 물론 드물게 발견되는 물웅덩이와 샘을 찾아내는 데 의존하는 동물들도 있지만 물을 확보할 영리한 방법을 찾아낸 동물들도 있다. 일례로 호주의 사막에 사는 어떤 개구리는 물 없이 무려 5년까지 버틸 수 있다! 그 이름은 바로 물저장개구리water-holding frog다. 물저장개구리는 방광에 물을 저장하기 때문에 휴대용 물통을 지닌 것과 다름없다.

무더위가 그레이트샌디 사막을 강타해 얼마 되지 않는 물웅덩이까지 다 말라버리면 이 개구리는 땅속에 굴을 파고 몸을 파묻어서 스스로를 보호한다. 이대로 동면과 유사한 휴면 상태에 들어가 다시 비가 내릴 때까지 몇 개월, 심지어 몇 년까지도 살아남는다. 이 기간에 물저장개구리는 발에 미리 저장해둔 지방에 의존해 살아가며, 필요한 물을 방광에서 서서히 재흡수한다. (발에 있는 지방은 뜨거운 모래에 대한 단열 효과도 있다.) 이 개구리의 물 저장 능력은 정말로 뛰어나서 호주의 티위섬에 사는 사람들은 물웅덩이가 말라버렸을 때 물저장개구리를 물 공급원으로 활용하기도 한다. 땅을 파서 개구리를 꺼낸 다음 입을 벌리고 개구리를 손으로 눌러서 나오는 물을 마신다.*

바다거북과 육지거북도 방광에 물을 저장한다. 특히 에콰도르 해안 너머의 갈라파고스제도에 사는 육지거북에게 이런 방법이 유용하다. 화산섬인 갈라파고스제도에는 담수 샘이 없어 담수가 극히 적다. 빗물이 유일한 물 공급원인데 연간 강수량은 25센티미터 가량에 불과하다. 육지거북은 선인장 등의 식물들을 먹어서 물을 섭취하고 아침에 바위에 맺힌 이슬을 핥아먹기도 한다. 비가 오면 오래된 물웅덩

* 물저장개구리가 중요한 물 공급원이라는 것은 티위의 티달락(Tiddalak) 신화에도 분명하게 나타난다. 티달락이라는 개구리가 연못과 물웅덩이에 있는 물을 전부 마셔버리는 바람에 다른 동물들이 마실 물이 하나도 남지 않았다. 그러자 현명한 늙은 올빼미와 뱀은 이 개구리가 박장대소하도록 만들었고 그러자 개구리의 입에서 물이 쏟아져나와서 모두가 물을 얻을 수 있었다.

이와 진흙웅덩이에 모여들어 최대한 물을 많이 마신다. 그런 다음에는 소변으로 배출하지 않고 한 번에 몇개월씩이나 방광에 물을 저장한다. 만약 먹이를 통해 수분을 충분히 섭취하지 못해 물이 더 필요한 상황이 되면 방광이 투과성으로 변해 물을 재흡수할 수 있게 된다.

갈라파고스에 사는 육지거북은 대개 몸집이 거대하다. 길이가 180센티미터에 달하며 몸무게도 360킬로그램이 넘는다. 방광에는 수십 갤런의 물을 저장할 수 있다. 갈라파고스세도에 도달한 초기 항해자들, 그리고 찰스 다윈과 비글호의 선원들에게도 육지거북은 핵심적인 물 공급원이었다. (지방 함량도 높아 가장 인기 있는 식량원이기도 했다.)

물을 저장할 수 없을 때 동물들은 어떻게 할까?

대다수의 동물들은 방광을 물병처럼 활용할 수 없기 때문에 다른 방법으로 물을 확보해야 한다. 그중 하나는 배뇨 작용으로 손실되는 물의 양을 줄이는 것이다. 그러기 위해 동물들은 소변을 농축한다. 그러면 소변량이 줄어들고 노란색이 짙어지며 특유의 강한 냄새가 난다. 이런 방법을 완벽하게 활용하는 동물이 바로 사막쥐로, 해수 농도의 6배까지 소변을 농축할 수 있다.

발한 작용 등 피부를 통한 수분 손실을 줄이는 방법도 있다. 그러나 이를 위해서는 발한 작용의 주요 이점, 즉 체온을 떨어뜨리는 효과를 포기해야 한다. 사막에 사는 낙타는 대다수의 다른 포유동물에 비해서 땀샘의 수가 적기 때문에 땀을 적게 흘리고 수분 손실이 적다. 하지만 결과적으로 낮에는 체온이 상승한다. (낙타는 이렇게 높은 체온을 견뎌낼 수 있지만 사람이라면 열이 나서 아픈 상태가 될 것이다.) 사막에 사는 다른 동물들은 하루 중 가장 더울 때는 굴속에 숨어 있다가 비교적 기온이 낮아지는 밤에만 밖으로 나와서 활동하는 식으로 발한 작용을 최소화한다.

이런 모든 방법들은 몸의 수분 손실을 줄이는 데 도움이 된다. 그럼에도 불구하고 일정량의 수분 손실은 피할 수 없기 때문에, 동물들은 결국 수분 손실량을 다시 채워야 한다. 적당량의 물 공급은 생존에 필수적이다. 그렇다면 사막에 사는 낙타 같은 동물은 며칠 또는 몇 주 동안이나 물이 없는 상황에서 어떻게 살아가는 걸까?

어릴 때 나는 낙타의 혹에 물이 들어 있다고 생각했다. 그런데 나중에 물이 아니라 지방이 들어 있다는 걸 알게 되었고, 낙타는 어째서 등에다 지방 덩어리를 지고 다니는 걸까 궁금해졌다. 그 이유를 살펴보면 놀랍게도 내가 처음에 생각했던 것도 일리가 있다. 낙타의 혹에 지방이 들어 있는 이유는 물을 만들어내기 위해서다. 지방이 분해되면 생존에 필요한 에너지뿐만 아니라 물도 생겨난다. 지방 안에 물이 들어 있어서가 아니라 지방이 연소되는 과정의 부산물로 물이 생성되기 때문이다.

따라서 낙타의 혹이 어떤 상태인지를 확인하면 지방의 양이 얼마나 많은지를 알 수 있을 뿐 아니라 수분 비축량에 대해서도 단서를 얻을 수 있다. 혹이 축 늘어져 있다면 어서 낙타를 자연 샘이나 인공 샘으로 데려가야 한다! 한편 다른 동물의 체지방을 판단할 때도 이런 방법을 활용할 수 있다. 만약 어떤 동물이 날씬하고 배고파 보인다면 먹이가 필요한 것일 뿐만 아니라 어쩌면 수분을 보충하기 위해 지방을 연소시켜야 했을지도 모른다는 뜻이다.

그런데 의학 관련 문헌에는 지방이 **대사수metabolic water**의 공급원이라는 점이 거의 논의되지 않는다. 비만 관련 연구에 참여하는 사람들도 이런 부분을 간과하고 있는 것이 분명하다. 하지만 우리에게는 이 사실이 매우 중요하다. 지방이 생존에 핵심적인 역할을 한다는 것을 뒷받침해주는 추가적인 증거가 되기 때문이다.

지방은 탈수 상태의 동물에게 물 공급원 역할을 한다

동식물 연구자들은 사막에 사는 여러 동물들이 필요시에 대사수를 공급하는 지방 저장분에 의존한다는 사실을 예전부터 알고 있었다. 다만 지방의 단열 효과로 인해 체온이 상승할 수 있기 때문에 곤란한 상황에 처할 수도 있다.

이런 사태를 방지하기 위해 캥거루쥐와 날쥐 등 사막에 사는 포유동물들은 체지방의 대부분을 꼬리에 저장한다. 낙타가 등에 난 혹에 지방을 저장하는 이유도 마찬가지다. 그러면 지방이 온몸에 퍼져 있는 상태보다 낙타의 심부체온深部體溫이 적게 상승하기 때문이다.

또한 일반적으로 해양 포유동물에 지방이 많은 이유도 대사수가 필요하기 때문이다. 고래는 지구상에서 가장 지방이 많은 동물이다. 지방은 추운 바다에서 단열 효과도 내지만 주요 수분 공급원이기도 하다. 고래, 돌고래, 물개는 해수를 마시지 않는다. 이들은 먹이인 물고기와 크릴 등 무척추동물로부터 담수를 얻으며, 어떤 고래는 얼음을 먹어서 수분을 보충하기도 한다. 이런 동물들은 무려 3분의 1에 달하는 수분을 지방 연소를 통해 얻는다.

물을 쉽게 구하기 어려운 환경에서 진화한 동물들은 지방을 더 많이 축적하는 방향으로 대응해온 것처럼 보인다. 이는 먹이를 구하기 어려운 시기를 버텨내야 한다는 사실을 아는 동물들이 지방을 늘리는 것과도 비슷하다. 물이 희박한 곳에 사는 동물들은 항상 가외의 지방 보유량을 확보해야 한다. 이렇게 추가적인 지방을 보유함으로써 그들은 물웅덩이나 샘물이 말라버린 상황에서 스스로를 보호한다. 그렇기 때문에 갈라파고스의 육지거북도 그렇게 지방이 많은 것이다. 갈라파고스제도에는 항상 담수가 부족하기 때문에 비가 오지 않을 경우 육지거북이 보유한 지방이 중요한 물 공급원 역할을 한다. 심지어 개미

지방은 열량 공급원일 뿐 아니라 물 공급원이기도 하다.

도 그렇다. 사막에 사는 개미가 온대지방이나 열대지방에 사는 개미보다 '지방체'fat body에 든 지방 보유량이 훨씬 더 많다. 필요시에 물 공급원으로 활용하기 위해서다.

자연에는 수많은 비밀이 존재한다. 만약 자연이 우리의 생존을 돕기 위해 지방을 확보하는 프로세스를 설계했다면, 이 프로세스가 생존에 도움이 되는 다른 여러 생물학적 변화들과도 잘 어우러지도록 조율되지 않을까? 어쩌면 지방 확보는 세심하게 짜인 생존 반응의 일부에 해당하는 건 아닐까? 생존 반응을 구성하는 요소들을 보다 명확하게 정의할 수 있다면 비만의 원인을 파악하는 데 도움이 되지 않을까? 자연에는 또 어떤 비밀들이 숨겨져 있을까?

생존 반응에는 식량 부족과 물 부족을 견뎌낼 수 있는 생존력뿐 아니라 효과적으로 먹이를 찾아내고 포식자들로부터 스스로를 지키며 스트레스 상황에서도 또렷하게 생각하고 신속하게 결정을 내릴 수 있는 능력도 필요하지 않을까? 아마도 다시 식량을 구할 수 있을 때까지 지방 비축량이 모두 연소되지 않도록 최대한 에너지를 절약해야 할 것이다. 절박한 상황에서 벗어나기 위해 뇌에 충분한 영양분을 공급하면서도 동시에 식량을 찾아야 하는 상황에서 우리의 몸은 어떻게 그렇게 할 수 있을까?

생존 반응과 대사활동

식량 부족이 예상되면 지방 비축을 택할 수도 있지만 사용하는 에너지를 줄이는 편을 택할 수도 있다. 예를 들어 굶주리는 동물들은 먹이를 찾을 때 소모되는 에너지를 보충하기 위해 휴식 시간에 사용하는 에너지를 최대한 줄인다. 그래서 굶주리지 않는 동물에 비해서 전반적으로 에너지를 더 적게 쓴다.

한편 굶주리는 동물들만 휴식 시간에 쓰는 에너지를 줄이는 것은 아니다. 동면하는 동물들은 심지어 동면에 들어가기 전부터 에너지 사용량을 줄인다. 다시 말해 동물들은 생존하기 위해 단지 지방만 확보하는 것이 아니라 이미 비축한 지방을 더 많이 지키기 위해 대사활동을 늦춘다. 그 결과 몸과 모든 기관이 제 기능을 하는 데 필요한 에너지가 줄어든다. 비유하자면 마치 저전력 모드로 전환하는 것과 비슷하다.

하지만 어느 누구도 소홀히 할 수 없는 기관이 있으니, 그건 바로 뇌다. 생존하기 위해서는 생각을 해야 하고 생각을 하려면 연료가 필요하다. 일례로 인간은 섭취한 열량의 6분의 1을 오로지 뇌를 위해서 쓴다. 식량 공급이 저조할 때는 가용한 열량을 뇌가 상대적으로 더 쓰도록 만들어야 한다. 그래야 충분한 에너지를 확보해 제 기능을 온전히 이어갈 수 있기 때문이다. 그렇게 하기 위해 몸은 당뇨 전단계 상태가 된다. 언뜻 생각하기에는 납득하기 어려울 수도 있다. 당뇨 전단계는 당뇨병으로 진전될 수 있고, 사람에게나 다른 동물에게나 당뇨병은 건강에 해로우니 말이다. 그러나 생존이 가장 중요한 상황에서는 당뇨 전단계 상태가 목숨을 구하는 역할을 한다.

뇌가 선호하는 연료는 **글루코스glucose**다. 보통 글루코스는 혈액을 통해 전달되며 근육과 간, 뇌에서 연료로 사용된다. (글루코스는 '혈당'blood sugar이라고 불리기도 한다.) 글루코스가 근육과 간에 들어가려면 **인슐린insulin**이라는 호르몬이 필요하다. 반면 대부분의 뇌 영역에는 인슐린 없이도 들어갈 수 있다. 동물들은 근육과 간에 글루코스를 전달하는 인슐린의 효과를 떨어뜨림으로써 식량 부족 상황에 슬기롭게 대처한다. 이런 세포 조직으로 들어가는 글루코스가 줄어들면 혈중 수치가 올라가므로 뇌에 글루코스를 충분히 공급할 수 있다. 이러한 현상이 바로 **인슐린 저항성insulin resistance**이다.

식량이나 물이 부족한 상황에 처한 동물들에게 인슐린 저항성은 주요한 생존 반응이다. 예를 들어 회색곰은 동면할 때 인슐린 저항성을 보이는데, 몸의 다른 부분은 아주 적은 에너지로 살아가지만 뇌 기능은 잘 유지되도록 하기 위해서다. 그래서 굴속으로 들어가서 잠자는 곰을 깨우면 안 되는 것이다! 또한 야생에서 지방을 많이 비축하는 대다수의 동물들은 일시적으로 인슐린 저항성을 나타낸다. 장거리 비행을 해야 하는 새들도 마찬가지다.

이런 생존 반응과 관련하여 동물들이 여분의 지방을 어디에 저장하는지도 살펴볼 필요가 있다. 지방은 보통 **지방adipose** 조직(체지방을 뜻하는 의학용어)에 저장되는데, 이는 동물의 몸 곳곳에 존재한다. 복부와 등, 심지어 종에 따라서는 꼬리에 저장되기도 한다. 또한 동물들은 간과 혈액에 중성지방과 콜레스테롤의 형태로 지방을 저장하기도 한다.

따라서 자연에서 비만 상태가 되는 동물들은 먹이를 찾고, 대사활동을 줄이고, 인슐린 저항성이 생기고, 지방 조직뿐 아니라 간과 혈액에 저장된 지방의 양을 늘리는 등 일련의 생존 반응을 활성화한다는 것을 알 수 있다. 이러한 사실은 그동안 곰·다람쥐·마멋 등 동면하는 동물들, 그리고 장거리 비행을 준비하는 새들에 관한 수많은 연구 결과를 통해 밝혀진 것이다. 또한 이런 반응들은 식량이 부족한 시기에 동물들이 생존하는 데 크게 기여한다.

한편 이와 유사한 징후들은 과체중 또는 비만인 사람들에게서도 나타나는데, 이 현상을 **대사증후군**이라고 부른다. 일반적으로 대사증후군은 특히 복부비만(중심성 비만)이 가장 두드러지고 인슐린 저항성이 결합된 경우를 가리킨다. 대개 혈중 중성지방의 증가, '좋은' 콜레스테롤(HDL콜레스테롤)*의 감소 및 다소 간의 혈압 상승을 동반한다. 또한 지방간도 흔히 발견된다. 오늘날 성인 인구의 4분의 1이 대사증후군

* 임상적으로 중요한 주요 콜레스테롤은 두 가지인데, 바로 LDL콜레스테롤과 HDL콜레스테롤이다. 연구 결과에 따르면 LDL콜레스테롤은 심장 질환의 위험을 높이는 동맥의 플라크와 관련이 있기 때문에 해롭다. 반대로 HDL콜레스테롤은 심장 질환의 위험을 낮출 수 있기 때문에 이롭다고 여겨진다. 대사증후군에 걸린 사람들은 보통 좋은 HDL콜레스테롤 농도가 낮은데, 나쁜 LDL콜레스테롤 농도는 높을 수도 있고 그렇지 않을 수도 있다.

에 시달리고 있다.

야생동물들의 경우에는 동면이나 이동이 끝나고 나면 대사증후군도 해결된다. 여분의 지방이 모두 연소되어 평소의 상태로 돌아가기 때문이다. 그러나 인간들의 경우에는 시간이 갈수록 대사증후군이 점차 진전되는 경향이 있다. 인슐린 저항성은 글루코스 수치가 지속적으로 높아질 때까지 점점 심해지는데, 이는 당뇨병 발병의 전조가 된다. 혈압 역시 고혈압에 해당할 정도로 상승하는데, 이는 뇌졸중과 심장 질환의 주요 위험 요인으로 작용한다. 간에도 계속 지방이 축적되면 염증이 생겨서 결국 간경변을 유발하고 간 조직이 파괴된다. 이대로 시간이 흐르면 심지어 신장 기능도 상실되기 시작한다.

대사증후군은 자연의 성공과 실패를 모두 보여준다.

자연에서 대사증후군은 보험과도 같다. 하지만 현대인들에게 대사증후군은 신체 기능의 이상이며 당뇨병, 고혈압 및 심장 질환의 전조가 된다. 애초에는 생존을 돕기 위해 생겨난 것이 이제는 질병을 야기는 것이다. 대사증후군은 자연의 성공과 실패를 모두 보여준다.

그런데 이런 이중성은 어찌 보면 희소식이다. 만약 자연에서 무엇이 생존 반응을 촉발하는지를 알게 된다면 비만의 수수께끼를 푸는데 필요한 단서들을 찾을 수도 있다.

야생동물들은 계획적으로 지방을 생성한다

이번에는 동물들이 어떻게 체중을 조절하는지 살펴보자. 지방이 주는 이점을 고려하면 본능적으로 동물은 구할 수 있는 먹이를 모두 먹어 치워서 지방으로 비축하겠거니 생각할지도 모르겠다. 하지만 이는 사실이 아니다.

야생동물들은 일정한 체중을 유지하는 경향이 있다. 예상치 못한 위급 상황에 대비해서 어느 정도의 지방은 여분으로 보유하겠지만 비만 상태가 되지는 않는다. 만약 어떤 날에 먹이를 많이 먹는다면 아마도 다음 날에는 더 적게 먹을 것이다. 그 결과 적절한 범위 내로 체중을 유지할 수 있다. 실험실에서 실시한 여러 연구 결과에 따르면 체중 감량을 위해 억지로 단식을 하게 하는 경우 동물들은 단식이 끝나고 나면 줄어든 체중을 다시 늘릴 만큼 충분히 먹는다. 이와 마찬가지로 체중 증가를 위해서 억지로 먹이를 섭취하게 하는 경우 동물들은 강제로 많이 먹이는 기간이 끝나면 다시 원래 체중을 회복하기 위해 적게 먹는다. 여기서 재미있는 점은 동물들이 먹이 공급이 달라진 이후의 체중이 아니라 1년 중 그 시기의 평년 체중을 회복하려고 애쓴다는 것이다. 동물들의 몸은 어느 정도의 체중을 유지해야 하는지를 알고 있는 것 같다.

동물들은 평상시에는 체중을 엄격하게 조절하지만, 겨울이 다가오거나 오랫동안 알을 품어야 하거나 장거리를 이동해야 해서 먹이나 물을 구하기가 곧 힘들어지리라는 사실을 감지하면 변화가 발생한다. 식량 부족이 예상되는 상황이 도래하기 한 달이나 두 달 전부터 동물의 행동이 달라진다. 먹이 찾는 활동을 늘리고 평소보다 훨씬 더 많이 먹는다. 먹는 양이 두 배 이상 늘어나기도 한다. 앞서 살펴본 것처럼 동물의 생리학적 측면도 달라진다. 에너지 소비를 줄이고 인슐린 저항 상태를 나타내며 지방 조직뿐 아니라 혈액과 간에도 지방을 저장하기 시작한다. 대사증후군이 발생한다.

일단 동면에 돌입하면 상황이 완전히 달라진다. 동물은 먹이 섭취를 중단하고 필요한 에너지와 물을 공급하는 지방에 의존해 살아간다. 처음에는 뇌가 충분한 글루코스를 전달받을 수 있도록 인슐린 저항 상태를 유지한다. 그러다 결국 글루코스 저장분이 거의 고갈되어 혈중 수치가 떨어지면 지방이 분해될 때 생성되는 부산물인 **케톤ketone**을 뇌의 연료로 사용한다.

지방 연소 단계에서 동물들은 평온해보이며 마치 배가 고프지 않은 것처럼 행동한다. 멧닭(야생 닭의 일종)은 알을 낳고 품을 때 둥지를 벗어날 필요가 없게 먹이를 가져다준다 해도 먹지 않으려 한다. 동면 중인 포유동물을 깨워서 먹이를 주면 한두 입 정도는 먹을지 몰라도 대개는 먹이에 별로 관심을 보이지 않는다. 동면중인 다람쥐를 깨워도 물을 마시지 않을 수도 있다. 이런 동물들에게는 꼭 체내에 스위치가 존재하는 것 같다. 스위치가 어느 쪽에 있을 때는 먹이를 과다 섭취하고 지방을 저장한다. 스위치가 다른 쪽에 있을 때는 배고픔을 잊어버리고 지방을 연소한다.

그러나 이렇게 평온한 시기는 연소 가능한 지방이 남아 있을 때까지만 지속된다. 지방 저장분이 얼마 남지 않게 되면 동물은 근육의 단백질을 분해해서 에너지를 얻기 시작하는데, 이때 경보가 발동된다. 동물은 연료를 재충전하기 위해서 잠에서 깨어나거나 알을 포기한다. 날아가던 철새가 의식을 잃고 쓰러져서 바다로 떨어질 수도 있다.

동물이 일정한 범위 내로 엄격하게 체중을 유지하다가 일단 생존에 위협이 가해지면 다양한 생물학적 과정을 활성화해서 추가로 지방을 확보하는 이 프로세스를 나는 **생존 스위치**라고 부른다. 이 프로세스는 스위치처럼 켜지고 꺼지는데, 마치 조도를 조절하는 스위치처럼 높거나 낮게 조정할 수도 있다. 생존 스위치는 동물에게만 있는 것이 아니다. 우리 인간에게도 똑같은 생물학적 프로세스가 일어나며 그로 인한 결과도 동일하다. 바로 살이 찌는 것이다.

인간은 왜 살이 찔까?

역사적으로 인간은 야생동물과 마찬가지로 일정한 체중을 유지하는 경향을 보여왔다. 다들 경험한 적이 있겠지만 젊은 시절에는 어떤 음식을 먹든 일정한 범위 내로 체중을 유지하기가 수월했다. 이제 나는 점점 나이가 들어가면서 체중이 쉽게 늘어나지만 불어난 살을 빼기는 상대적으로 더 어려워졌음을 체감한다. 마치 내 몸이 과체중 상태를 더 선호하는 것 같은 기분이 든다. 이게 나 혼자만의 생각은 아닐 것이다. 전세계를 살펴보아도 대다수의 성인은 과체중이거나 비만이다.

우리의 체중은 왜 늘어나는 걸까? 1920년대로 거슬러올라가는 전통적인 가르침에 따르면 우리가 과체중 상태가 되고 당뇨병에 걸리는 이유는 식품을 저렴한 가격에 쉽게 구할 수 있게 되었고 교통수단을 비롯한 여러 기술의 발달로 인해 점점 운동하는 시간이 줄어들고 앉아 있는 시간이 늘어났기 때문이다.

패스트푸드, 가공식품 및 정크푸드로 인해 과식하기가 더 쉬워졌고 엘리베이터, 에스컬레이터, 기차와 자동차 덕분에 걷거나 자전거를 탈 필요가 없어졌다. 인터넷, TV, 스마트폰 때문에 집콕 생활이 더 수월해지고 즐거워졌다. 간단히 말해서 너무 많이 먹고 운동은 너무 적게 하니 당연한 결과라는 것이다. 음식에서 너무 많은 에너지가 생산되고 운동과 기타 대사활동으로 너무 적은 에너지가 사용되면 여분의 에너지가 지방으로 저장된다.

한편 음식 1인분의 양이 늘어났다는 사실도 소위 '영양 과다' 가설과 일치한다. 지난 세기 동안 청량음료의 사이즈는 대부분 200밀리리터에서 280~340밀리리터, 심지어 그 이상으로 커졌다. 식당에서 제공되는 식사의 양이 계속 늘어나고 있으며 무한리필 뷔페도 흔히 찾아볼 수 있다. 또한 연구 결과를 살펴보면 사람들이 하루에 섭취하는 평균 칼로리가 지난 수십 년간 증가해왔다. 유엔식량농업기구FAO의 분석에 따르면 1961년에서 2013년 사이에 총 칼로리 섭취량이 24퍼센트 이상 증가했다. (하루에 2900칼로리에서 3600칼로리로 늘어났다.) 그리고 사람들의 활동량도 줄어들고 있다. 비만은 TV 시청 시간이나 인터넷 사용 시간과 상관관계가 있다. 요즘 현대인들은 하루에 10~11시간이나 휴대폰이나 컴퓨터를 이용하는 반면 운동은 고작 17분밖에 하지 않는다. 그러니 우리가 살이 찌는 것도 어쩌면 당연하다.

하지만 영양 과다 가설에는 중요한 문제점이 있다. 에너지는 더 적게 쓰면서 음식은 더 많이 먹기 때문에 살이 찐다는 결론에 문제가 있는 것이 아니라, 이런 현상을 오로지 나쁜 습관 탓으로 몰아간다는 것이 문제다. 현대 사회의 문화가 사람들이 더 많이 먹고 활동은 적게 하는데 일조하고 있으며 이런 유행병에 영향을 주는 원인이라는 것은 사실이다. 하지만 우리가 생존 스위치를 통해서 알게 된 것처럼 이 문제의 근본 원인은 생물학이다.

현대인들이 더 많이 먹는 주된 이유는 대다수의 사람들, 특히 과체중이거나 비만인 사람들은 음식을 먹은 뒤 포만감이 들지 않아 더욱 허기를 느끼는 경향이 있기 때문이다. 우리가 보통 식사 후에 **포만감**을 느끼는 이유는 **렙틴leptin**이라는 호르몬이 뇌의 시상하부로 하여금 그만 먹으라는 신호를 보내게 만들기 때문이다. 렙틴은 지방 세포에서 분비되며 인슐린 수치와 BMI에 따라 수치가 달라진다.

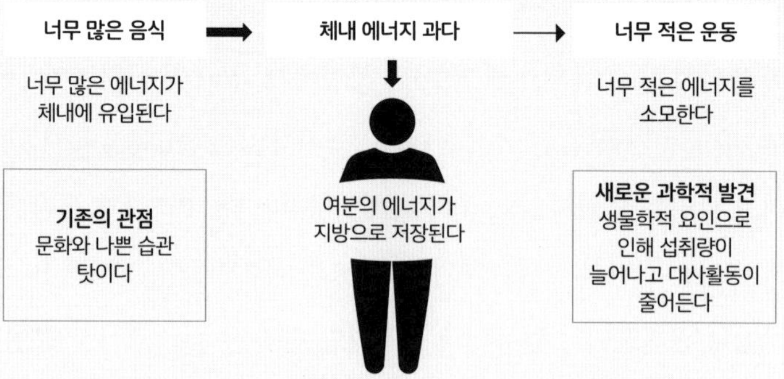

더 많이 먹고 운동은 더 적게 하기 때문에 비만이 유발되지만 오로지 나쁜 습관 탓은 아니다.
비만 인구의 대다수는 렙틴 저항성 때문에 배고픔을 조절할 수 있는 능력이 손상된다.
아울러 많은 경우 특히 휴식할 때의 대사활동이 줄어든다.

과체중인 사람들은 렙틴이 보내는 신호에 대한 반응이 저조하며 이런 상태를 **렙틴 저항성**이라고 부른다. 그래서 더 오랫동안 배가 고픈 것이다. (수십 년 전에 비해 요즘 식당에서 제공되는 음식의 양이 더 많아진 이유도 바로 이 때문이다. 우리가 이득을 본다는 느낌이 들게 하기 위해서가 아니라, 음식을 더 많이 주지 않으면 식사 뒤에도 허기가 지속되리라는 걸 알기 때문이다.)

또한 과체중인 사람들은 여분의 지방이 없는 사람들만큼 지방을 연소시키지 못한다. (이런 현상을 야기하는 원인에 관해서는 추후에 살펴볼 것이다.) 지방 연소량이 적기 때문에 지방 세포 조직이 축적되는 경향이 있다. 한편 지방 연소량이 적으면 저장된 에너지를 즉시 사용 가능한 에너지인 ATP로 더 적게 전환하게 된다. 낮은 ATP 수치가 감지되면 세포들은 에너지가 낮은 상태라고 받아들이게 된다. 지방에서 나오는 에너지를 포함한 세포 내의 총 에너지는 정상 수준이거나 그보다 더 높은데도 말이다. 이런 상황이 피로와 허기를 유발할 수 있다는 증거도 있다. 이는 렙틴 저항성의 효과를 더욱 심화하며, 결국 ATP 수치가 높아져서 배고픔이 채워질 때까지 더 많이 먹게 된다. 더 많은 음식을 먹은 대가로 더욱 살이 찌게 된다.

동면을 준비하는 동물들을 살펴보아도 이와 동일한 생물학적 원리를 관찰할 수 있다. 사실 동물이 살찌는 생물학적 현상은 체중 문제로 고군분투하는 수많은 사람들의 상황과 놀라울 만큼 유사하다. 따라서 자연의 동물들이 사용하는 것과 똑같은 생존 스위치를 우리가 켰다는 것이 인간 비만의 근본 이유라고 할 수 있다. 만약 우리가 이 스위치를 어떻게 켰는지를 이해하게 된다면 비만의 원인을 알아내고 더 나아가 그 치료법까지도 찾아낼 수 있게 될 것이다.

압도적인 증거가 보여주듯이 우리가 살찌는 주된 이유는 문화 때문이 아니라 생물학적 원인 때문이다. 문화가 생물학에 반응하는 것이다. 우리는 부지불식간에 자연의 생존 스위치를 활성화해버렸다. 그래서 식단 조절과 운동

> 우리는 문화 때문에 살찌는 것이 아니다. 생물학적 원인 때문이다.

으로 일시적으로는 체중을 줄일 수 있지만 그런 상태를 지속하는 데 어려움을 겪는 것이다.

생존 스위치가 활성화되면 우리는 언제 끝날지 모르는 동면을 계속 준비하게 된다. 야생동물들은 먹이를 먹지 않거나 동면할 때 이 스위치를 끄는 반면, 우리 인간의 스위치는 마치 항상 '켜짐' 위치에 고정된 것처럼 보인다. 이 스위치가 켜져 있는 한, 우리는 비만 및 비만과 관련된 질병들과의 싸움에서 승산이 없을 것이다. 생존 스위치가 이제는 **지방 스위치**가 되어버렸다.

그래도 지금까지의 탐정 수사에는 성과가 있었다. 인간이 살찌게 하는 생물학적 프로세스에 대해 상당한 통찰을 얻을 수 있었기 때문이다. 이번에는 정확히 어떤 것이 이 스위치를 촉발하는지, 그리고 그 작동 방식은 무엇인지를 알아낼 차례다.

3

생존 스위치

지금까지 우리가 알아낸 사실은 다음과 같다. 야생동물들은 엄격하게 체중을 조절해서 적당한 양의 지방만 보유한다. 그러나 먹이를 구할 수 없을지도 모르는 상황에 대비할 때는 많은 동물들이 생물학적인 변화를 겪는다. 허기가 너무 심해져서 열심히 먹이를 찾게 되고 휴식 중에는 에너지 소비를 줄이는 것이다. 지방 생성은 늘리고 지방 연소량은 줄여서 지방 축적을 최대화하며, 뇌에 충분한 글루코스를 공급할 수 있도록 인슐린 저항성이 생겨난다. 본질적으로 이런 변화들은 총체적인 생존 반응을 일으켜서 동면 상태로 겨울을 견뎌내거나 더 살기 좋은 환경을 찾아 이동하는 데 필요한 지방을 충분히 저장할 수 있게 해준다.

그렇다면 여기서 중요한 문제는 '과연 무엇이 이런 생물학적 반응을 촉발할까?'이다. 지금까지 전세계 연구자들은 이 문제의 답을 찾는

데 애를 먹었다. 무엇 때문에 먹이 섭취가 증가하는 시기가 시작되는지에 관해서는 거의 알려진 바가 없으며, 게다가 동물이 먹이 섭취를 중단하고 동면에 들어가게 하는 원인이 무엇인지에 대해서는 더더욱 알려진 바가 없다.

어떤 연구자들은 가을에 주변 온도가 하강하거나 낮과 밤의 길이가 변하면 동면이 촉발될 수도 있다고 추측했다. 또다른 연구자들은 동물의 지방 축적량이 일정 수준에 달하면 동면이 촉발될지도 모른다는 의견을 내놓기도 했다. 그러나 대다수의 연구 결과에 따르면 동물들이 동면에 들어가는 데 주요 자극제 역할을 하는 것은 식량이나 물을 구하기 어려워지는 상황이다. 기온이 떨어진 경우에는 특히 더 그렇다. 흥미로운 사실은 동물들이 체온을 낮추고 깊은 잠에 빠져들기 직전에 대사활동을 더 줄인다는 점이다.

야생동물들의 생존 스위치를 켜고 끄는 것이 무엇인지에 관해서는 앞으로 알아내야 할 것들이 훨씬 더 많지만, 연구 결과를 바탕으로 무엇이 이런 상황을 촉발하는지를 어느 정도 짐작할 수 있다. 특히 어떤 동물들의 경우에는 칼로리 성분을 넘어서는 독특한 속성을 지닌 특별한 음식을 먹으면 생존 프로그램이 작동하기 시작한다. 이 특별한 음식은 바로 프럭토스다.

당과 관련된 복잡한 용어들을 간단히 정리해보자

우리가 이 책에서 주로 살펴볼 당류인 **프럭토스**는 탄수화물의 일종이다. 프럭토스는 자주 언급되는 또다른 당류인 **글루코스**와 화학적으로 유사하다. 둘다 단일 분자로 존재하는 '단당류'이다. 프럭토스는 흔히 과당이라고 불리는데, 과일과 꿀에 들어 있는 주요 당류이자 이런 음식에서 단맛이 나는 원인이기 때문이다. 글루코스도 곡물, 콩 및 채소에 들어 있기는 하지만 종종 혈당이라고 불린다. 우리의 혈액 안에 들어 있는 주요 당류이기 때문이다. 또한 글루코스는 체내에서 쓰이는 주요 연료이기도 하다.

한편 설탕table sugar, 즉 **수크로스**는 프럭토스 분자와 글루코스 분자의 결합을 통해서 형성된 '이당류'다. 우리가 설탕을 먹으면 프럭토스와 글루코스를 한데 묶은 결합이 일단 소장의 효소에 의해서 반드시 분해되어야 한다. 그래야만 단일 분자가 둘 다 개별적으로 흡수된다. 또한 **액상과당**은 프럭토스와 글루코스가 결합되지 않은 상태로 혼합된 액체를 가리킨다. 액상과당의 프럭토스 대 글루코스 비율은 다양하고, 설탕과도 비율이 다른 편이다. 특히 음료가 그러한데, 프럭토스:글루코스 비율이 55:45에서 일부 탄산음료의 경우에는 65:35까지 올라가기도 한다. 우리가 섭취하는 프럭토스는 과일과 꿀이 아니라 식품에 첨가된 설탕이나 액상과당에서 비롯된 것이다. 이 두 가지가 가장 흔히 찾아볼 수 있는 첨가당의 공급원이다.

또한 당류 중에는 프럭토스가 함유되지 않은 것도 있다. 그 예가 바로 우유에 들어 있는 당류인 락토오스lactose다. (락토오스는 글루코스와 또다른 단당류인 갈락토오스가 결합되어 생성된다.) 아울러 여러 개의 당 분자가 사슬로 결합되어 형성된 **복합 탄수화물**complex carbohydrates에 대해서도 알아보자. 복합 탄수화물 가운데는 섬유질처럼 소화가 되지 않는 것도 있지만 소화 가능하며 우리의 식단에서 상당 부분을 차지하는 것도 있다. 이러한 탄수화물이 식물에서는 다양한 **전분**을 형성하며 동물에서는 **글리코겐**이 여기에 해당한다. 전분과 글리코겐의 공통점은 글루코스의 사슬로 형성되며 프럭토스를 함유하지 않는다는 것이다.

'당'이라는 단어는 혼동을 일으킬 수 있다. 보통 설탕(수크로스)을 가리킬 때 이 단어를 쓰지만 여러 가지 당류를 가리킬 때도 사용할 수 있다. 따라서 이 책에서는, 특히 실험적 연구에 관해서 어떤 종류의 당을 가리키는지를 구체적으로 알리려고 애썼다. 하지만 역사 및 역학疫學에서 당의 역할에 대해서 논의할 때는 당이라는 단어를 수크로스의 다른 이름으로 사용하기도 했다. 그리고 수크로스와 액상과당을 함께 언급할 때는 **첨가당**added sugar이라는 용어를 쓸 것이다.

프럭토스는
야생동물의 체중 증가를 일으킨다

때로는 단 하나의 사례로부터 문제 해결에 도움이 되는 통찰을 얻을 수도 있다. 나에게는 바로 벌새의 이야기가 그랬다. 생존 스위치를 촉발하는 것이 무엇인지에 대한 중대한 단서들을 지니고 있기 때문이다. 벌새는 세상에서 대사활동이 가장 빠른 동물들 중 하나다. 놀랍게도 분당 호흡수가 250회에 달하며 분당 심박수는 무려 1200회다. 벌새는 대사활동이 너무나도 빨라서 평균 체온이 38.8도나 된다. 인간이라면 열이 나는 셈이다. 이렇게 활발한 대사활동을 고려하면 벌새가 살이 찌는 것은 불가능해 보인다. 만일 이렇게 세상에서 대사 작용이 가장 활발한 동물까지 압도할 만큼 강력한 메커니즘이 존재하지 않는다면 말이다.

아침마다 벌새는 달콤한 넥타가 들어 있는 꽃을 찾아나선다. 벌새는 넥타를 아주 좋아한다. 가끔 곤충을 잡아먹기도 하지만 넥타가 식단의 대부분을 차지한다. 넥타에 대한 벌새의 식탐이 어느 정도냐면 많게는 하루에 자기 체중의 네 배에 달하는 넥타를 들이킨다. 그 결과 체지방이 놀랄 만큼 증가해서 초저녁이 되면 총 체중의 40퍼센트가 지방일 때도 있다. 지방간이 심해져서 간이 번들거리고 진주처럼 흰빛이 돈다. 벌새는 단순히 살이 찌는 게 아니라 당뇨 상태가 된다. 혈중 글루코스 농도가 700mg/dL 또는 그 이상으로 치솟는데 사람으로

치면 응급실에 실려갈 정도의 수치다. 하루가 저물어갈 무렵이 되면 에너지 넘치는 작고 가벼운 새가 살이 찌고 당뇨 상태가 되는 것이다.

그런데 벌새는 결코 당뇨 합병증에 걸리지 않는다. 그 이유는 무엇일까? 하룻밤 사이에 지방과 혈중 글루코스를 연소시키기 때문이다. 다음 날 아침이 되면 지방도 당뇨병도 온데간데없이 사라져버린다. 벌새의 대사활동이 너무나도 활발하기 때문에 밤에 자는 동안 이만큼의 지방이 있어야만 생존할 수 있다. 만약 밤새 지방 저장량을 다 써버리면 동면 상태의 동물들처럼 심장 박동과 호흡이 느려진다. 다음 날 해가 떠서 다시 먹이 활동을 할 수 있을 때까지 벌새는 이렇게 버텨내는 것이다.

대사활동이 극도로 활발한 새가 단 하루만에 살이 찌고 당뇨 상태가 되는 것을 보면 넥타에는 뭔가 특별한 성분이 들어 있는 것이 분명하다. 넥타는 거의 대부분 설탕물로 이루어져 있고, 앞에서 설명했듯이 장에서 글루코스와 프럭토스로 분해되는 수크로스가 함유되어 있다. 또한 '자유롭게 움직이는'(결합되지 않은) 글루코스와 프럭토스가 들어 있다. 따라서 이중에서 한 가지, 또는 세 가지 당류 모두 체중 증가를 유발하고 생존 스위치의 다른 특징들을 촉발한다고 추정할 수 있다.

> 하루가 저물어갈 무렵이 되면 우리가 에너지 넘치는 작고 가벼운 새로 여기는 벌새는 살이 찌고 당뇨 상태가 된다.

자연에 존재하는 음식 중에서 넥타처럼 수크로스 함량이 높은 것은 드물다. 야생에 있는 음식을 달콤하게 만드는 주요 당류는 프럭토스로, 과일과 꿀의 주된 당 성분이다. 동물들이 살을 찌우는 수단으로 프럭토스가 함유된 과일과 꿀을 선호한다는 말에는 어느 정도 근거가 있다.

이를 가장 잘 보여주는 예가 바로 곰이다. 미국 흑곰과 회색곰은 가을 동안 먹이 섭취량을 부쩍 늘리는데, 때로는 일일 섭취량이 2만 칼로리에 근접하며 그 결과 매일 체중이 3.5~4.5킬로그램 이상 증가한다. 과일은 곰이 가장 좋아하는 음식 중 하나지만 곰은 늦가을에 과일이 다 익기 전까지는 먹지 않기도 한다. 과일의 당 성분이 증가할 때까지 기다리는 것이다. 몇몇 연구 결과에 따르면 과일에 함유된 당 성분은 아침 서리가 내린 뒤 더욱 증가한다고 한다. 겨울이 점점 다가올수록 서리가 자주 내린다. 곰은 매우 짧은 시간 내에 어마어마한 양의 과일을 먹어치울 수 있다. 곰의 배설물 표본 하나에서 6만 개가 넘는 오리건 포도씨가 발견되었다는 연구가 있다. 이는 24~48시간 사이에 곰이 포도알을 만 개쯤 먹었다는 의미다. 흑곰과 회색곰도 인도네시아의 느림보곰과 보르네오의 태양곰처럼 꿀을 좋아한다. 아이들이 좋아하는 캐릭터인 위니 더 푸를 떠올려보라. 헌드레드 에이커 우드에 사는 통통하고 사랑스러운 푸는 꿀을 너무나도 좋아했다. 곰은 진짜로 꿀을 좋아하며 동면을 앞두고 체중을 늘리기 위한 음식으로 꿀을 활용한다.

다른 동물들도 동면에 들어가기 전에 살을 찌우기 위한 수단으로 과일을 먹는다. 마다가스카르에 사는 살찐꼬리난쟁이리머는 더운 여름에 동면을 한다. (엄밀히 따지자면 **하면**estivation, **夏眠**인데, '여름나기'라는 뜻이다.) 마다가스카르의 건기에는 가뭄이 극심해지기도 하는데, 이에 대비하기 위해서 살찐꼬리난쟁이리머는 우기 동안 엄청난 양의 과일을 먹고 꼬리에 지방을 저장해둔다. 그런 다음에 건기가 오면 나무 구멍 속에 틀어박혀 체온을 떨어뜨리고 길게는 6개월간 깊은 잠에 빠져든다. 서서히 지방이 연소되면서 생기는 칼로리와 물에 의지해서 살아가는 것이다.

많은 철새들은 겨울에 남쪽으로 날아가기에 앞서 가을 동안 곤충 위주에서 과일 위주로 식단을 전환한다. 실험적 연구 결과에 비추어 보면 이러한 식단 전환은 총 칼로리 섭취량의 급격한 증가, 휴식 시 대사율의 30퍼센트 감소, 주로 지방으로 인한 엄청난 체중 증가 등과 연관이 있다. 앞에서 언급한 파쿠의 사례를 떠올려보자. 과일을 먹는 다른 물고기들처럼 파쿠는 매년 아마존이 범람할 때 강물에 떨어지는 잘 익은 과일을 먹고 산다.

이 모든 것들을 고려할 때 과일에 함유된 어떤 성분이 체중 증가와 지방 축적을 촉발하는 수단이 된다고 추측할 수 있다. 우리가 벌새에 대해서 알고 있는 사실을 바탕으로 하면 아마도 프럭토스가 범인일 가능성이 가장 높아 보인다. 그렇다면 보다 직접적인 근거가 있을까?

프럭토스에 관한 초기 연구

자연을 관찰하는 것은 중요하지만 자연에는 우리가 통제할 수 없는 변수가 아주 많다. 프럭토스가 과일의 주요 영양소이기는 하지만 과일에는 생물학적 영향을 미칠 수 있는 다른 물질들도 많이 들어 있다. 정말로 프럭토스가 생존 스위치를 촉발하는지를 밝혀내기 위해서는 통제 가능한 실험실 환경에서 실험을 수행하고 살펴보는 것이 중요하다.

1950년대의 초창기 연구 결과에 따르면 프럭토스가 글루코스에 비해서 실험실의 동물들을 당뇨 전단계 상태로 만드는 데 훨씬 더 효과적이었다. (이제 우리는 이런 현상을 인슐린 저항성이라고 부른다.) 이후에 1970년대와 1980년대의 몇몇 연구는 프럭토스가 혈중 중성지방을 늘리고 체중 증가를 촉진한다는 것을 보여주었고 더 많은 근거를 제공했다. 그러나 이 밖에는 프럭토스에 관해서 거의 연구가 진행되지 않았고, 21세기에 들어설 무렵에는 프럭토스가 비만의 잠재적 원인이 될 수 있다는 점에 사람들이 거의 관심을 갖지 않았다.

실제로 1990년대 후반까지만 해도 의학계에서는 수크로스나 프럭토스에 거의 관심이 없었다. 이런 당류는 영양학적 가치가 거의 없지만 해롭지는 않은 '빈 칼로리'empty calories라는 것이 중론이었다. 당류는 탄수화물이라 그램당 열량이 4칼로리에 불과하다. 따라서 사람들은 그램당 열량이 그 두 배가 넘는 9칼로리인 지방에 비하면 체중 증가를 유발할 가능성이 적다고 생각했다.*

그럼에도 일부 연구자들은 비만의 원인으로서 당류의 중요성이 흔히 생각하는 것보다 더 클지도 모른다는 우려를 품고 있었다. 이러한 관점에 대한 연구는 2004년에 비만 학계를 이끄는 주요 연구자들이 액상과당의 등장 이후에 비만의 빈도가 더욱 증가했다는 도발적인 논문을 발표하면서 더욱 활발해졌다. 한편 그 무렵에는 로버트 앳킨스가 소개한 저탄수 식단이 체중 감량법으로 점점 인기를 끌었다. 모든 당류는 탄수화물이므로 앳킨스의 식단에는 일반적으로 액상과당과 프럭토스의 섭취량도 제한되었다.

비만의 잠재적 원인으로서 액상과당에 대한 관심이 증가함에 따라 프럭토스에 대한 관심도 높아졌다. 곧이어 프럭토스가 인슐린 저항성을 유발하고 실험실 동물들의 혈중 중성지방 수치를 높일 뿐 아니라 비만(특히 복부 지방 증가), 고혈압 및 지방간 등 대사증후군의 다른 특징들도 야기할 수 있다는 연구 결과들이 발표됐다.

당시 플로리다대학교에 있던 우리 연구팀이 프럭토스에 관한 연구를 시작한 것은 2004년 무렵이었다. 우리는 우연히 이 연구주제에 관

* 칼로리는 물의 온도를 1도 높이는 데 필요한 열량으로 정의되는 에너지 단위다. 일반적으로 음식의 에너지량을 측정할 때 사용한다. 우리가 말하는 '칼로리'는 실제로는 이런 열에너지의 단위가 1000에 해당하는 킬로칼로리를 의미하지만 통상적으로 칼로리라는 표현이 흔히 쓰인다.

심을 갖게 되었는데, 그 당시에는 **요산**uric acid이라는 물질을 중점적으로 연구하던 중이었다. 보통 노폐물로 간주되는 요산은 정상적인 대사활동을 통해 생성된다. 인체는 주로 소변을 배출하여 요산을 제거하는데, 일부는 장에 있는 박테리아의 분해 활동을 통해 처리되기도 한다. 그러나 때로는 혈중 요산 수치가 높아지기도 하는데 특히 과체중이거나 당뇨 전단계인 사람들의 경우가 그렇다. 수치가 지나치게 상승하면 요산이 불안정해져서 특히 관절 부위에 결정이 형성되기도 한다. 그 결과 국부 염증으로 인해 심한 통증을 유발하는 관절염이 생기는데 이를 **통풍**이라고 한다.

우리 연구팀은 요산이 단순히 노폐물이 아니라 생물학적으로 능동적인 역할을 한다는 사실을 발견했다. 연구 결과에 따르면 요산 수치를 높이면 혈압이 상승하기도 했다. 이에 나는 요산이 고혈압에 영향을 미치는 것은 아닌지, 또한 요산 수치 상승을 유발한 원인이 무엇인지에 대해 깊은 생각에 잠겼다. 특히 20세기 내내 고혈압과 비만이 증가하면서 요산 수치도 상승했다는 근거가 있었기 때문이다. 논리적으로 생각해보면 식단과 관련이 있을 가능성이 존재했다. 알코올과 적색육이 요산 수치를 높일 수 있다는 점은 널리 알려져 있었다. 그런데 이 시기 동안 적색육 섭취량은 그리 크게 증가하지 않았기 때문에, 이러한 현상이 다른 음식 탓일 수도 있다는 가능성이 높아졌다.

그중 하나가 당류였다. 이미 1800년대에 의사들은 설탕과 과일이 통풍 발작을 유발할 수도 있다는 점을 알고 있었다. 또한 1970년대 무렵에는 당류 가운데서도 특히 프럭토스가 요산 수치를 상승시킨다는 사실을 보여주는 연구들이 진행되었다. 나는 혹시 프럭토스 섭취가 요산 수치 상승을 유발해 혈압이 높아지는 것은 아닐까 생각했다.

이에 관해 알아보려고 우리 연구팀의 다카히코 나카가와 연구원은 실험실 쥐들의 절반에는 프럭토스와 요산의 생성을 억제하는 약인 **알로푸리놀allopurinol**을 함께 투여했고 나머지 절반에는 프럭토스만 투여했다. 프럭토스만 받은 쥐들은 체중이 증가했다. 인슐린 저항성이 생기고 혈중 중성지방 수치가 상승하며 요산 수치가 높았다. 또한 고혈압이 생겼다. 한편 알로푸리놀을 같이 받은 쥐들은 요산 수치가 증가하거나 고혈압이 생기지 않았다. 우리가 예상한 대로였다. 그런데 여기에는 예상치 못한 추가적인 반전이 나타났다. 알로푸리놀은 고혈압 발생을 억제했을 뿐만 아니라 체중 증가, 인슐린 저항성, 혈중 중성지방 증가까지 어느 정도 억제했다.

프럭토스가 비만을 유발하는 과정에 요산이 영향을 미칠 수 있다는 관찰 결과는 놀라웠다. 그 당시에 요산은 단지 프럭토스 대사활동의 부작용일 뿐이라고 여겨졌기 때문이다. 실제로 사람들은 프럭토스가 글루코스와 마찬가지로 대사 작용을 한다고 믿었다. 일단 분해되고 나면 그 과정에서 생겨난 부산물들은 에너지 생성에 쓰이는데, 이 에너지는 그 자리에서 즉시 사용되거나 지방으로 저장된다는 것이다. (또는 앞서 언급한 것처럼 탄수화물의 단기 저장 형태인 글리코겐으로 저장되기도 한다.) 다시 말해서 많은 과학자들은 프럭토스가 칼로리 함량

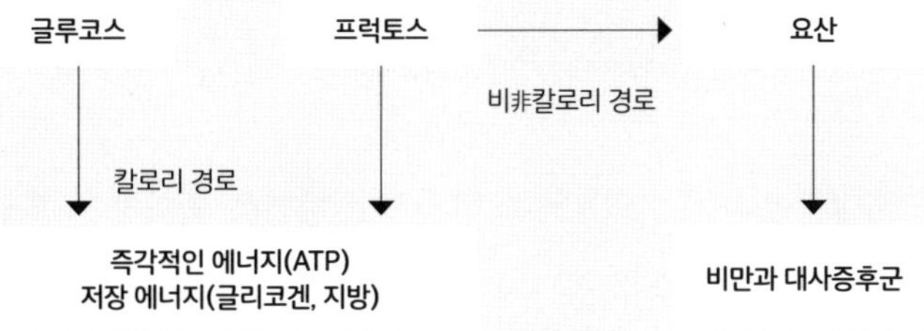

요산이 프럭토스에서 에너지를 생성하는 데 관여하지 않는다면 어떻게 비만에 영향을 미칠 수 있을까?

때문에 지방을 증가시킨다고 생각했다. 하지만 이런 이론은 왜 요산의 생성을 억제하면 동물의 비만과 인슐린 저항성을 방지할 수 있는지를 설명하지 못했다.

나는 프럭토스가 대사증후군에 어떤 역할을 하는지는 아직 완전히 밝혀지지 않았다는 것을 깨달았다. 셜록이라면 미스터리가 벌어지고 있다고 말했을 것이다. 지난 20년간 우리 연구팀과 다른 연구자들은 프럭토스가 어떻게 생존 스위치를 활성화하는지, 이 과정에서 요산의 역할은 무엇인지를 밝혀내기 위해 노력해왔다. 이제 우리 연구팀이 어떤 질문들을 던졌는지, 이런 미스터리를 탐구하기 위해 어떤 실험들을 했는지 하나씩 살펴볼 것이다.

프럭토스가 대사증후군을 유발할까?

연구 초기에 우리는 프럭토스를 섭취하면 동면을 준비하는 동물들의 행동을 실제로 모방할 수 있는지 실험실에서 밝혀내고 싶었다. 실험에서 생쥐와 쥐가 프럭토스에 어떻게 반응하는지는 다소 가변적이었는데, 비만을 야기하는 가장 효과적인 방법은 프럭토스를 음식에 넣는 것이 아니라 식수에 타서 제공하는 것이라는 점을 알게 되었다. 프럭토스를 물에 타서 주는 방식의 또다른 이점은 프럭토스 섭취량과 음식 섭취량을 구분할 수 있다는 것이다. 다시 말해서 프럭토스를 마시는 것이 프럭토스가 들지 않은 음식의 섭취에 어떤 영향을 미치는지를 알 수 있다.

보통 어떤 동물에게 고칼로리 음료를 준다면 그 동물은 총 칼로리 섭취량을 일정하게 유지하기 위해서 먹이의 양을 줄일 것이다. 실험실의 생쥐들에게 식수에 프럭토스를 타서 제공하면 처음에는 프럭토스에서 얻는 칼로리를 감안해 먹이 섭취량을 줄인다. 그런데 몇 주가 지나고 나면 이런 패턴이 변했다. 동일한 양 또는 더 많은 프럭토스를 계속 마셨을 뿐 아니라 먹이 섭취량까지 증가했다. 따라서 일반적인 물을 마시는 통제 그룹에 비해 총 칼로리 섭취량이 상당히 높았다. 기본적으로 항상 배고픈 것처럼 행동했다. 또한 움직임을 감지하는 레이저 불빛을 활용해 측정해보았더니 활동량이 줄어들었고 말 그대로 드러눕기 시작했다. 몇 개월이 지나자 통제 집단의 생쥐들에 비해 훨씬 더 많은 지방을 축적했고 복부 비만이 특히 두드러졌다. 그리고 지방간이 생겼고 인슐린 저항성을 나타냈다. 이와는 대조적으로 통제 집단의 생쥐들은 여전히 건강했고 날씬했다. 구체적으로 분석해본 결과, 프럭토스를 마신 생쥐들은 총 칼로리 섭취량이 더 많았을 뿐 아니라 휴식을 취할 때의 대사활동도 감소했다. 지방 생성이 증가한 것만이 아니라 지방 연소가 감소했기 때문에 지방을 축적하기 시작했다.

실험실 쥐들을 대상으로 또다른 연구를 실시한 결과 우리는 프럭토스가 많이 함유된 식단이 체중 증가, 지방 축적, 지방간 및 인슐린 저항성을 유발한다는 것을 확인했다. 우리 팀과 다른 연구자들은 프럭토스를 많이 섭취하면 혈압 상승, 혈중 중성지방 증가, 염증 표지자 발생을 초래한다는 사실을 알아냈다. 또한 다른 여러 연구팀들도 프럭토스를 많이 섭취하면 좋은 콜레스테롤인 HDL콜레스테롤이 감소한다는 것을 밝혀냈다. 요약하자면 프럭토스 섭취가 대사증후군의 모든 특징을 유발할 수 있다는 뜻이다. UC데이비스의 영양학자인 킴버 스탠호프와 피터 해블이 과체중인 사람들을 대상으로 실시한 연구에서도 비슷한 결과가 도출되었다. 이 연구에서는 실험 참가자들에게 10주 동안 프럭토스 또는 글루코스가 함유된 음료를 무작위로 마시게 했다. 두 그룹 모두 산출된 에너지 필요량보다 더 많은 음식을 먹었고 그 결과 체중이 비슷하게 증가했다(1.4킬로그램). 그런데 프럭토스가 함유된 음료를 마신 그룹은 글루코스가 함유된 음료를 마신 그룹보다 대사증후군의 징후가 훨씬 심각하게 나타났다. 복부 지방이 더 많았고 인슐린 저항성이 더 심했고 휴식 상태의 에너지 대사활동이 더 낮았다. 혈중 중성지방 및 요산 수치도 더 높았고 심지어 간 기능 이상 검사에서 지방간의 조짐을 보였다. 중성지방 증가, 요산 수치 상승, 에너지 대사활동 저하 등 대부분의 특징이 식사 이후에 더욱 현저하게 나타났다.

동물들이 가을에 과일과 꿀의 섭취를 급격하게 늘리는 이유는 이런 음식을 칼로리 공급원으로 활용할 수 있어서가 아니다. 생존 스위치를 촉발하는 데 중요한 역할을 하기 때문이다.

연구 결과는 명확하다. 즉 동물과 인간 모두 프럭토스를 과도하게 섭취하면 음식 섭취량이 늘어나고 대사증후군이 발생한다. 동물들이 가을에 과일과 꿀의 섭취를 급격하게 늘리는 이유는 이런 음식을 칼로리 공급원으로 활용할 수 있어서가 아니다. 그보다는 이런 음식에 함유된 프럭토스가 정상적인 체중에서 벗어나게 하고 생존 스위치를 촉발하는 데 중요한 역할을 담당하기 때문이다.

프럭토스는 어떻게 대사증후군을 유발할까?

앞서 언급했듯이, 우리가 관찰한 동물들은 프럭토스 섭취량이 늘어나자 처음에는 먹이 섭취를 줄였다. 하지만 몇 주가 지난 뒤에는 마치 항상 배가 고프다는 듯이 점점 더 많은 음식을 먹기 시작했다. 아울러 휴식 상태일 때의 대사활동이 저하되었다. 이러한 현상은 지난 수십 년간 사회 전반에서 관찰된 변화와 비슷하다. 즉 우리의 에너지 소비량은 줄어드는 반면 음식 섭취량은 늘어나고 있다. 그렇다면 프럭토스는 이런 방식으로 대사증후군을 유발하는 걸까? 대사활동은 줄이는 동시에 우리를 배고프게 해서 필요한 것보다 더 많은 음식을 먹게 하는 걸까?

이런 추측이 맞는지 확인해보려면 칼로리가 제한된 상황에서 프럭토스가 대사증후군을 유발하는지를 살펴볼 수 있다. 즉 프럭토스를 섭취한 동물들이 배고픔을 느껴서 더 많이 먹으려 하더라도 먹이를 더 주지 않는 것이다. 우리는 두 그룹에 동일한 양의 열량을 제공하되 한쪽에는 프럭토스를 주고 다른 쪽에는 프럭토스를 주지 않는 방식으로 연구를 수차례 실시했는데 연구 결과는 항상 똑같았다. 프럭토스는 주로 칼로리 섭취를 촉진해서 체중 증가를 유발한다. 다시 말해 음식 섭취량을 늘리지 않는다면 체중 증가량은 미미하다는 것이다.*

동일한 양의 칼로리를 제공했기 때문에 두 그룹에 속한 동물들 간

* 프럭토스가 체중 증가를 유발하는 주요 원인은 음식 섭취를 자극하기 때문이지만, 대사활동이 저하됨에 따라서 다소간 체중이 증가하는 사례도 있었다. 체중 증가량이 많지는 않았는데, 어쩌면 우리가 대개 몇 주에서 몇 달에 한정된 단기 연구를 실시했기 때문일 수도 있다. 수개월 동안 식단을 유지한다면 체중의 차이가 더 컸을 가능성이 있다.

에 체중 증가의 차이는 없었던 반면 다른 차이점들은 놀라웠다. 프럭토스를 먹인 쥐들에서는 인슐린 저항성, 혈중 중성지방 증가, 혈압 상승 등 대사증후군의 특징들이 여전히 나타났지만 통제 집단의 쥐들에서는 이런 증상들을 찾아볼 수 없었다.

우리는 식단에 포함된 당류로 프럭토스를 활용한 여러 연구를 통해서 이와 같은 결과를 얻었는데, 내 실험실의 카를로스 론컬 연구원이 수크로스(앞서 언급했듯이 프럭토스와 글루코스의 결합으로 이루어진 설탕)를 활용해 수행한 연구에서도 훌륭한 사례를 찾아볼 수 있다. 그는 한 그룹의 쥐들에게 수크로스가 40퍼센트를 차지하는 식단을 제공했고, 다른 그룹에는 동일한 식단을 제공하되 수크로스를 프럭토스가 함유되지 않은 복합 탄수화물인 전분으로 대체했다. 모두 똑같은 양을 급여하기 위해 그는 매일 모든 동물들이 먹이를 얼마나 먹었는지를 측정했고 이를 바탕으로 가장 적게 먹은 동물에게 다음 날 먹이를 얼마나 더 줄지를 결정했다.

카를로스와 내가 이 실험을 실시했을 때 우리는 어떤 쥐 한 마리가 먹이를 아주 적게 먹는다는 것을 알아차리지 못했다. 그래서 실험이 진행되는 4개월 동안, 모든 쥐들이 식욕이 부진한 쥐와 똑같은 양의 먹이를 먹었다. 나중에 우리는 이 쥐가 암에 걸렸다는 사실을 확인했는데, 결과적으로 모든 쥐들이 매우 엄격한 식단을 따른 셈이 되었다. 그런데 의도치 않은 일이 발생한 것이 오히려 행운으로 작용했다. 음식 섭취량이 저조할 때도 수크로스가 대사활동에 영향을 미치는지를 판단할 수 있는 이상적인 연구를 부지불식간에 실시한 것과 다름없었기 때문이다.

이 실험이 끝난 뒤 우리는 깜짝 놀랄 만한 연구 결과를 얻게 되었다. 칼로리가 제한된 상황에서도 수크로스를 먹인 쥐들은 모두 당뇨병에 걸렸고 간에 지방이 가득 찼다. 이와는 대조적으로 전분을 먹인 쥐들은 간이 정상적인 모습이었고 한 마리도 당뇨병에 걸리지 않았다. 체중을 살펴보니 수크로스를 먹인 쥐들이 전분을 먹인 쥐들에 비해서 체중이 조금 더 나가는 경향이 있었지만 현저한 차이를 보이지는 않았다. 이러한 연구 결과는 일리가 있었다. 우리가 다른 연구를 통해 당류가 많이 함유된 식단에서 체중 증가의 대부분은 칼로리 때문에 발생한다는 결과를 얻었던 것과 일치했기 때문이다. (에너지 연소량의 감소가 체중 증가에 다소 영향을 미치기는 했다.)

액상과당 업계는 우리가 너무 많이 먹고 너무 적게 운동하기 때문에 살이 찌는 것이라고 주장한다. 우리가 무엇을 먹는지, 특히 첨가당 섭취량이 높은 것과는 아무런 관련이 없다고 말한다. 그들은 칼로리 섭취량만 동일하다면 프럭토스가 많이 함유된 식단을 섭취한 사람들과 식이 조절을 한 사람들 간에 체중 증가의

> 프럭토스는 음식 섭취량의 증가를 부추김으로써 체중 증가를 유발하지만, 음식 섭취량이 그대로 유지되는 경우에도 대사증후군의 다른 특징들을 유발한다.

차이가 없다는 결론을 내린 연구를 지원해왔다. 그 결과 우리는 액상과당과 수크로스가 비만이라는 유행병을 부추기는 범인이 아니라고 여기게 된다. 그러나 그들은 수크로스와 액상과당이 지속적인 허기를 느끼게 해 더 많이 먹게 만드는 생물학적 프로세스를 활성화하는 방식으로 체중 증가를 유발한다는 점을 고려하지 않는다. 더 나아가 복부 지방 축적, 인슐린 저항성, 지방간 등 칼로리 섭취와 상관없이 프럭토스로 인해 발생하는 대사증후군의 다른 특징들을 살펴보지 않았다.

여기서 우리는 새로운 질문을 던지게 된다. 프럭토스의 어떤 특징 때문에 우리가 더 많이 먹게 되는 걸까?

프럭토스는 어떻게 배고픔을 부추길까?

동물들은 주로 렙틴이라는 호르몬의 작용을 통해서 체중을 조절한다. 아마도 기억하겠지만 지방 세포에서 분비되는 렙틴은 배가 부르다는 신호를 뇌에 전달한다. 그러나 곰이 동면에 대비해서 가을에 체중을 늘릴 때는 렙틴의 효과에 저항하게 된다. 과체중이거나 비만인 사람들도 렙틴에 저항성을 보이는 경우가 많다. 이러한 렙틴 저항성 때문에 지속적인 허기를 느끼게 되고, 그래서 곰도 사람도 필요한 양보다 더 많은 음식을 먹게 되고 결과적으로 체중이 증가하는 것이다.

우리 연구팀은 생리학자인 필립 스카페이스와 함께 연구를 진행한 결과, 실험실의 동물들에게 프럭토스가 많이 함유된 식단을 제공하면 렙틴 저항성이 생긴다는 것을 밝혀냈다. 몇 주에서 몇 개월이 걸리기도 하지만 말이다. 일단 렙틴 저항성이 생기면 더 배가 고파지고 필요한 양보다 더 많은 먹이를 먹어서 체중이 증가하게 된다. 또한 식단에서 프럭토스를 제외한 이후에도 렙틴 저항성이 몇 주간 지속된다.

여기에는 주목할 만한 점이 두 가지 있다. 첫째, 렙틴 저항성이 그 자체로 체중 증가를 의미하지 않는다. 만약 렙틴 저항성이 있어도 음식을 구할 수 없거나 생물학적인 충동인 식욕을 억제해서 여분의 칼로리를 섭취하지 않는다면(정말 어려운 일이긴 하지만!) 체중이 증가하지 않을 것이다. 그냥 허기진 상태가 유지될 뿐이다. 둘째, 렙틴 저항성이 있을 때 체중 증가량은 어떤 종류의 음식을 먹는지에 따라서 달라진다. 예를 들어 기름진 음식 등 고칼로리 음식을 먹는다면 저칼로리 음식에 비해서 체중이 더 많이 늘어난다.

렙틴 저항성 현상을 살펴보면 프럭토스를 먹는 동물들에게 고지방 식단을 제공하면 어째서 체중이 급격하게 증가하는지를 알 수 있다. 또한 프럭토스가 부재하는 상황에서는 고지방 식단이 체중 증가를 유발하지 않는 이유도 알 수 있다. 렙틴의 효과에 대한 동물들의 민감성이 그대로 유지되어서 음식 섭취량을 조절하기 때문이다.* 이는 요즘

* 이전의 실험에서 우리는 실험실 동물들에게 라드가 많이 함유된 식단을 제공하더라도

인기 있는 저탄고지 식단이 비만을 유발하지 않는 이유라고도 할 수 있다.

프럭토스는 렙틴 저항성을 유발하기 때문에 우리는 더 배고픔을 느끼고 결국 더 많이 먹게 된다. 하지만 체중 증가와 관련된 프럭토스의 역할이 이것뿐일까? 사람들은 대개 달콤한 음식을 좋아하고 어떤 사람들은 갈망하기까지 한다. 달콤한 음식에 대한 사랑과 갈망이 우리의 음식 섭취에 영향을 미치는 부분은 없을까?

> 프럭토스는 렙틴 저항성을 유발하기 때문에 우리는 더 배고픔을 느끼고 결국 더 많이 먹어서 체중이 늘어난다.

달콤한 음식에 대한 사랑과 갈망이 어떤 역할을 담당하는 건 아닐까?

어떻게 보면 우리는 당류와 사랑에 빠진 것과 비슷하다. 단 음식을 먹으면 뇌에서 기쁨을 느끼게 하는 **도파민**이 분비되기 때문이다. 심지

프럭토스가 없으면 체중 증가를 일으키지 않는다는 것을 확인했다. 그러나 버터가 많이 함유된 식단은 생존 스위치를 활성화하지 않더라도 어느 정도는 체중 증가를 유발했다. 이런 현상이 발생하는 메커니즘은 불분명하나, 버터에 함유된 다른 성분 또는 울타리 효과와 연관이 있을 것으로 추정된다. (이에 관해서는 9장을 참고하기 바란다.)

어 당류에 대한 애호는 중독과 유사한 갈망으로 진전될 수 있다는 근거가 존재한다. (이에 관해서는 7장에서 더욱 자세히 살펴보자.) 예를 들어 수크로스가 함유된 물을 간헐적으로 제공하면 생쥐는 그런 물이 있을 때 매우 빨리 마셔버리며, 설탕물을 주지 않으면 불안 증세와 금단 현상을 보인다. 이런 점을 고려하면 당류에 대한 사랑이 렙틴 저항성의 발달 및 비만 유발에도 영향을 주는 것은 아닐까 하는 의문이 생긴다.

이와 관련하여 우리 연구팀은 유전자 변형을 통해 모든 미각을 상실한 생쥐의 경우에도 프럭토스가 비만을 유발하는지를 알아보기 위해 콜로라도대학교의 톰 펑거와 수 키너먼과 함께 연구를 실시했다. (미각을 담당하는 유전자를 DNA에서 '제거'했기 때문에 **유전자 제거knockout** 생쥐라고 부른다.) 흥미로운 점은 이렇게 '미맹'인 생쥐들도 그냥 물보다는 수크로스와 액상과당이 함유된 음료와 프럭토스가 함유된 음료를 선호했다는 것이다. 또한 이 생쥐들한테서도 대사증후군의 모든 특징이 나타났다. 당연히 이런 현상은 렙틴 저항성의 발달과 연관이 있었다.

아울러 우리는 미맹인 생쥐들과 일반 생쥐들 간에 자발적인 프럭토스 섭취량의 차이가 있는지 살펴보았다. 미맹인 생쥐들과 일반 생쥐들 모두 물보다 프럭토스를 선호했지만, 일반 생쥐들이 프럭토스를 더 많이 마셨다. 이는 단맛의 주요 효과가 단 음식의 섭취를 독려한다는 것을 시사한다.* 두 그룹의 생쥐들 모두 살이 쪘는데, 놀랍게도 예상과는 달리 일반 생쥐들이 미맹인 생쥐들에 비해 체중 증가량이 적었다. 일반 생쥐들이 더 많은 프럭토스를 섭취했는데도 말이다. (이는 미맹인 생쥐들의 렙틴 저항성이 더욱 심했기 때문으로 밝혀졌다. 그런 현상이 발생하게 된 이유는 여전히 미지수다.) 이는 우리가 당류의 맛을 느끼면 더 많은 당류를 섭취하게 되지만, 단맛을 느끼지 못한다 하더라도 당류 때문에 살이 찔 수 있다는 것을 의미한다.

우리는 프럭토스뿐 아니라 당류와 액상과당을 좋아하는 주된 이유가 단맛 때문인 거라고 지레짐작한다. 그러니 미맹인 생쥐들도 물보다 프럭토스를 선호한다는 관찰 결과를 고려하면 우리가 프럭토스를 좋아하는 데는 맛 이외에 다른 메커니즘이 작용할지도 모른다는 결론을 얻게 된다. 이런 결론을 뒷받침하는 또다른 연구 결과가 있는데, 이 연구팀은 유전자 변형을 통해서 단맛은 느낄 수 없지만 다른 맛은 온전히 느낄 수 있는 생쥐들을 대상으로 연구를 진행했다. 이 생쥐들도 수크로스를 좋아했고 수크로스를 섭취할 때 뇌에서 도파민 반응을 경험했다. 그러나 일반 생쥐들은 수크랄로스를 비롯한 인공감미료에 대해서도 도파민 반응을 보였지만 단맛을 느끼지 못하는 생쥐들은 도파민 반응을 보이지 않았다. 또한 일반 쥐들과는 달리, 일반적인 물보다 인공감미료를 선호하지 않았다. 그러니까 단맛을 느끼지 못하는 경우에도 기쁨을 제공하는 수크로스에는 뭔가 특별한 것이 있다.

* 부연 설명을 하자면 인공감미료도 혀에서 단맛을 느끼는 미각 수용체를 자극하며 예상대로 단 음식의 섭취를 독려한다. 그러나 프럭토스와는 달리 인공감미료 단독으로는 비만을 유발하지 않는다. 이에 관해서는 8장에서 자세히 설명할 것이다.

우리가 단맛을 느낄 수 없는 경우에도 프럭토스를 함유한 당류에 대한 갈망이 끈질기게 유지되는 이유는 어쩌면 그런 갈망이 프럭토스의 대사 작용과 연관이 있어서일지도 모른다. (여기서 대사 작용은 체내에서 분해되는 과정을 의미한다.) 이번 장의 서두 부분에서 언급한 것처럼, 프럭토스와 글루코스는 거의 동일한 방식으로 대사가 이루어지지만 그 사이에는 차이점도 있다. 예를 들자면 프럭토스는 요산으로 분해된다.

> 우리는 당류의 단맛 때문에 더 많은 당류를 섭취하게 되지만, 단맛을 느끼지 못한다 하더라도 당류 때문에 살이 찔 수 있다.

그래서 우리 연구팀은 프럭토스의 대사 작용에 뭔가 특별한 점이 있는지, 그게 우리가 프럭토스가 함유된 당류를 갈망하는 이유를 설명해줄 수 있는지 알아내고 싶었다. 또한 이것이 프럭토스가 대사증후군을 유발하는 과정과도 연관이 있는지 궁금했다.

프럭토스는 처음에는 **프럭토키나아제fructokinase**라는 특별한 효소에 의해 분해된다. 우리는 프럭토키나아제를 생성하지 않도록 유전자가 변형된 생쥐들을 구할 수 있었다. 이 생쥐들은 당류의 단맛을 느낄 수 있었고 글루코스에 쓰이는 동일한 효소를 이용해서 프럭토스를 대사할 수 있었다. 그러나 오직 프럭토스 대사를 위해 마련된 특별한 시스템, 즉 대부분의 프럭토스를 분해하는 주요 시스템은 완전히 차단된 상태였다.

우리는 이 특별한 쥐들에게 일반적인 물과 다양한 종류의 당류가 함유된 물 중에서 원하는 쪽을 고르게 했는데 그 결과는 상당히 놀라웠다. 이 쥐들은 글루코스가 함유된 물을 선호했지만, 일반 물보다 프럭토스가 함유된 물을 선호하지는 않았다. 게다가 일부러 프럭토스를 다량으로 섭취하게 하더라도 비만과 대사증후군은 전혀 발생하지 않았다. 또한 음식 섭취량을 완전히 조절했고 나이가 많이 들 때까지 날씬한 몸을 유지했다. (이후에 우리가 확인한 바에 따르면 이런 현상은 렙틴에 대한 민감성이 유지되었기 때문에 발생한 것이다.)

프럭토키나아제는 체내의 어느 부분에 존재하는지가 중요하다. 프럭토키나아제는 주로 간, 장, 신장에 집중되어 있으며 일부는 뇌에도 존재한다. 우리는 이들 기관 중 어느 곳에서 프럭토스의 대사 작용이 일어나는지가 비만과 대사증후군을 유발하는 프럭토스의 능력에 상당한 영향을 미치는 것이 아닐까 생각하게 되었다.

이와 관련하여 우리 연구팀의 미겔 라나스파 연구원이 여러 차례 실험을 실시했는데, 그 결과를 살펴보면 우리가 프럭토스를 갈망하는 근본적 원인과 프럭토스가 비만과 대사증후군을 일으키는 과정에 대해 새로운 통찰을 얻을 수 있다. 그는 다른 기관에서 프럭토스가 대사되는 것은 그대로 두되 생쥐의 특정 기관에서 프럭토스의 대사 작용이 일어나는 것을 차단하여, 프럭토스가 비만과 대사증후군을 유발하는 이유는 온전히 간 때문이라는 사실을 발견했다. 돌이켜 생각해보면 당연하게 느껴진다. 우리가 먹는 음식의 대사 작용에 관여하는 주요 장기가 바로 간이니까. 그가 간의 프럭토스 대사 작용을 차단하자 생쥐들은 날씬한 몸을 유지했고 뇌로 전달되는 렙틴의 신호도 정상적으로 유지되었다.

흥미로운 점은 이런 쥐들이 간에서 프럭토스의 대사 작용을 하지 못하는데도 여전히 프럭토스, 수크로스 및 액상과당을 좋아했고 이런 당류가 함유된 물을 과다섭취 했다는 것이다. 이와는 대조적으로 장에서 프럭토스의 대사 작용을 하지 못하는 쥐들은 프럭토스가 함유된 물을 아주 적게 마셨다. 이런 현상을 보면 프럭토스에 대한 선호는 장과 뇌 사이의 어떤 의사소통 방식과 연관이 있을지도 모른다. 또한 주목할 만한 점은 후자에 해당하는 쥐들에게 일부러 프럭토스를 먹였을 때 비만과 대사증후군이 발생했다는 것이다.

이 연구 결과들을 살펴보면 프럭토키나아제라는 특별한 효소를 통해 프럭토스가 대사되는 작용이 우리가 당류를 선호하는 이유, 또한 프럭토스가 비만과 대사증후군을 유발하는 과정을 설명해줄 수 있다는 생각이 든다. 아울러 이 두 가지 활동이 체내의 각기 다른 부분에서 일어난다는 점도 알 수 있다. 당류에 대한 선호는 장에서의 프럭토스 대사 작용 때문이고, 프럭토스가 비만과 인슐린 저항성을 유발하는 것은 간에서의 대사 작용 때문이다.

> 프럭토스의 대사 작용이 당류에 대한 애호와 프럭토스가 비만과 대사증후군을 유발하는 과정을 지배한다.

프럭토스는 어떻게
생존 스위치를 활성화할까?

우리에게 주어진 질문은 다음과 같았다. 프럭토스의 대사 작용이 어떻게 생존 스위치를 활성화하는 걸까? 그 해답은 바로 에너지와 관련이 있었다.

우리가 음식을 먹을 때 그 음식의 칼로리가 사용 가능한 에너지로 전환되거나 나중에 필요할 때 쓸 수 있도록 저장된다는 사실을 떠올려보자. 사용가능한 형태의 에너지를 **아데노신3인산ATP**이라고 부른다. 대부분의 ATP는 미토콘드리아라는 에너지 공장에서 생성된다. 에너지는 지방이나 탄수화물의 저장 형태인 글리코겐으로 저장되는데, 음식을 구할 수 없는 상황이 발생할 경우에는 둘 다 ATP로 전환될 수 있다. 음식의 대사 작용을 통해서 ATP를 얻든, 저장된 지방이나 글리코겐으로부터 ATP를 얻든 몸은 일정 수준의 ATP를 유지해야 한다. 달리기, 생각하기, 심지어 잠자기에 소요되는 에너지 필요량에 신속하게 반응하기 위해서다.

음식의 대사 작용에도 ATP가 필요하다. 이 에너지 소비는 가치가 있는데, 음식을 대사하는 데 쓰이는 ATP보다 음식을 통해서 얻는 ATP가 훨씬 더 많기 때문이다. 하지만 대사 작용에 ATP의 일부가 쓰이기 때문에 이론적으로 생각해보면 대사 작용이 완료되고 더 많은 ATP가 생성되기 전에는 세포 내의 ATP 수치가 몸이 선호하는 수준에 비해 낮아질 수 있다. 다행히 대다수의 음식이 대사될 때는 이런 상황이 발생하는 것을 방지하는 견제와 균형 시스템이 존재한다. 글루코스를 예로 들어보자. 만약 글루코스가 대사되는 동안 ATP 수치가 떨어지기 시작한다면 ATP가 다시 보충될 때까지는 전체 시스템이 느려지거나 멈춰버린다. 그 결과, ATP 수치가 심각하게 저하되는 상황은 결코 발생하지 않으며 모든 것이 잘 돌아간다.

그런데 프럭토스의 대사 작용은 이와 다르다. ATP 수치가 떨어질 때 간이나 다른 기관을 보호하는 견제와 균형 시스템이 존재하지 않는다. 프럭토키나아제는 프럭토스를 매우 빠르게 분해하며 그 과정에서 ATP가 급격히 소진된다. 따라서 다량의 프럭토스가 대사되는 경우에는 ATP 수치가 갑자기 뚝 떨어질 수 있다.

프럭토스의 대사 과정에서 ATP 수치가 초기에 하락하면 연쇄 반응이 발생해서 에너지 준위가 낮은 상태가 지속된다. ATP가 에너지원으로 쓰일 때는 인산기 하나가 떨어져나가서 아데노신2인산ADP, adenosine diphosphate이 된다. ADP는 다시 ATP로 전환될 수 있는데, 보통 글루코스 및 다른 영양소의 대사 과정에서 이런 현상이 발생한다. 그런데 프럭토스가 대사될 때는 ADP가 **아데노신1인산AMP, adenosine monophosphate**으로 분해되며 대사 작용이 더 진행되면 요산이 생성된다. ADP와 AMP가 제거되면서 요산이 생성되면 다시 ATP를 만들어내는 세포의 능력이 손상된다.

프럭토스의 대사 과정이 에너지 준위에 영향을 미치는 방법은 이

뿐만이 아니다. 이번 장의 서두 부분에서 언급했듯이, 내가 프럭토스에 관심을 갖게 된 것은 요산을 줄이면 프럭토스가 대사증후군을 유발하는 상황을 어느 정도 방지할 수 있다는 사실을 발견했을 때였다. 그 당시만 해도 어떻게 이런 일이 일어나는지가 불명확했다.

나중에 우리는 AMP에서 형성된 요산도 그 자체로 ATP 수치에 영향을 미친다는 것을 알게 되었다. 특히 요산이 미토콘드리아에 산화 스트레스를 유발하며, 이 때문에 ATP를 만들어내는 능력이 저하되고 지방 생성이 촉진된다. 또한 요산으로 인한 산화 스트레스 때문에 지방 저장분에서 방출된 지방산의 연소가 저해된다. 결과적으로 미토콘

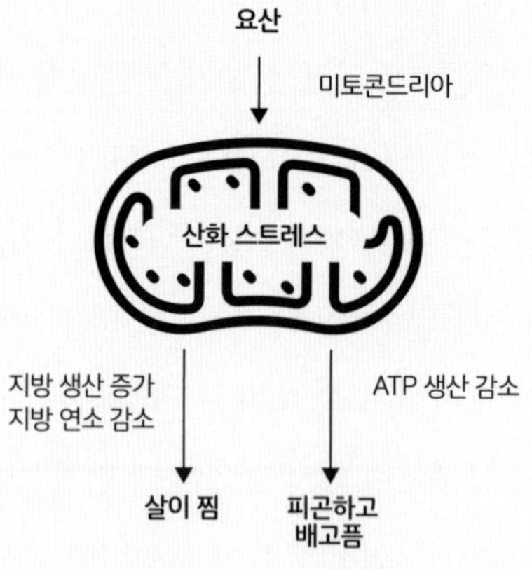

요산이 미토콘드리아에 산화 스트레스를 유발하기 때문에 에너지 생산이 감소하고 지방 연소가 저해되며 지방 생성이 촉진된다.

드리아가 ATP를 적게 만들어낼 뿐 아니라 ATP를 만드는 데 쓰였어야 할 칼로리가 이제는 체지방으로 저장되고 있는 것이다.

세포의 ATP 수치가 떨어지면 우리 몸은 이런 상태를 긴급상황으로 인식하며 즉시 배고픔을 촉진하는 방식으로 반응한다.* 그 결과 ATP 수치를 회복하기 위해서 음식 섭취량이 증가하며 그밖에 다른 생물학적 효과가 발생한다. 그런데 미토콘드리아에서 발생하는 산화 스트레스로 인해서 대부분의 칼로리가 지방으로 전환되어버린다. 섭취한 음식에 프럭토스가 들어 있는 경우에는 상황이 더욱 악화된다. ATP 수치가 더 많이 떨어지고 산화 스트레스가 더 늘어난다. 나중에는 ATP 수치가 회복되기는 하지만 그때쯤이면 우리가 먹은 음식의 대부분은 이미 지방으로 전환되어버린 상태다.

프럭토스가 촉발하는 생존 스위치의 특징

프럭토스가 작용하는 방식을 요약하자면 다음과 같다. 우리 몸의 세포 안에 저에너지 상태를 유발함으로써 기아를 모방하며, 에너지 위

* 여기서 짚고 넘어갈 점은 ATP의 급격한 변화가 음식 섭취량을 촉진하는 데 기여하기는 하지만, 시간이 지남에 따라 생겨난 렙틴 저항성이 음식 섭취량 및 체중 증가 촉진을 유발하는 더욱 중요한 메커니즘이라는 것이다.

기가 발생했다는 신호를 온몸에 보낸다. 이런 상황에서 생존 스위치가 '켜짐' 위치로 이동하는 것이다.

프럭토스에 대한 생물학적 반응을 연구하면 할수록 그 목적이 생존을 돕기 위해서라는 점이 더욱 분명해졌다. 지금까지 밝혀진 프럭토스의 주요 효과를 아래에 나열해보았다. 그중 대다수는 프럭토스 대사 과정에서의 에너지 감소 및 요산 생성으로 인한 것이다. 각각의 항목들에 관해서는 추후에 더욱 자세히 설명할 것이다.

대자연은 영리하다. 프럭토스를 섭취하면 동물은 에너지 저장량이 적다는 착각을 하게 된다. 실제로는 아직 손대지 않은 에너지가 지방의 형태로 남아 있는데도 말이다. 그래서 동물은 지방 저장량을 늘리게 되고 위기 상황에서 생존에 도움이 되는 다양한 대사 반응을 촉발한다. 먹이나 물을 구하지 못하는 상황이 닥쳤을 때 그제서야 생존할 방법을 강구해야 하는 것이 아니라, 문제가 발생하기 이전에 미리 지방을 늘릴 수 있다는 점에서 이것은 정말 놀라운 시스템이다.

자연에서 프럭토스는 식물과 동물이 생존을 위해 서로 돕는 거대한 상호의존적 시스템의 일부다. 꽃은 당류가 함유된 넥타를 만들어서 벌새가 찾아오게 만들고, 벌새는 식물이 생식을 위해 자신의 꽃가루를 다른 꽃에게 퍼뜨릴 수 있게 해주는 매개체 역할을 한다. 아마존 정글의 과일 열매들은 매년 홍수가 발생하는 시기에 익는다. 그러면 파쿠가 먹이를 얻게 될 뿐만 아니라 파쿠의 배설물을 통해 씨앗이 널리 퍼지기 때문에 나무에게도 도움이 된다. 이와 마찬가지로 늦여름

생존 스위치

배고픔	낮은 ATP 수치가 기아 상태를 모방하고, 렙틴 저항성으로 인해서 포만감을 느끼지 못하기 때문이다.
갈망	장 또는 뇌에서 프럭토스가 대사되는 과정 때문에 발생한다.
먹이탐색 행동	낯선 곳에서 음식을 찾는 데 도움이 된다. 위험 감수, 충동성, 신속한 의사결정, 공격성 등을 포함한다.
음식 섭취량 증가	배고픔과 갈망으로 인한 것으로, 먹이 활동을 통해서 이러한 목표가 달성된다.
휴식 시 대사활동 감소	먹이 활동을 하지 않을 때는 몸의 에너지를 절약한다. 미토콘드리아의 기능에 대한 영향 때문일 것이다.
지방 축적	지방 생성이 증가하고 지방 연소가 감소한 결과다. 미토콘드리아에 대한 산화 스트레스로 인해서 발생하며 특히 간의 경우에 그렇다. 저장된 에너지원과 대사수를 제공한다.
글리코겐 축적	생존 스위치가 활성화되면 간에 지방 및 글리코겐 축적이 발생한다. 지방과 유사하게, 저장된 에너지원과 대사수를 제공한다. 단, 지방과는 달리 (대사 과정에서 물이 생성되는 것에 더해) 혈액에서 얻은 물을 함유하고 있다.
갈증	글리코겐 생성이 증가하면 혈액에서 물이 제거될 때 탈수 현상을 모방하기 때문에 갈증이 촉진되는 것으로 보인다.
인슐린 저항성	먹이 활동을 하는 동안 생존을 위해 신속한 결정을 내려야 할 필요가 있으므로 뇌에 공급 가능한 글루코스를 더 많이 만들어낸다. 미토콘드리아에 대한 산화 스트레스와 연관되어 있다.
혈압 상승	탈수 상태 또는 염분을 구하기 어려운 경우에 혈액 순환을 유지한다. 부분적으로는 요산의 영향 때문이기도 하다.
염 저류	혈액 순환을 지원한다. 신장에 대한 프럭토스의 영향으로 발생한다.
경도 염증	말라리아 등 감염에 대한 방어 작용을 한다. 어느 정도는 요산의 영향 때문에 발생하는 것으로 보인다.
산소 필요량 감소	산소포화도가 낮을 때 동물의 생존에 도움이 된다. 프럭토스의 대사활동이 미토콘드리아의 기능을 저해하며 에너지 생산을 더욱 원시적인 방식인 해당解糖 과정으로 전환한다. 이 과정은 미토콘드리아에서처럼 산소를 필요로 하지 않는다.

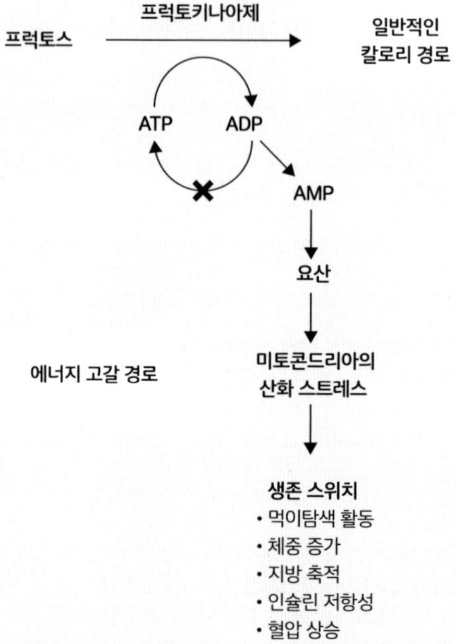

프럭토스의 대사활동은 주로 프럭토키나아제라는 효소에 의해 이루어진다. 이 효소는 ATP를 사용하며 ADP를 생성한다. ADP는 흔히 ATP로 재생성되지만, 이 경우에는 ATP의 재생성이 저하된다. 프럭토스의 대사 과정에서 촉진된 다른 화학 반응들로 인해 AMP가 요산으로 전환되기 때문이다. 결과적으로 요산은 미토콘드리아에 산화 스트레스를 유발하며 이 때문에 생존 스위치가 촉발된다. 이런 상황은 일반적인 탄수화물의 대사 과정에서 프럭토스가 단계적으로 분해되는 것과는 독립적으로 발생한다.

과 가을에 과일이 잘 익으면 철새들과 동면하는 동물들이 겨울이 들이닥치기 전에 프럭토스가 풍부한 과일을 먹어서 지방 저장량을 높일 수 있고, 이는 봄이 오기 전에 씨앗을 퍼뜨리고 심는 데도 도움이 된다.

그런데 우리 인간이 일년 내내 프럭토스를 섭취하는 방법을 찾아내는 바람에 이렇게 아름다운 자연의 균형이 깨져버렸다. 대자연이 설계한 꿈의 시스템이 우리에게는 부정적으로 작용하게 된 것이다. 구체적으로 어떻게 그렇게 된 것인지, 우리의 건강에는 어떤 영향을 미치는지에 관해서 살펴보기에 앞서 우선 잠시 멈춰서서 '왜?'라는 질문을 던져볼 필요가 있다. 그저 단지 우리가 지나치게 많은 프럭토스를 너무 자주 먹기 때문일까? 그게 주된 이유이기는 하지만 또다른 원인이 존재한다. 어쩌면 놀라운 부분일 수도 있다. 대다수의 포유동물과는 달리 인간은 프럭토스에 매우 민감하다. 그 이유를 이해하려면 수백만 년의 시간을 거슬러올라가서 생물학의 또다른 미스터리에 관해 알아보아야 한다.

프럭토스는 착각을 유발해서 우리 몸이 지방 저장량을 늘리게 만든다. 문제가 발생하기 이전에 동물이 지방을 늘리게 하는 놀라운 시스템이다.

4

우리가 살찌는 이유

모든 동물 가운데서 인간과 인간의 친척뻘인 영장류가 과일에 함유된 주요 당류인 프럭토스를 가장 좋아한다. 유인원은 음식 중 과일을 가장 좋아할 뿐만 아니라 심지어 과일에 대한 갈망을 느낀다. 인도네시아의 어느 연구 결과에 따르면 열대우림에 사는 오랑우탄은 과일을 구하기 쉬운 몇 달 동안 실컷 과일을 먹는데, 오로지 과일만 먹을 정도라고 한다. 이 기간에 오랑우탄의 칼로리 섭취량은 평상시의 2배에 달하며 체지방이 현저하게 증가한다. 한 해 중에서 이 시기를 제외한 나머지 기간에는 대개 나무껍질이나 잎사귀를 먹으며 근근이 생활한다. 결국 과일이 풍부할 때 축적해둔 지방을 연소하는 것에 주로 의존해서 살아가는 것이다. 그 밖의 다른 유인원에게도 잘 익은 과일은 귀중한 에너지원이다. 예를 들어 침팬지는 특히 무화과를 좋아하는데, 무화과는 일년 내내 구할 수 있는 편이다.

인간은 프럭토스에 뿌리 깊은 애정을 지니고 있다. 프럭토스 덕분에 인류 공통의 조상들이 수차례 목숨을 구했기 때문이다. 단지 프럭토스만이 아니라 더 적은 프럭토스로도 더 많은 지방을 저장할 수 있는 유리한 능력을 부여한 유전적 돌연변이 덕분에 인간이 생존할 수 있었던 사례는 인류 역사상 최소한 두 번 이상이었다. 이렇게 우리를 멸종으로부터 구원할 수 있는 핵심적인 생존 관련 이점을 제공하기 위해 무작위로 발생한 돌연변이는 기적이다. 그러나 아이러니하게도 이러한 기적에는 반전이 존재한다. 바로 그 똑같은 돌연변이로 인해 지금 우리가 점점 살이 찌고 있다고도 볼 수 있기 때문이다.

소행성, 멸종, 그리고 기적

천문학자들은 아주 오래전에 화성과 목성 사이의 소행성대小行星帶에서 소행성 충돌이 발생했고 이때 튀어나온 암석 파편 가운데 하나가 지구로 날아와서 역사상 가장 거대한 멸종을 초래했다고 생각한다. 지구의 대기에 진입한 이 소행성은 불타는 운석이 되었는데, 충돌 장소가 발견된 지역과 가까운 마야의 소도시 이름을 따서 칙술루브Chixculub라고 부른다. 이 불덩이는 지금으로부터 약 6500만 년 전,

공룡들이 지구를 장악했던 백악기 말에 유카탄 반도에 충돌한 것으로 보인다. 직경이 무려 10~16킬로미터인 거대한 이 운석은 시속 약 8만 킬로미터로 지구에 충돌했고, 그 결과 직경 96킬로미터, 깊이 29 킬로미터에 달하는 운석충돌구가 생겨났다. 당시 충돌의 여파로 거대한 쓰나미가 발생했고 규모 10 이상의 지진이 발생했으며, 원자폭탄의 10억 배가 넘는 에너지가 방출됐다. 대기가 흙먼지와 암석으로 가득해 일년 넘게 햇빛이 차단될 정도였다. 처음에는 엄청난 열기가 존재하고 산불이 발생했지만 얼마 지나지 않아 대기에 자욱한 먼지 때문에 밤이 길어졌다. 그 결과 '충돌 겨울'impact winter이 발생해서 기온이 섭씨 7도 떨어졌다. 햇빛이 너무나도 적어진 나머지 식물이 말라 죽고 음식을 구하기가 어려워졌다.

지구상의 모든 생명체가 혹독한 시기를 겪었고 공룡을 포함해 모든 동물 종의 약 75퍼센트가 멸종했다. 살아남은 종도 가혹한 피해를 입었고 생존 개체수가 얼마 되지 않았다.

이때 살아남은 동물들 가운데는 초기 영장류를 포함한 작은 포유동물들이 있었다. 유전학적 연구에 따르면 초기 영장류는 소행성 충돌이 발생하기 약 500만 년 전부터 지구상에 존재했으며 두 종류로 나눌 수 있었다. 하나는 마다가스카르에 사는 작고 귀엽고 코가 축축하고 눈이 큰 영장류인 여우원숭이의 조상이었고, 다른 하나는 원숭이·유인원·인간처럼 코가 건조한 영장류의 조상이었다. 이 날렵한 동물들은 과일을 주식으로 삼았던 것으로 보이는데, 이제 과일을 구하기가 어려워졌으니 이런 동물들은 분명히 생존이 위태로운 상황에 처했을 것이다. 그러면 이 영장류는 어떻게 살아남은 것일까?

내가 이 시기의 대멸종에 대해 관심을 갖게 된 것은 오늘날 코가 건조한 영장류의 DNA에 스스로 비타민C를 생성할 수 있는 능력을 없애버린 돌연변이가 들어 있다는 사실을 알게 되었을 때였다. 이런 돌연변이가 정확히 언제 발생했는지 분명히 알 수는 없지만 소행성 충돌 즈음에 생겨났을 것이라는 증거가 있다. 이런 특징이 코가 건조한 영장류의 개체군 전체를 장악했다는 점을 고려하면 이 돌연변이가 틀림없이 생존에 유리한 이점을 제공했으리라고 추정할 수 있다. 그렇다면 그 이점은 과연 무엇이었을까?

비타민C는 항산화물질이다. 즉, 산화 스트레스로부터 우리 몸을 보호해주고 다양한 생물학적 기능을 하는 중요한 물질이다. 비타민C 섭취량이 부족한 사람은 괴혈병에 걸릴 가능성이 있다. 괴혈병에 걸리면 피로감, 잇몸 출혈, 관절 통증을 비롯한 증상을 겪게 된다. 예전에는 선원들이 괴혈병에 자주 걸렸는데, 해군 소속 의사였던 제임스 린드가 과일을 먹으면 괴혈병 치료에 도움이 된다는 사실을 발견했다. (여기서 항해 중인 선원들에게 라임과 레몬을 주는 풍습이 유래했다. 영국 선원들의 별명이 '라이미'limey인 것도 이런 연유 때문이다.)

이렇게 비타민C가 중요하다면, 어째서 비타민C를 생성할 수 있는 능력을 없애버린 돌연변이가 우리에게 유익할 수 있었을까? 특히 운석 충돌의 여파로 비타민C의 주 공급원이었던 과일을 구하기가 상당히 어려워졌을 텐데? 그렇게 거대한 재난을 겪는 동안 산화 스트레스를 방지하는 능력을 상실한 것이 좋은 일이었을 수도 있다는 것은 일견 앞뒤가 맞지 않는 듯하다. 물론 산화 스트레스가 발생하는 데 바람직한 이유가 있었다면 이야기가 달라지겠지만 말이다!

앞서 살펴본 내용을 돌이켜보자. 우리가 프럭토스를 섭취하면 요산이 생성되며, 요산은 에너지 공장인 미토콘드리아에 산화 스트레스를 가한다. 이 산화 스트레스 때문에 ATP 생성이 감소하고 대신에 칼로리가 지방으로 전환된다. 또한 지방 연소가 줄어들고 대사활동이 더욱 감소하게 된다. 따라서 산화 스트레스는 프럭토스가 체지방을 늘리는 데 중요하며, 체지방은 음식을 구할 수 없을 때 생존을 돕는 역할을 한다. 비타민C가 지나치게 많으면 산화 스트레스를 차단해서 이 생존 스위치의 활동이 저해되고 지방 생성량이 줄어들 것이라고 예상할 수 있다.

과일에는 비타민C가 함유되어 있다. 그러나 과일이 익을수록 비타민C 성분은 줄어들고 프럭토스 성분이 늘어난다. 과일이 다 익어서 씨앗을 심어도 될 만큼 여물었을 때 과일의 프럭토스 함량이 가장 높고 비타민C 함량이 가장 낮다. 아마도 프럭토스 함량이 높기 때문에 동물들이 잘 익은 과일을 먹는 것을 선호하는 경향이 있는지도 모른다. 지방 비축량을 늘릴 수 있는 최고의 원재료를 제공하기 때문이다.

그런데 만약 동물이 스스로 비타민C를 만들어낼 수도 있다면 그 동물의 비타민C 수치가 얼마나 높은지에 따라서 잘 익은 과일이 지방 생성을 촉진하는 데 미치는 영향이 저해될 가능성이 있다. 또한 그 동물이 굶주린 상태라면 프럭토스에 대응해 지방 생성을 최대화하기 위해서 비타민C 수치가 낮은 편이 더욱 바람직할 수도 있다. 그래서 미겔 라나스파와 나는 이런 생각을 하게 되었다. 어쩌면 비타민C를 생성하는 능력이 없어진 것이 동물들이 충분한 먹이를 구하기 힘들었던 시기에 프럭토스를 통해 체지방을 늘리는 역량을 향상시킴으로써 우리의 영장류 조상들에게 생존에 유리한 이점을 제공한 것은 아닐까?

비타민C가 지방에 미치는 효과를 연구하기 위해 우리는 오늘날의 인간들과 마찬가지로 비타민C를 생성할 수 없도록 유전적으로 변형된 생쥐를 활용했다. 우리처럼 이 생쥐들은 식단을 통해서 비타민C를 섭취해야 하며 그러지 못하면 병에 걸릴 수 있다. 우리는 각 개체에 투여하는 비타민C의 양을 통제했다. 생쥐들을 두 집단으로 나누어 한쪽에는 비타민C를 적게 주었고 다른 쪽에는 비타민C를 많이 주었다. 그런 다음 청량음료와 유사한 당 함량이 되도록 액상과당을 섞은 식수를 제공했다. 모든 생쥐들이 당류가 첨가된 물을 좋아했고 두 집단이 동일한 양의 물을 마셨다. 그러나 비타민C를 적게 준 생쥐들이 비타민C를 많이 준 생쥐들에 비해서 더 살이 많이 쪘다.

지구상에서 공룡이 없어질 만큼 심각한 멸종에서 살아남기 위해 고군분투하던 초기 영장류에게는 비타민C를 생성하는 능력을 상실한 것이 유리하게 작용했다. 그 덕분에 구할 수 있는 과일의 양이 줄어드는 상황에서도 더 많은 지방을 생성할 수 있었기 때문이다. 하지만 오늘날에는 우리 몸의 비타민C가 줄어들면 당류가 지방을 저장하는 작용에 영향을 받기가 더욱 쉬워진다. 실제로 많은 연구 결과를 살펴보면 과체중인 사람들은 혈중 비타민C 수치가 낮은 편이다. 또한 흥미로운 여러 예비 연구도 비타민C를 제공하면 동물과 인간 모두 대사증후군의 징후가 개선된다는 결과를 보여준다. (이후에 9장과 10장에서는 비만을 예방하고 치료하는 데 비타민C가 어떤 역할을 할 수 있는지 살펴볼 것이다.)

> 오늘날에는 비타민C를 생성하는 능력을 상실했기 때문에 우리가 프럭토스로 인해서 살이 찌는 게 더욱 쉬워졌다.

그런데 우리 종의 생존에 위협을 가한 사건은 소행성 충돌만이 아니었다. 소행성 충돌의 경우처럼 우리가 가까스로 피했던 두 번째 멸종 위기가 있었다. 그런데 아이러니하게도 이 사건 역시 현재 우리의 비만 위험을 높이게 되었다.

무화과와 무화과말벌이 우리를 살찌웠다고?

약 2400만 년 전에 동아프리카에서 최초의 유인원이 등장했다. 머리와 몸이 더 커지고 꼬리가 없어진 것을 고려하면 이 유인원은 친척뻘인 원숭이에 비해 진화적으로 상당히 발달한 형태였다. 이 초기 유인원은 열대우림에 서식했고 우거진 나무들 아래에서 주로 과일을 먹으며 살았다.

마이오세(신생대 신제3기 전반에 해당하는 시기.—옮긴이) 초기에 아프리카는 열대 기후의 천국과 다름없었다. 일 년 내내 과일을 구할 수 있었고 포식자 수도 비교적 적었다. 불과 수백만 년 사이에 유인원 개체군은 10개 이상의 종으로 확대되었다. 그러다가 약 1700만 년 전에 세계 기온이 서서히 하강하기 시작했다. 아마도 동아프리카 열곡대Rift Valley의 화산 활동으로 인한 것으로 추정된다. 극지방에는 얼음이 쌓여갔고 해수면이 내려가기 시작했다. 그 당시에는 물속에 잠겨 있던 사하라 지역이 늪지대로 변했고, 이전에는 유라시아 대륙에서 바다를 사이에 두고 떨어져 있던 아프리카 대륙이 육교(陸橋, 대륙이나 섬 사이를 잇는 육지.—옮긴이)로 연결되었다.

유라시아 대륙까지 육지가 이어진 덕분에 코끼리, 코뿔소, 기린, 심지어 개미핥기 등 수많은 동물들이 지금의 중동과 소아시아 지역으로 이동할 수 있었다. 몇몇 유인원 종도 그 대열에 합류했고, 새로운 환경의 삼림지대와 숲이 살기 좋다고 여겼다. 얼마 지나지 않아 유인원들은 지금의 중동과 유럽에서 군집생활을 하게 되었다.

세계는 여전히 점점 추워지고 있었다. 유럽에서 이런 현상은 몬순(계절풍) 및 온화한 겨울과 관련이 있었고, 숲이 줄어들고 넓은 초원지대가 형성되면서 서식지가 변화했다. 과일은 점점 더 구하기 어려워졌고, 그 이후 수백만 년 동안 기후가 계속 악화되자 유럽의 유인원들은 새로운 방법을 강구해야 했다. 그래서 이들은 숲 밖으로 나와서 뿌리, 덩이줄기 등 다른 식량원을 찾기 시작했다. 그러다 결정적인 사건이 발생했다. 이제 유럽에서 무화과가 자라지 않게 된 것이었다. 모든 과일 가운데서 유인원은 무화과를 가장 좋아하기 때문이다. 무화과는 프럭토스 함유량이 특히 높을 뿐 아니라, 무화과말벌이 일년 내내 수분 활동을 하므로 언중 언제든지 열매를 얻을 수 있다. 무화과가 사라진 것이 먼저인지, 무화과말벌이 사라진 것이 먼저인지는 알 수 없지만 이들은 서로가 없이는 살 수 없는 불가분의 관계였기 때문에 둘 다 동시에 자취를 감추어버렸다.

무화과가 사라지자 매년 몇 주에서 몇 달 동안은 과일을 구할 수 없게 되었다. 이 기간에 유인원은 굶주림에 시달리지 않기 위해 먹이를 찾아 나서야 했다. 점차 날씨가 추워지면서 계절에 따른 굶주림이 더욱 심해졌고, 고립된 상태로 군집생활을 하던 유인원들이 서서히 사라졌다. 800만 년에서 1천만 년 전에 유럽의 마지막 유인원이 자취를 감췄다. 기후변화에 적응하는 데 실패한 것은 이 유인원들만이 아니었다. 모든 종의 대략 30퍼센트가 이 시기에 목숨을 잃었다.

이렇게 유럽의 유인원 종이 인간의 진화 계보에서 사멸하게 된 것은 슬픈 이야기처럼 들릴 수도 있다. 그러나 런던 자연사박물관의 인류학자 피터 앤드루스와 토론토대학의 인류학과 교수인 데이비드 비건은 각각 연구를 통해 선사시대 유럽의 유인원이 모두 멸종한 것은 아니라는 사실을 보여주는 증거가 되는 화석을 발견했다. 그중 몇몇은 다시 아프리카로 돌아가는 데 성공할 만큼 오래 살아남았던 것으로 보인다. 이들은 나중에 아프리카 유인원으로 진화해서 현재의 인간이 되었고, 남아시아로 이동한 유인원들은 오랑우탄이 되었다.

이 이야기가 중요한 이유는 인간과 모든 대형 유인원에 존재하는 돌연변이 때문에 우리 종이 다른 포유동물에 비해서 요산 수치가 더 높아서다. 아마 기억하겠지만 요산은 프럭토스의 대사 과정에서 생성되며, 체내의 에너지 공장에 산화 스트레스를 유발함으로써 생존 스위치를 촉발하는 역할을 한다. 모든 대형 유인원과 인간에게 동일한 돌연변이가 존재한다는 것은 이들이 같은 조상의 후예라는 뜻이다. 어쩌면 이런 돌연변이는 굶주림에 시달리던 유럽의 유인원들에게서 비롯되었는지도 모른다. 이를 더 알아보기 위해 협력 연구자인 진화생물학자 에릭 고셰는 분자 기술을 활용해서 돌연변이가 처음 발생한 시점을 추적해보았다. 그가 계산한 바에 따르면 이 유전자는 수백만 년에 걸쳐서 순차적으로 활동이 감소했지만 완전히 활동이 멈춘 것은 약 1500만 년 전으로, 바로 유인원들의 굶주림이 가장 극심했던 시기였다.

이 돌연변이가 어떤 역할을 하는지를 더욱 깊이 있게 이해하기 위해 나는 런던으로 가서 피터 앤드루스를 만났다. 그는 앞에서 언급한 화석 증거를 발견했을 뿐 아니라 마이오세 유인원 연구 분야의 세계적 석학이다. 피터는 과일로부터 지방 형성을 향상하는 돌연변이가 목숨을 구하는 기능을 했으리라는 데 동의했다. 또한 그 시기에 아프리카에서는 유럽에 비해 생존에 대한 압력이 더 적었을 것이라고 설명했다. 아프리카의 기온은 아직 따뜻했기 때문에, 비록 유인원의 서식지가 축소되기는 했어도 일년 내내 과일을 구할 수 있었기 때문이다. 따라서 유인원들에 대한 멸종의 위협이 가장 컸던 유럽이나 소아시아에서 이런 돌연변이가 발생했다면 가장 큰 영향력을 미칠 수 있었을 것이다.

이러한 유전적 돌연변이는 **우리카아제uricase**라는 효소를 비활성화했기 때문에 요산 수치에 영향을 주었다. 보통 우리카아제는 요산을 분해해서 혈중 요산 수치가 낮게 유지되도록 해준다. 우리카아제가 없으면 프럭토스에 대응해 요산이 증가하게 된다. 이론적으로는 요산 수치가 높아지면 에너지 공장에 산화 스트레스가 더 많이 발생한다. 따라서 생존 스위치가 더욱 활성화되고 동일한 양의 프럭토스로 더 많은 지방이 생성된다. 다시 말해서 우리가 비타민C를 만들어내는 능력을 잃어버린 것과 유사한 효과가 발생하는 것이다.

우리는 이러한 가설을 실험으로 증명해보기로 했다. 우선 요산 수치의 상승이 프럭토스의 대사 과정에 미치는 영향에 관해 알아보기 위해, 연구 협력자인 개비 산체스 로사다는 억제제를 활용해 실험실 쥐들의 우리카아제 효소를 차단했다. 그러자 쥐들의 요산 수치가 상승했다. 그런 다음에는 보통 쥐와 우리카아제가 억제된 쥐에게 동일한 양의 프럭토스를 섭취하게 했다. 그랬더니 정말 놀랍게도 우리카아제가 억제된 쥐들은 보통 쥐들보다 요산 수치가 더 높았고 산화 스트레스를 더 많이 받았다. 또한 혈압과 혈중 중성지방 및 글루코스 수치도 더 높았으며 간에도 더 많은 지방이 축적되었다. 아울러 체중도 더 많이 증가했는데 통계적으로 유의미한 정도는 아니었다. 아마도 연구 기간이 8주에 불과했기 때문에 그랬을 것이다.

그런 다음 우리는 에릭 고셰와 협력 연구를 진행했다. 그는 최첨단 분자생물 기술을 활용해서 고대의 우리카아제 유전자를 부활시켰다. 이 유전자가 포함된 인간의 간 배양세포가 프럭토스에 노출되었을 때 약간의 요산과 지방이 생성되었다. 그런데 우리카아제 유전자가 없는 인간의 일반 간 세포에 똑같은 실험을 실시했을 때는 동일한 양의 프럭토스로 더 많은 요산을 생성하고 두 배 이상의 지방을 만들어냈다. 다시 말하자면 간에 고대의 우리카아제 유전자가 있었을 때도 프럭토스로 지방을 만들어냈지만, 돌연변이로 인해 우리카아제가 침묵하게 되자 동일한 양의 프럭토스로도 간에서 훨씬 더 많은 지방이 생성되었다는 것이다.

이렇게 여러 연구 결과를 통해서 알 수 있듯이 우리 인간은 돌연변이 덕분에 다른 동물들보다 프럭토스의 영향에 더욱 민감하게 반응하게 되었고 훨씬 효과

> 인간은 돌연변이 덕분에 프럭토스의 영향에 더욱 민감하게 반응하게 되었고, 그래서 과거에 두 번씩이나 멸종의 위기에서 가까스로 살아남을 수 있었다.

적으로 지방을 저장할 수 있게 되었다. 그래서 과거에 한 번도 아니고 두 번씩이나 멸종 위기에서 가까스로 살아남을 수 있었다. 이는 음식을 쉽게 구할 수 없었던 힘겨운 시기를 버텨내고 살아남는 데 결정적인 이점으로 작용했다. 그러나 이렇게 민감성이 높아졌다는 것은 양날의 검이 될 수 있다.

절약 유전자와 비만의 증가

60년 전 제임스 닐이라는 유전학자가 수많은 서양인들이 비만을 겪고 당뇨병에 걸리는 이유에 관한 가설을 제시한 바 있다. 그는 당뇨병이 드물게 발생하는 원주민들을 연구하다가 이런 이론을 생각해냈다. 먼 옛날 기근이나 다른 재해로 인한 멸종의 위협에 노출되었던 시절에 인간은 이런 어려운 시기를 견디고 생존하는 데 도움이 되는 돌연변이를 획득하게 되었을지 모른다. 예를 들면 지방 저장능력이 향상된 것처럼 말이다. 음식을 구하기 어려웠던 시절에는 이런 돌연변이가 생존에 도움이 되었을지 몰라도, 음식을 쉽게 구할 수 있는 상황에서는 역효과가 발생해서 비만과 당뇨병의 위험을 높일 수 있다.

이 **절약 유전자thrifty gene** 가설에 많은 과학자들이 의문을 제기했다. 우선 비만을 유발하는 새로운 유전자가 밝혀진 바 없고, 만약 우리 모두가 이 새로운 유전자를 지니고 있다면 전부 다 비만을 겪고 당뇨병에 걸려야 하는 것 아니냐며 이 가설의 의미를 잘못 해석한 사람들도 있었기 때문이다. 그러나 우리의 연구는 이 가설을 뒷받침한다. 물론 연구 결과에 따르면 새로운 유전자 두 개를 얻은 것이 아니라 오래된 유전자 두 개를 잃게 되었다는 뜻이지만, 개념상으로는 같은 이야기라 할 수 있다. 그러면 이 가설이 사실인지를 어떻게 확인할 수 있을까? 어떤 실험을 실시하면 좋을까?

내 머릿속에 가장 먼저 떠오른 것은 요산 관련 돌연변이였다. 우리가 가설을 통해서 제안한 바는 요산의 돌연변이가 마이오세의 유인원들을 살찌게 만들었다는 것이 아니라, 아마도 굶주림으로부터 그들을 보호해주었으리라는 점이었다. 어쩌면 대부분의 상황에서는 요산 관련 돌연변이가 지방 저장량을 유지할 만큼만 요산 수치를 높였을 수도 있다. 명백한 비만을 유발할 정도로 요산이 상승하게 된 것은 프럭토스가 풍부한 음식으로 구성된 서구 식단 때문일지도 모른다. 성인 비만 인구의 요산 수치는 대개 6mg/dL 이상인데 날씬한 사람들의 경우에는 4~5mg/dL 수준이다.

이 돌연변이는 인간과 대형 유인원의 공통 조상에게서 발생했으므로, 나는 돌연변이가 발생한 이후에 진화적으로 갈라진 고릴라나 침팬지의 요산 수치를 측정한다면 서구 식단의 도입 이전에 이 돌연변이가 요산 수치에 어떤 영향을 미쳤는지를 더욱 잘 이해할 수 있으리라는 생각이 들었다. 그래서 샌디에이고 동물원을 방문했고 그곳에서 연구 실험실을 운영하는 브루스 라이다웃을 만났다. 우리는 다양한 종류의 원숭이와 유인원의 요산 수치를 함께 측정했다. 그 결과 우리카아제 유전자가 발현된 영장류의 요산 수치는 1~2mg/dL로 낮은 반면 이 유전자가 결핍된 대형 유인원의 요산 수치는 3~4mg/dL로 다소 높았다.

또한 나는 서구 식단을 따르지 않는 사람들의 요산 수치를 측정하고 싶었다. 제임스 닐의 연구에 관한 자료를 읽다가 그가 아마존의 정글 속으로 원정을 떠났고 그곳에서 수렵·채집 생활을 하는 야노마미 부족을 연구했다는 것을 알게 되었다. 야노마미 부족의 식단은 플랜테인과 덩이줄기 등 식물과 야생에서 사냥한 동물로 구성되어 있었다. 닐과 그의 동료인 윌리엄 올리버에 따르면 야노마미 부족은 국지전 등으로 스트레스가 심한 상황에도 불구하고 혈압이 낮거나 정상인 편이며 비만이나 당뇨병은 찾아볼 수 없었다고 한다.

나는 이 부족이 연구에 적합하다고 생각했고, 윌리엄 올리버에게 연락해 원정 당시의 혈액 샘플을 얻을 수 있었다. 검사를 해보았더니 야노마미 부족의 요산 수치는 약 3mg/dL이었는데, 닐 본인을 포함한 원정 연구원들의 경우에는 모두 5mg/dL 또는 그 이상이었다. 우리의 이론이 들어맞은 것 같았다. 여전히 우리카아제를 생성하는 영장류(1~2mg/dL)와 야노마미 부족(3mg/dL)을 살펴보았을 때 돌연변이로 인한 요산 수치의 증가는 적은 수준이었기 때문이다. (원정에 참여한 닐의 동료 연구원들의 요산 수치가 오늘날 우리와 비슷한 이유는 아마도 서구 식단의 영향 때문이었을 것이다.) 이처럼 요산이 적은 수준으로 증가한 것은 우리를 굶주림으로부터 보호해주었다. 하지만 그 자체로 비만을 유발할 만큼 충분한 양은 아니었다. 그러나 프럭토스를 많이 섭취할 경우에는 우리카아제 돌연변이 때문에 비만에 취약해진다.

한편 우리가 비타민C를 생성하는 능력을 없애버린 돌연변이 역시 이와 마찬가지로, 식단의 프럭토스 함량이 높으면 비만에 취약해질 수 있다. 현대인들의 비타민C 수치는 천차만별인데 주로 과일 섭취에 의존하기 때문이다. 많은 연구 결과에 따르면 과체중이거나 대사증후군에 걸린 사람들은 혈중 비타민C 수치가 낮은 경향이 있다. 또한 비타민C 섭취를 늘리면 대사증후군에 걸릴 위험이 줄어든다는 연구 결과도 있다. 특히 매일 500mg의 비타민C를 섭취하면 혈압이 개선되고 혈중 중성지방이 감소하며 좋은 콜레스테롤인 HDL콜레스테롤이 증가하고 체질량지수BMI가 낮아진다는 연구 결과도 다수 존재한다. 흥미롭게도 비타민C 보충제에 비해 과일 주스를 마시는 것은 효과가 떨어지는 것으로 보인다. 그도 그럴 것이, 과일 주스는 프럭토스의 함량도 높기 때문이다.

우리 인간은 수백만 년 전에 프럭토스의 영향에 특히 민감해졌다. 하지만 역사상 대부분의 기간에 인간이 날씬한 상태를 유지할 수 있었던 것은 우리가 얻을 수 있는 프럭토스의 양이 제한적이었기 때문이다. 이런 상황은 언제 변화했을까? 이러한 역사를 통해 우리는 어떤 교훈을 얻을 수 있을까?

가장 이른 시기 비만의 증거

인간의 목숨을 구해준 요산 및 비타민C 수치와 관련된 돌연변이가 처음부터 우리를 살찌게 만든 것은 아니다. 과거에는 주로 과일과 꿀을 통해서 프럭토스를 섭취했는데, 과일과 꿀을 구할 수 있는 계절이 한정되어 있었기 때문에 비만이 드물었다.

아주 오래전에 살았던 사람들에 대해 어떻게 내가 이렇게 자신있게 말할 수 있느냐고? 바로 고대 해골에서 명백한 흔적을 발견할 수 있기 때문이다.

프럭토스에 노출되었는지를 가장 잘 알려주는 흔적은 충치의 존재 여부다. 구강 내에 살면서 우리가 섭취하는 프럭토스를 먹고 사는 특정한 박테리아가 충치를 유발하는데, 산을 포함한 여러 물질이 분비되어 치아와 조직에 손상을 입히기 때문에 치아 우식 및 잇몸 질환이 발생한다. 따라서 고대 인류의 치아에 충치가 존재한다는 것은 거의 틀림없이 그 사람이 프럭토스를 섭취했다는 뜻이다. 충치가 종종 보인다면 가끔씩 과일을 먹어서 그랬을 수도 있지만, 높은 빈도로 충치가 발생했다는 것은 보통 다량의 프럭토스에 노출되었음을 가리킨다.*

또한 해골을 연구하여 비만의 존재 여부에 관한 단서도 얻을 수 있

* 현대에는 치약과 식수에 포함된 불소가 박테리아를 제거하고 충치를 예방하기 때문에, 프럭토스 섭취가 증가한 것이 예전과 같은 방식으로 치아를 통해서 드러나지는 않는다.

다. 과체중이거나 비만인 상태가 되면 등에 압력이 가해져서 척추에 연결된 인대와 힘줄이 경화되고 척추 뼈가 융합되어 비정상적인 골형성을 유발하게 된다. 비만인 사람들의 경우 척추의 오른쪽에 이런 골형성이 나타나는 것이 전형적인 사례다. 이러한 비정상적 골형성에 대한 의학적 명칭은 '미만성특발성골격뼈과다증'DISH, diffuse idiopathic skeletal hyperostosis이다. 따라서 어떤 사람의 해골에서 미만성특발성골격뼈과다증과 다수의 충치가 발견된다면 이 사람은 다량의 프럭토스 섭취 및 비만을 겪었을 가능성이 상당히 높다.

역사상 대부분의 기간에 충치와 미만성특발성골격뼈과다증이 드물게 발생한 것으로 보인다. 이는 다량의 프럭토스 섭취 및 비만이 흔하지 않았다는 뜻이다. 앞서 1장에서 살펴본 것처럼 후기 구석기 시대 말기의 생식력을 상징하는 유럽 조각상들은 그 시기에 비만이 어느 정도 발생했을 것이라는 사실을 시사한다. 또한 같은 시기의 것으로 추정되는 해골에서도 충치가 두 배로 증가했다. 그러나 일반적으로 말하자면 구석기 시대에는 아마도 비만이 드물었을 것이다.

이번에는 시간을 뛰어넘어 고대 이집트로 가보자. 약 4천 년 전 고대 이집트에도 비만과 당뇨병이 존재했다는 증거가 있는데, 아마도 꿀 섭취와 관련이 있었을 것으로 보인다. 이집트인들은 유난히 꿀을 귀하게 여겼는데, 연고 대용으로 상처에 바르거나 미이라를 만들 때 사용했다. 특히 꿀 케이크, 꿀 맥주 등 음식과 음료에도 꿀이 많이 들어갔다. 꿀은 금과 은처럼 가치 있는 물품이었고 세금의 형태로 꿀을 거둬가거나 전리품으로 가져가기도 했다. 일례로 투트모스 3세는 '젖과 꿀이 흐르는 땅'으로 불리던 가나안(오늘날의 이스라엘과 팔레스타인에 해당함)을 침략했을 때 470개 이상의 꿀항아리를 거두어 갔다.

그렇다면 미이라에 관한 연구 결과 충치와 미만성특발성골격뼈과다증, 과도한 피부 주름이 발견되었다는 사실도 놀랍지 않을 것이다. 이는 왕족과 일부 부유층 사이에 비만이 존재했다는 것과 일치한다. 이런 사례들 가운데 가장 유명한 것은 하트셉수트 여왕이다. 거의 최초의 여성 파라오였던 하트셉수트는 기원전 15세기에 20년 이상 이집트를 통치했다. 하트셉수트의 미이라에서는 심각한 충치가 발견되었고 비만과 당뇨병을 겪었다는 증거도 찾아볼 수 있었다.

고대 이집트 부유층의 경우처럼 과거에도 비만이 존재하기는 했지만, 결코 오늘날처럼 빈번하게 발생한 것은 아니었다. 현대의 비만 유행병의 진정한 근본 원인을 찾아내려면 역사상 가장 대단한 발견 중 하나인 이것의 도입과 확산을 살펴볼 필요가 있다. 모든 음식 가운데 사람들이 가장 갈구하는 것이자 인류 역사를 지배해온 이 하얀 물질은 바로 설탕이다.

설탕의 부상

비만 유행병이 처음 시작된 곳을 추적해보면 약 2500년 전으로 시간을 거슬러 올라가 인도 갠지스강의 강둑에 다다르게 된다. 그 지역에 살던 농부들은 갠지스강 근처에서 자라는 사탕수수의 수숫대를 끓이고 으깨면 달콤한 액체가 나온다는 것을 알게 되었다. 고대 인도의 의사인 수슈루타는 이 액체를 자주 마셨던 많은 사람들에게 비만과 당뇨병이 발생했다고 지적했지만, 사람들은 그 황홀한 단맛을 거부할 수가 없었다. 기쁨을 선사하는 이 물질에 관한 이야기는 다리우스 대왕 때 페르시아로 전해졌고, 그 후에는 알렉산더 대왕의 원정에 참여한 군인들을 통해 그리스까지 전해졌다.

그런 다음에는 설탕 결정을 만들어내는 기술이 발달했고 중세에 이르러서는 기후 측면에서 사탕수수를 재배하기에 적합한 중국, 페르시아, 이집트, 사이프러스, 북아프리카까지 설탕이 전파되었다. 그러나 유럽에는 설탕이 거의 들어오지 않았다. 12세기의 유대계 의학자인 모세스 마이모니데스의 기록에 따르면 스페인에는 당뇨병이 없었지만 이집트에 갔을 때는 20건 이상의 당뇨병 사례를 목격했다고 한다. 당시에 그는 그 이유를 이해하지 못했다. 하지만 이제 우리는 알 수 있다. 그때까지만 해도 스페인에는 설탕이 유입되지 않았기 때문이다.

12세기와 13세기에 성지 원정에서 돌아온 십자군이 꿀보다 더 맛있고 '눈이나 하얀 소금처럼' 보이는 이 음식에 대한 이야기를 유럽에 전했다. 그중에는 영국의 에드워드 1세도 있었는데, 그는 설탕에 흠뻑 매혹됐다. 그 당시에는 설탕이 극히 비싸고 구하기 어려웠지만 베네치아공화국이 이집트, 사이프러스 및 아라비아 남부에서 설탕을 수입하기 시작했다. 설탕을 너무나도 사랑했던 에드워드 1세는 값비싼 가격에도 아랑곳하지 않고 1287년에 가정용으로 1877파운드나 되는 설탕을 구입했고 그 이듬해에는 세 배나 더 많은 설탕을 사들였다.

한편 그 당시에는 왕족만 설탕의 단맛에 사로잡혔던 것이 아니라 종교 지도자들도 설탕을 좋아해서 살이 쪘다. 토마스 아퀴나스(1225~74)는 설탕을 너무나도 좋아한 나머지 금식 기간의 설탕 섭취를 합리화하기 위해 설탕이 약이라고 주장했다. 교황 레오 10세(1475~1521)도 설탕을 너무 좋아해서 한번은 설탕으로 된 실물 크기의 추기경 동상을 받은 적이 있다. 그는 뚱보 레오 교황으로 불렸다.

이처럼 부유한 계층은 설탕을 구입할 만한 재력이 있었지만 일반인들이 감당하기에는 한동안 설탕의 가격이 너무 비쌌다. 예를 들어 14세기에는 설탕 1파운드가 치즈 28파운드 또는 계란 408개의 가격과 맞먹었다.

그러다 아메리카 대륙에 사탕수수가 도입되면서 설탕의 경제학이 변화했다. 1600년대 영국은 악명 높은 '삼각무역'으로 아메리카에서 들어오는 설탕의 상당량을 통제했다. 설탕 판매로 얻은 수익으로 제조한 화약·납·소금을 아프리카에서 노예들과 맞바꾸었고, 노예 신세가 된 아프리카 사람들은 아메리카 대륙으로 건너가 설탕과 목화 플랜테이션에서 일했다.

아메리카 대륙 산 설탕은 대부분 영국으로 수입되었고, 그 밖의 다른 곳으로 수출되는 양은 극히 적었다. 얼마 지나지 않아 런던 전역에 제당소가 생겨났고 커피, 차, 알코올에 설탕이 첨가되었다. 설탕을 기반으로 만든 음료 가운데서 사탕수수를 증류한 럼과 '색 앤드 슈거'sack and sugar가 인기가 많았다. 와인에다 포도, 사탕수수나 사탕무로 만든 술을 첨가하고 설탕 결정을 그 위에 올린 음료였다. (셰익스피어의 희곡에 등장하는 존 폴스타프 경은 종종 살찐 모습으로 그려지는데, 술고래인 그의 별명이 바로 이 음료의 이름인 색 앤드 슈거였다.) 또다른 인기 음료로는 와인에 시나몬·육두구·설탕을 첨가한 히포크라스와 와인·브랜디·럼에 설탕을 넣은 펀치가 있었다.

그 이후로도 영국은 수백 년간 설탕 무역을 지배하며 유럽의 다른 지역에는 설탕을 거의 수출하지 않았다. 한편 네덜란드도 유럽의 설탕 무역에 비중 있게 참여했다. 1600년대 중반에는 남미의 수리남, 자바 및 동인도제도의 여러 섬에서 설탕을 수입했다. 암스테르담과 앤트워프에 여러 제당공장이 설립되었고 당시에 여기서 정제한 설탕의 거의 절반이 유럽에 공급되었다.

이런 배경을 고려할 때 네덜란드와 영국에서 처음으로 비만이 증가하기 시작한 것은 당연한 이치였다. 이미 1685년에 네덜란드의 의사 스테번 블랑카르트는 자국에서 충치, 비만 및 통풍이 급증한 데는 설탕의 영향이 컸다고 조언했다. (앞서 설명했듯이 통풍은 요산으로 인해 촉발된 관절염인데, 설탕 섭취량이 높은 경우에 종종 발생한다.) 또다른 네덜란드의 유명한 의사인 헤르만 부르하버에 따르면 어떤 환자는 비만이 너무 심각해서 배의 무게를 지탱하려면 목에다 띠를 둘러야 했고, 음식에 손이 닿을 만큼 가까이 앉기 위해 식탁의 일부를 잘라내야 했다고 한다. 17세기 말에 네덜란드의 황금시대가 막을 내렸고, 영국-네덜란드 전쟁 때 영국이 네덜란드의 배를 점령하기 시작하자 네덜란드의 설탕 수입량이 상당히 삭감되었다. 이와는 대조적으로 영국의 1인당 설탕 소비량은 1700년 연간 약 4파운드에서 1800년에는 18파운드까지 계속 증가했다. 영국의 식료품 잡화상이었던 대니얼 램버트는 체중이 무려 332킬로그램이었는데 그 당시에는 세계 최고 기록에 해당했다. 그가 입던 조끼에는 '보통 체구의 사람 일곱 명이 들어갈 정도'였다. 1800년 초 영국의 의사 윌리엄 와드가 이렇게 한탄했다. "프랑스나 스페인에는 살찐 사람이 한 명이라면 영국에는 백 명이 있구나."

그런데 프랑스도 만만치 않았다. 영국이 설탕을 비축하는 데다 나폴레옹전쟁 동안 동인도제도와 서인도제도에서 유럽 본토로 설탕을 싣고 오는 배들을 봉쇄하자, 나폴레옹은 설탕을 구할 수 있는 다른 방도를 찾았다. 비결은 사탕무였다. 이미 1747년에 독일의 화학자 안드레아스 마르그라프가 사탕무에서 설탕을 추출하는 방법을 개발하는데 성공했지만, 실제로 이런 방식으로 설탕을 처음 생산한 것은 1800년대에 들어선 이후의 일이었다. 나폴레옹은 1811년에서 1815년 사이에 프랑스에 사탕무 공장 40개를 세웠다. 곧이어 프랑스는 다른 유럽 국가들처럼 대부분의 유럽 대륙에 공급할 만한 양의 설탕을 생산하게 되었다. 우연의 일치였는지 그 무렵 미국이 탄생하면서 미국인

1인당 설탕 소비량

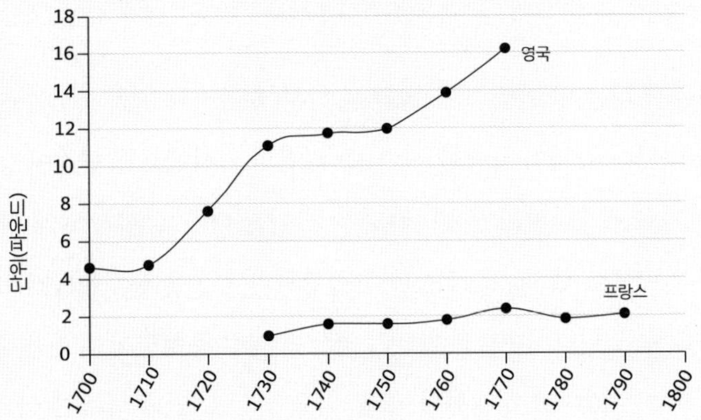

프랑스의 사례에서도 확인할 수 있듯이 18세기에는 유럽의 다른 지역에 비해 영국의 설탕 소비량이 훨씬 더 많았다. 그래서 비만 유행병이 영국에서 생겨난 것이다.

★《사회과학 역사》*Social Science History* 참고(14: 95~15).

들은 사탕수수로 만든 설탕 무역에 더 큰 지배력을 확보했고 자국민을 위해 설탕을 더 많이 보유할 수 있게 되었다.

이렇게 새로운 공급원이 늘어남에 따라, 영국을 제외하면 모든 지역에서 값비쌌던 설탕이 점차 크게 부담되지 않는 가격으로 떨어졌다. 그리고 전세계에서 설탕 섭취량은 지속적으로 증가했다. 1900년 무렵에는 영국의 1인당 연간 설탕 섭취량이 약 40킬로그램까지 늘어났다. 한 세기 동안 거의 다섯 배가 증가한 것이다.

비만과 당뇨병, 20세기에 급변점을 맞이하다

서문에서 나는 당뇨병, 심장 질환 등 다른 유행병과 함께 사람들 사이에서 비만이 갑자기 급증한 시기, 즉 비만의 역사에서 급변점이 1893년 시카고 세계박람회 무렵이라고 말한 바 있다. 지금까지 알게 된 지식을 바탕으로 할 때, 우리는 이런 유행병의 등장을 새로운 관점에서 바라볼 수 있다. 나는 기술 발달의 영향이 이런 유행병이 급증한 주요 원인은 아니었다고 생각한다. 물론 기술 발달로 인해 급속한 산업화가 이루어졌고 상품의 대량 생산이 가능해졌기 때문에 힘든 노동에 대한 수요가 줄어든 것은 사실이다. 또한 자동차, 기차 및 다른 교통수단의 발전 덕분에 멀리 떨어진 시장으로부터 식품을 운송해서 매장에 구비해둘 수 있었기 때문에 언제나 먹을 것이 넘쳐나는 세상이 된 것도 사실이다.

그럼에도 이런 유행병이 등장하게 된 진짜 이유는 설탕의 가격이 점차 크게 부담되지 않는 수준으로 내려갔고 설탕을 구하기가 더욱 쉬워짐에 따라 설탕 섭취량이 증가했기 때문이라는 것이 나의 견해다. 1800년에는 영국의 1인당 설탕 섭취량이 연간 8킬로그램에 불과했는데, 설탕에 엄청난 세금이 붙었던 것이 한 가지 이유였다. 설탕 생산이 증가하고 설탕세가 점진적으로 감소함에 따라 설탕 소비량이 증가했다. 1874년에 당시 영국 총리였던 윌리엄 글래드스톤이 마침내

미국과 영국의 첨가당 섭취량

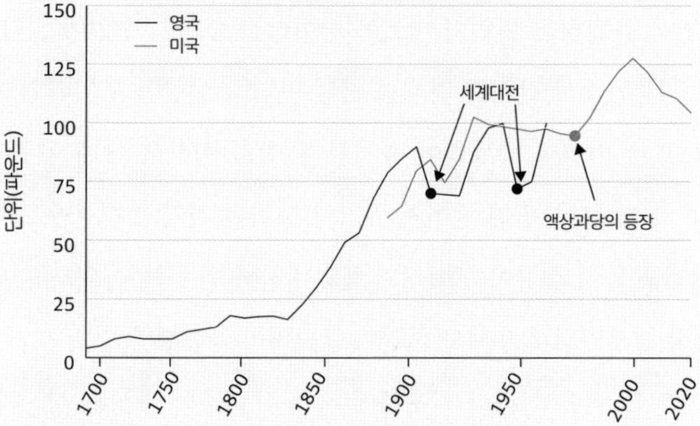

위 표는 영국(1700~1930)과 미국(1890~2020)의 1인당 연간 설탕(수크로스) 소비량의 증가를 보여준다(단위:파운드). 영국에서는 설탕세가 감소하자 설탕 소비량의 증가가 가속화되었고, 반면에 세계대전 기간에는 설탕 소비량이 줄어들었다. 1975년부터 액상과당이 총 설탕 섭취량에 포함되었다.

★ 참고: 노엘 디어 《설탕의 역사》*The History of Sugar*, 《네이처》 239: 197~199, 《내과학기록》*Archives of Internal Medicine* 1924; 34: 585~630, 미국 인구조사국United States Census Bureau.

설탕세를 폐지하자 연간 23킬로그램 정도였던 설탕 소비량이 시카고 세계박람회 무렵에는 약 40킬로그램으로 증가했다. 초반에는 다소 뒤처져 있던 미국의 경우에는 1893년에 연간 설탕 섭취량이 약 27킬로그램이었는데 제1차 세계대전이 발발할 즈음에는 연간 38킬로그램으로 늘어났다. 더 나아가 코카콜라, 닥터 페퍼, 펩시콜라를 비롯한 청량음료가 이 시기에 등장했고 탄산음료 판매 코너가 인기를 얻었다.

이처럼 20세기에 설탕 섭취량이 증가함과 동시에 비만과 당뇨병이 모두 증가했다.

비만을 유발하는 원인이 바로 설탕이라는 증거는 수없이 많다. 여러 연구를 통해서 밝혀진 것처럼 어떤 지역에 설탕이 도입되면 거의 필연적으로 비만과 당뇨병이 증가한다. 이런 현상은 세계 곳곳에서 찾아볼 수 있는데, 멀리 떨어져 있거나 고립된 지역의 인구에도 적용된다. 예를 들어 설탕이 도입되자 폴리네시아 원주민, 마오리족, 티위족, 미국 선주민의 경우에도 비만과 당뇨병이 급증했다.

태평양의 작은 섬나라 나우루에 사는 사람들의 주식은 생선과 빵나무 열매, 코코넛이었다. 그런데 1900년대 초에 유럽 사람들이 이 섬에 인산염이 풍부하다는 사실을 발견하게 되었고, 영국인산염위원회의 주도 하에 인광석 채굴이 시작되었다. 채굴을 위해 땅을 임대한 나우루 주민들이 부유해짐에 따라 그들의 식단에도 변화가 일어났다. 나우루에 유입된 음식에 설탕이 있었고, 1925년에는 나우루 주민들의 상당수가 한 사람당 하루에 무려 1파운드(약 450그램)나 되는 설탕을 섭취하게 되었다. 1920년대 후반에 나우루 최초의 당뇨병 사례가 등장했고 그

비만과 당뇨병이라는 유행병이 등장하게 된 진짜 이유는 설탕의 가격이 점차 크게 부담되지 않는 수준으로 내려갔고 설탕을 구하기가 더욱 쉬워져 설탕 섭취량이 증가했기 때문이다.

이후로 비만과 당뇨병의 유병률이 급증했다. 오늘날에는 나우루 인구의 90퍼센트 이상이 과체중이거나 비만이다.

20세기에 들어선 이후로 한동안은 설탕, 즉 수크로스가 우리 식단의 주요 첨가당이었다. 그러다가 1970년대에 옥수수로 만든 새로운 감미료가 발명됨에 따라 프럭토스가 함유된 당류의 사용이 급증했다. 주로 글루코스인 옥수수당corn sugar은 제조 과정에서 프럭토스로 전환될 수 있는데, 프럭토스가 글루코스보다 더 달다. 글루코스와 프럭토스를 혼합해 액상과당을 만들 수도 있다. 수크로스는 두 개의 분자가 한데 결합되어 있기 때문에 프럭토스 대 글루코스의 비율이 항상 동일하지만, 액상과당의 프럭토스 대 글루코스 비율은 다양하다. 프럭토스 대 글루코스 비율이 55:45, 심지어 65:35로 프럭토스 비율이 더 높은 액상과당은 단맛이 더욱 강렬하기 때문에 일반적인 설탕보다 액상과당을 선호하는 사람들이 많다. 액상과당은 가공식품의 첨가물로 인기가 높았다. 액상 형태라서 혼합이 용이하기 때문에 식품 제조업자들이 원래는 수크로스가 아예 없거나 최소한으로 들어 있는 음식에 액상과당을 첨가할 수 있었기 때문이다. 또한 음식에 함유된 수크로스는 장기간 보관하면 결정을 형성하는 경향이 있는데 액상과당은 그렇지 않다. 당초에는 음식에 든 수크로스를 대체하기 위한 용도로 액상과당이 등장했는데 수크로스 또한 계속 사용됨에 따라 결과적으로 1970년대 후반에 이 두 가지 첨가당의 총 섭취량이 가파르게 치솟았다. 1970년에는 1인당 연간 섭취량이 약 43킬로그램이었는데 2000

설탕의 경제학과 비만과 당뇨병의 위험

수세기 동안 비만과 당뇨병의 위험은 설탕 섭취량을 따라 증가해왔다. 따라서 연구자들은 설탕의 가격을 통해 누가 가장 큰 위험에 처해 있는지 예상할 수 있게 되었다. 이를 여실히 보여주는 사례가 현재는 스리랑카에 속해 있는 실론이다. 1800년대 초 실론의 당뇨병은 주로 빈곤계층에서 발생했는데, 부유층과는 달리 플랜테인·잭프루트·얌 등 프럭토스가 많이 함유된 음식과 팜 슈거를 다량으로 섭취했기 때문이다.

1900년대 초반까지만 하더라도 미국의 설탕 가격은 상대적으로 비싼 편이었다. 뉴욕시의 한 연구에 따르면 흑인들에게는 비만과 당뇨병이 드물게 발생했고 부유층에서 비만과 당뇨병이 더 흔했다. 오늘날에는 설탕과 액상과당이 저렴해지면서 역학이 뒤바뀌었다. 소수인종 및 빈곤층을 비롯한 사회적 취약계층이 비만과 당뇨병으로 가장 고통 받고 있다. 주로 경제적인 이유로 첨가당을 가장 많이 소비하는 집단이기 때문이다. 소수인종의 비만과 당뇨병 비율이 더 높은 것은 내재적인 이유 때문이 아니라, 설탕의 경제학이 원인이다.

년에는 연간 59킬로그램까지 증가했다. 이에 따라 비만과 당뇨병도 더 많이 증가했다.

첨가당이 비만과 당뇨병이라는 유행병을 유발한다는 임상적 증거

현재 수크로스와 액상과당은 우리가 섭취하는 총 칼로리의 15~20퍼센트를 차지하며, 어떤 사람들은 이 두 가지 첨가당으로부터 칼로리의 25퍼센트 이상을 얻는다. 수크로스와 액상과당에는 모두 프럭토스가 함유되어 있으므로, 이 두 가지 당류의 섭취량이 늘어나면 결과적으로 프럭토스 섭취량도 증가하게 된다. 오늘날 우리가 섭취하는 프럭토스의 대부분은 과일과 꿀이 아니라 수크로스와 액상과당에서 비롯된다. 따라서 이들 당류의 섭취는 프럭토스 섭취의 대용으로 간주할 수 있다.

역학은 분명하다. 지금까지 살펴본 것처럼 수크로스와 액상과당의 증가는 비만과 당뇨병의 증가로 이어진다. 어떤 인구집단에 이들 당류가 도입되면 비만과 당뇨병이 증가하게 된다. 또한 같은 인구집단 내에서도 첨가당을 가장 많이 소비하는 사람들이 비만과 당뇨병에 걸릴 위험이 가장 높은 경향이 존재한다. 특히 청량음료 섭취를 살펴보면 이러한 사실을 잘 알 수 있다.

수크로스와 액상과당의 소비량은 2000년 무렵에 정점에 도달했고 그 이후로는 서서히 감소하고 있다. 2005년부터는 청량음료 소비량도 감소하기 시작했다. (설탕이나 액상과당이 다량 함유된 '에너지 음료'가 늘어나면서 이 부분은 어느 정도 벌충된 측면이 있다.) 예상 가능하겠지만 이에 따라 비만과 당뇨병이라는 유행병도 둔화되고 있다는 증거가 나타나고 있다. 사상 처음으로 당뇨병 신규 사례의 수가 줄어들고 있다. 그럼에도 불구하고 수크로스와 액상과당의 총 섭취량은 아직도 높은 수준이며, 특히 청소년과 소수인종의 경우 이런 현상이 두드러진다. 또한 비만과 당뇨병의 유병률도 여전히 높다.

역학적인 자료는 수크로스와 액상과당이 이런 유행병의 원인이라는 사실을 강력하게 시사하지만, 연관성이 있다고 해서 반드시 인과관계가 성립하는 것은 아니다. 첨가당이 비만 및 당뇨병과 연관을 갖는 이유를 알아내려면 임상 연구가 필요하다.* 사람들에게 프럭토스, 수크로스 또는 액상과당을 제공하고 어떤 현상이 발생하는지를 파악하는 것이다.

프럭토스가 대사증후군을 유발하는 원인으로 작용한다는 증거를 보여주는 가장 훌륭한 사례 중 하나는 UC데이비스의 킴버 스탠호프와 피터 해블이 과체중인 사람들을 대상으로 10주간 실시했던 연구인

* 요산을 낮추면 심장 질환에 어떤 긍정적인 영향이 있는지에 관해서는 현재 여러 실험이 진행 중이다. 9장에서 더 자세히 설명할 것이다.

데, 이에 관해서는 앞서 3장에서 잠깐 소개한 바 있다. 이 연구의 참가자들은 프럭토스나 글루코스가 첨가된 물을 매일 마셔야 했다. 프럭토스를 섭취한 사람들은 체중이 증가했고 휴식시 대사활동이 감소했으며 복부 지방이 축적되었고 혈중 중성지방이 증가했다. 아울러 인슐린 저항성이 생겼고 혈액 내의 염증 표지자 수치와 요산 수치가 증가했으며 간 기능이 악화되었다. 반면에 글루코스를 섭취한 사람들은 비슷한 체중 증가를 보였지만 대사와 관련된 변화는 훨씬 더 적었다. 따라서 이 연구는 프럭토스가 대사증후군의 여러 특징을 유발하는 무언가 뚜렷하고 확실한 능력이 있다는 사실을 시사했다.

또한 우리는 임상의인 엔리케 페레스포소와 함께 이와 유사한 연구를 수행했다. 과체중인 남성 참가자들에게 2주 동안 매일 프럭토스가 함유된 음료를 제공했다. 590밀리리터짜리 청량음료 4~5개에 해당하는 분량의 음료를 1리터짜리 병 두 개에 담아서 나누어주면 실험 참가자들이 하루 동안 마셨다. 보통 사람이 마시는 것에 비해서 많은 양의 프럭토스인 것은 사실이다. (청소년과 젊은이들의 경우 상당수가 대략 매일 이 정도의 양을 섭취한다고 볼 수 있기는 하다.) 우리는 2주라는 짧은 기간에 높은 함량의 프럭토스를 섭취하게 하면 통상적으로 몇 개월에서 몇 년에 걸쳐 대사활동에 미치는 영향을 재현할 수 있을지 알고 싶었다.

2주 동안 프럭토스 용액을 마신 뒤 참가자들은 혈압이 현저하게 상승했고 혈중 지방이 증가했으며 인슐린 저항성이 악화되었다. 너무나도 심각한 효과가 발생한 나머지 연구가 끝나갈 무렵에는 참가자들의 25퍼센트는 이전에는 대사증후군이 없었음에도 이제는 대사증후군의 요건을 충족했다. 이렇게 급격한 변화가 발생하는 광경을 지켜보는 동안 마음이 괴로웠다. 양심상 이제 다시는 그런 실험을 하기는 어려울 것 같다. 다행히 프럭토스 섭취를 중단하자 이런 효과들은 몇 주에 걸쳐 다시 회복되었다.

실생활에서는 대다수의 사람들이 프럭토스가 들어간 음료만 섭취하는 것이 아니라 수크로스나 액상과당의 형태로 프럭토스와 글루코스가 동시에 들어간 음료를 섭취한다. 특히 청량음료의 경우가 그렇다. 따라서 청량음료가 대사활동의 측면에서 우리의 건강에 미치는 영향에 대한 연구 결과들을 살펴보는 것이 중요하다.

그중에서 덴마크 오르후스 대학병원의 마리아 머스크가 동료들과 함께 실시한 연구에 관해 알아보자. 이 연구에서는 과체중인 참가자들을 무작위로 네 그룹으로 나눴고 각 그룹에게 매일 1리터의 청량음료, 다이어트 청량음료, 우유 또는 물을 6개월간 섭취하게 했다. 그리고 참가자들은 그 외에 물, 차, 커피 또는 알코올을 원하는 양만큼 섭취할 수 있었다. 6개월이 지난 뒤 여러 기관의 체지방량을 측정하는 등 폭넓은 검사를 실시했는데 충격적일 만큼 놀라운 결과를 확인할 수 있었다. 청량음료를 마신 그룹의 참가자들은 복부 지방, 간 지방 및 혈중 중성지방과 총 콜레스테롤이 모두 현저하게 증가했다. 또한 우유를 마신 그룹과 다이어트 청량음료를 마신 집단에 비해 혈압이 더 높았다. (이상하게도 물을 마신 그룹보다는 높지 않았다.) 이 연구를 통해서 알 수 있는 점은 첨가당이 인간의 대사증후군을 유발하는 데 영향을 준다는 것이다.

프럭토스가 대사활동에 미치는 영향을 살펴볼 수 있는 또다른 방법은 식단에서 프럭토스를 제한하면 어떤 효과가 발생하는지를 관찰하는 것이다. 일례로 샌프란시스코 캘리포니아대학교의 로버트 러스틱과 장마르크 슈워츠는 청소년들을 대상으로 연구를 실시했는데, 프럭토스가 함유된 당류의 섭취량을 28퍼센트에서 10퍼센트로 줄였고 그 대신 전분을 보충해서 총 칼로리 섭취량은 동일하게 유지했다. 9일 뒤 참가자들은 체중, 체지방, 혈중 중성지방, LDL콜레스테롤(나쁜 콜레스테롤), 확장기 혈압이 모두 현저하게 떨어졌고 인슐린 저항성이 개선되었다.

애틀란타 에모리대학의 소아과 의사인 미리엄 보스는 지방간이 있는 것으로 확인된 청소년 남성 참가자들을 대상으로 연구를 수행했는데, 8주 동안 참가자들에게 무작위로 첨가당이 적은 식단 또는 일반 식단을 제공했다. 그 결과 첨가당이 적은 식단을 따른 참가자들은 지방간의 중증도가 확연히 향상되었다.

수크로스와 액상과당에는 모두 프럭토스가 들어 있고, 이 두 가지 당류가 비만 유행병과 대사 건강의 악화에 핵심적인 역할을 담당한다. 또한 프럭토스만 단독으로 살펴본 여러 연구들은 글루코스보다 프럭토스가 그런 원인을 제공하는 주요 당류라는 점을 시사한다. 이제 재판은 끝났고 판결이 나왔다. 프럭토스는 유죄다. (그런데 형을 선고받는 것은 우리다.) 하지만 여기에는 반전이 존재한다. 곧 깜짝 놀랄 만한 사실을 알게 될 것이다.

5

문제는 프럭토스만이 아니다

우리 팀의 연구가 진전될수록 나는 프럭토스 섭취가 대사증후군과 비만의 주요 원인이며, 이 두 가지를 예방하려면 프럭토스 섭취를 줄여야 한다는 확신이 들었다. 그래서 친구들과 이웃들, 환자들에게 비만 치료의 첫 단계로 저프럭토스 식단을 권하기 시작했다. 내가 처음 이런 식단을 처방한 사람들 가운데는 우리 연구팀 동료의 아들도 있었는데, 그는 지방간으로 간이 비대해졌다는 진단을 받은 상태였다. 청량음료를 끊었더니 단 몇 개월만에 간에 있던 지방이 녹아내렸고 다시 간이 정상 크기로 돌아왔다.

초기에 여러 성공 사례를 목격한 나는 저탄수 식단이 이처럼 효과적인 이유는 프럭토스 섭취량을 제한하기 때문이라고 굳게 믿게 되었다. 쌀, 감자처럼 전분이 많은 음식을 줄이는 것은 그렇게 중요하지 않다고 생각했다. 이런 음식은 글루코스 함량은 높지만 프럭토스 함량은 높지 않기 때문이다. 프럭토스가 든 탄수화물만 아니라면 여전히 탄수화물을 섭취하면서도 저탄수 식단만큼이나 효과적인 식단을 계획하는 것이 가능해보였다. 내가 2008년에 발표한 저서《설탕 중독》*The Sugar Fix*은 프럭토스가 비만 유행병을 유발한 범인이라고 지목한 최초의 도서들 중 하나였다. 이 책에는 비만 유행병에 대한 해결책으로 저프럭토스 식단이 소개되어 있다. 나는 성공가도를 달리고 있었다!

그런데 내가 소개한 식단이 효과적이었다는 사람들도 많았지만 이런 식단을 따랐는데도 체중을 상당히 감량하는 데 실패한 사람들도 있었다. 특히 '리빈 라 비다 로-카브Livin' La Vida Low-Carb'라는 팟캐스트를 만드는 지미 무어와 인터뷰를 했을 때 마음이 편치 않았다. 지미는 유쾌하고 너그러운 사람이었는데, 저탄수 식단으로 80킬로그램을 감량했다. 그의 말에 따르면 체중 감량을 위해 결국에는 모든 탄수화물을 제한할 수밖에 없었다고 했다. 나는 그 말을 듣고 신경이 쓰였다. 나 역시 경험상 빵을 비롯한 몇몇 음식들은 프럭토스 함량이 적은데도 살찌게 만든다는 생각이 들었던 것이다.

또한 프럭토스로는 고래나 낙타 같은 동물들이 비만을 겪는 이유를 설명할 수 없었다. 이런 동물들은 과일과 꿀처럼 프럭토스 함량이 높은 음식을 접할 기회가 별로 없는데도 말이다. 나는 우리가 뭔가 중요한 것을 놓치고 있다는 생각이 들었다. 어쩌면 프럭토스는 전체 이야기의 일부에 불과할지도 모른다. 아니면 어쩌면…… 내가 그동안 미처 떠올리지 못했던 프럭토스의 공급원이 있을지도 모른다.

프럭토스의 비밀 공급원

우리뿐만 아니라 전세계의 모든 사람들은 우리가 섭취하는 프럭토스가 건강 및 질병과 관련해서 중요한 역할을 하는 유일한 프럭토스라고 상정했다. 우리 연구팀이 밝혀낸 바에 따르면, 생존 스위치를 촉발하고 결과적으로 비만과 대사증후군을 유발할 수 있는 프럭토스의 주요 공급원이 하나 더 있다. 바로 우리 몸이 스스로 만들어내는 프럭토스다.

수십 년 전부터 과학자들은 몸에서 프럭토스가 만들어질 수 있다는 사실을 알고 있었다. **폴리올 경로polyol pathway**라는 특별한 생물학적 과정을 거치면 일단 글루코스가 **소르비톨sorbitol***이라는 물질로 전환되고, 더 나아가 소르비톨은 프럭토스로 전환된다. 폴리올 경로는 잘 알려져 있지만 대다수의 사람들에게서는 최소한의 활동성을 나타내는 것으로 보인다. 따라서 이러한 경로를 통해서 생겨난 프럭토스

* 소르비톨은 '무설탕' 시럽에 첨가되는 인공감미료이기도 하다.

의 양은 그리 중요하지 않았다.

폴리올 경로는 임신 초기에 역할을 하며 신장에도 영향을 미친다. 탈수에 대응해서 물을 재흡수하는 과정에 도움을 준다. 하지만 가장 잘 알려진 사례는 당뇨병인 경우 폴리올 경로가 활성화된다는 것이다. 혈중 글루코스 수치가 높으면 소르비톨과 프럭토스의 생성을 촉진한다. 심지어 당뇨병일 때 생성되는 소르비톨이 백내장과 신경 손상 등 당뇨 관련 합병증을 유발할 수 있다는 증기도 존재한다. 그리나 동일한 경로를 통해서 생성되는 프럭토스에 대한 관심이나 우려를 표현한 문헌은 찾기 드물었다.

이 모든 것은 2010년에 분자생물학자인 미겔 라나스파*가 우리 연구실에 합류하면서 달라졌다. 우연의 일치이지만 미겔은 이전에 함께 했던 멘토와도 폴리올 경로를 연구했다. 초기에 그와 나는 폴리올 경로에서 생성된 프럭토스가 체중 증가, 인슐린 저항성 악화, 지방간 및 신장병 등 특정한 당뇨 합병증에 영향을 미치는지에 관해 여러 차례 대화를 나눴다. 연구해볼 만한 주제가 무궁무진했다.

그러던 어느 날 나는 미겔에게 탄수화물에 프럭토스가 들어 있지 않더라도 비만이 생기고 대사증후군에 걸릴 수 있다는 증거를 보니

* 미겔에 관해서는 앞에서도 여러 차례 언급한 바 있다. 오랫동안 내 연구에 협력해온 사람들 중 하나이고 우리 팀의 연구에 지대한 영향을 미쳤다. 처음에는 내가 그의 멘토였지만 우리는 점차 동등한 동료가 되었고 건강과 질병에 대한 프럭토스의 역할을 함께 낱낱이 해부했다.

우려된다고 말했다. 그 말을 들은 미겔은 상당히 흥미로운 가능성을 제시했다. 만약에 특정 탄수화물을 섭취하면 소화 과정을 통해 글루코스가 너무 많이 방출되어 당뇨병과 유사한 상태가 되기 때문에 폴리올 경로가 활성화되고 프럭토스가 생성되는 것은 아닐까?

글루코스가 흡수되려면 일단 간을 거쳐야 하는데, 대부분의 글루코스는 혈액까지 가기도 전에 간에서 대사된다. 따라서 간의 글루코스 농도가 가장 높고 대부분의 프럭토스가 생성되는 장소 역시 간이다. 앞에서 살펴본 것처럼 간은 프럭토스 대사가 생존 스위치를 유발하는 핵심적인 기관이기도 하다. 만약 이렇게 높은 글루코스 수치가 충분한 프럭토스 생산으로 이어진다면 프럭토스를 아예 섭취하지 않더라도 그 자체로도 생존 스위치가 촉발될지도 모른다. 그렇다면 지미 무어가 체중 감량을 위해 모든 탄수화물을 줄여야 했던 이유도 설명이 된다.

이것은 정말 훌륭한 가설이었지만, 당연히 시험해보아야 했다. 이에 우리는 실험실의 생쥐들에게 순수한 글루코스를 첨가한 식수를 제공해보기로 했다. 그러면 장의 글루코스 농도가 높아지고 이에 따라 고농도의 글루코스가 간에, 더 나아가 혈액에까지 전달되었다. 우선 우리가 주목한 부분은 동물들이 글루코스를 마시는 것을 정말 좋아했다는 점이다. 이 생쥐들은 같은 농도의 수크로스, 액상과당 또는 프럭토스가 함유된 물을 제공받은 생쥐들만큼이나 글루코스가 함유된 물을 많이 마셨고 그보다 더 많은 양을 마시기도 했다. 또한 먹이도 더 많이 먹어서 점점 살이 찌고 인슐린 저항성이 나타났다. 그때까지 프럭토스가 대사증후군을 유발할 수 있는 유일한 탄수화물이라고 믿었던 나 같은 사람에게는 이 실험의 초반부가 암울했던 셈이다.

그 후로 몇 달 동안 생쥐들은 상당히 살이 많이 쪘다. 너무 통통해진 나머지 걸을 때 뒤뚱뒤뚱거릴 정도였다. 또한 인슐린 저항성이 발생했고 지방간을 얻었다. 결정적으로 실험이 끝날 무렵에는 생쥐들이 그동안 프럭토스를 전혀 섭취하지 않았음에도 간의 프럭토스 농도가 매우 높아진 것을 알 수 있었다. 아울러 관련된 효소들 중 한 가지의 수치가 높은 것을 고려할 때 폴리올 경로가 활성화되었다는 사실도 확인할 수 있었다. 미겔의 생각이 옳았다!

이렇게 생성된 프럭토스가 비만과 대사증후군에 걸리는 데 어떤 영향을 미치는지에 관해 알아보기 위해, 우리는 프럭토스를 대사할 수 없도록 유전자가 변형된 생쥐들에게도 글루코스를 제공해보았다. 이 생쥐들은 글루코스는 정상적으로 대사할 수 있었고 원래의 생쥐들과 똑같은 양의 글루코스를 마셨다. 그러나 유사한 부분은 여기까지였다. 글루코스를 제공받은 원래의 생쥐들과는 달리, 이 특별한 생쥐들은 비만 상태가 되는 경우가 훨씬 더 적었고 지방간과 인슐린 저항성이 생기는 일도 거의 없었다.

우리는 또다른 연구를 수행했는데, 이번에는 폴리올 경로에 핵심적인 효소들 중 하나를 암호화하는 유전자가 제거되어 프럭토스를 생성하는 능력이 결여된 생쥐들을 활용했다. 이 생쥐들 역시 여전히 글루코스를 좋아했지만 마찬가지로 비만과 대사증후군의 위험으로부터 보호되었다.

이런 연구 결과는 상당히 놀라운 발견이었지만 마냥 기쁘고 흥분되는 것이 아니라 동시에 울적한 기분이 들었다. 우리가 섭취하는 프럭토스만이 아니라 우리가 만들어내는 프럭토스도 비만을 유발한다. 더 나아가 식단에 들어 있는 탄수화물의 주요 성분인 글루코스도 체내에서 프럭토스로 전환될 수 있다. 물론 글루코스 그 자체로도 어느 정도의 비만을 야기할 수 있다는 증거도 있었다. 글루코스를 제공받고 프럭토스 생산이나 대사활동이 차단된 동물들도 일반적인 식단을 따른 생쥐들에 비해서 체중이 더 늘었기 때문이다. 그러나 글루코스를 다량 섭취한 뒤 체중이 증가한 것의 상당 부분과 인슐린 저항성 및 지방간이 생긴 것의 거의 대부분은 글루코스를 통해 우리 몸에서 만들어지는 프럭토스 때문인 것으로 보인다.

우리가 섭취하는
프럭토스만이 아니라
우리가 만들어내는
프럭토스도 비만을
유발한다.

혈당지수가 높은 탄수화물이 생존 스위치를 활성화한다

만약 글루코스가 프럭토스로 전환됨에 따라 비만과 대사증후군을 유발한다면 다른 탄수화물도 똑같은 역할을 하는지 여부도 궁금해진다. 그러나 모든 탄수화물이 프럭토스를 생성하는 능력이 동등하다고 예상할 수는 없다. 글루코스 수치가 높을 때 폴리올 경로가 활성화되므로, 신속하고 쉽게 글루코스로 분해되는 경향이 있는 탄수화물만이 이러한 프로세스를 촉발할 것이다.

탄수화물이 혈중 글루코스 수치를 상승시키는 능력의 차이는 **혈당지수**glycemic index, GI를 통해 알 수 있다. 음식의 혈당지수는 식후 2시간을 기준으로 혈중 글루코스를 상승시키는 능력을 나타내는 수치다. 순수한 글루코스의 값을 100으로 하고, 혈중 글루코스를 전혀 상승시키지 않는 음식의 값은 0이다. 소화 이후 빠르게 글루코스를 방출하는 음식(혈당지수 70 이상)을 **혈당지수가 높은 음식***이라고 부른다. 우리 주변에서 흔히 볼 수 있는 혈당지수가 높은 음식으로는 빵(특히 흰빵), 쌀(특히 백미), 감자 및 고구마, 시리얼, 감자튀김, 크래커 등이 있다.

아마 독자 여러분도 '혈당지수가 높은 음식'이라는 말을 들어본 적이 있을 것이다. 이런 음식이 비만 및 대사증후군과 관련이 있다는 인식이 지난 수십 년간 널리 퍼져 있었다. (대부분의 저탄수 식단에서 줄이고자 하는 것이 바로 이런 종류의 탄수화물이다.) 우리의 연구 결과에 따르면 이런 음식들은 프럭토스의 생성을 촉진함으로써 비만을 유발한다. 그런데 이런 관점은 관련 문헌에서 다른 사람들이 제시한 것과는 차

* 혈당증glycemia은 혈액 내의 글루코스 축적을 가리키는 의학용어다.

이가 있다. 대다수의 전문가들은 혈당지수가 높은 탄수화물이 인슐린 분비를 촉진하며 이에 따라 여러 조직에서 글루코스의 흡수가 향상되기 때문에 비만을 유발한다는 의견을 제시해왔다. 이런 여분의 글루코스가 에너지ATP로 전환되거나 글리코겐 또는 지방으로 저장되므로, 시간이 흐르면 결과적으로 비만이 발생하게 된다는 것이다. 실제로 비만 환자들의 다수는 만성적으로 인슐린 수치가 높다.

이와 같은 인슐린 가설은 청량음료가 비만과 대사증후군을 일으키는 이유로 제시되어왔다. 청량음료는 혈당지수가 높은데, 청량음료에는 수크로스나 액상과당이 함유되어 있고 이 두 가지에는 프럭토스뿐 아니라 글루코스도 들어 있다. 프럭토스를 섭취하는 것만으로는 혈중 글루코스 수치가 그렇게 많이 상승하지 않는다. 프럭토스의 혈당지수가 약 19로 낮을 뿐 아니라 프럭토스는 직접적으로 인슐린 수치를 상승시키지 않기 때문이다. 즉 청량음료를 마신 뒤 글루코스와 인슐린이 급격하게 상승하는 원인은 대개 청량음료에 든 글루코스 때문이지 프럭토스 때문이 아니다. 따라서 인슐린 가설의 전통적인 견해에 비추어보면 분명히 청량음료의 글루코스 성분이 비만을 야기할 것이다.

미겔과 나는 글루코스가 원인인지, 아니면 프럭토스가 원인인지 알아낼 수 있는 실험을 해봐야겠다고 생각했다. 우리는 일반 생쥐들과 프럭토스를 대사하지 못하는 생쥐들에게 액상과당을 넣은 식수를 제공했다. (프럭토스를 대사하지 못하는 생쥐들은 일반 생쥐들만큼 액상과당을 좋아하지 않았기 때문에, 동일한 양을 섭취하게 하기 위해서는 이 생쥐

탄수화물이 비만과 대사증후군을 유발하는 주된 이유는 프럭토스 생산을 촉진하기 때문이다.

들에게 주는 물은 액상과당 농도를 더 높여야 했다.) 예상한 대로 청량음료를 마신 일반 생쥐들은 살이 쪘고 대사증후군의 모든 특징이 나타났다. 이와는 대조적으로 프럭토스를 대사하지 못하는 생쥐들은 동일한 양의 액상과당을 섭취했는데도 체중 증가가 비미했고 건강한 상태가 유지되었다. 특히 이 생쥐들은 액상과당을 통해 다량의 글루코스를 섭취했음에도 불구하고 인슐린 저항성이나 지방간이 생기지 않았다.

따라서 청량음료가 비만을 유발하는 원인은 프럭토스 때문이다. 청량음료 안에 들어 있는 프럭토스, 그리고 글루코스를 통해 생성된 프럭토스 모두 영향을 줄 것이다. 프럭토스가 그 자체로 인슐린을 촉진하지는 않지만 프럭토스가 대사되는 과정에서 생존 스위치가 활성화되고, 시간이 지남에 따라 인슐린 저항성이 생겨난다. 그러면 결과적으로 글루코스와 인슐린 모두 만성적으로 상승된다. 따라서 관찰 의견은 똑같다. 혈당지수가 높은 청량음료는 글루코스 및 인슐린 수치 상승으로 이어지며, 글루코스처럼 혈당지수가 높은 탄수화물은 대사증후군을 유발하는 데 영향을 미친다. 그러나 글루코스가 직접적으로 인슐린을 촉진해서가 아니라, 글루코스의 일부가 프럭토스로 전환되기 때문에 이런 현상이 발생한다. 대사증후군의 원인은 프럭토스다.

왜 빵을 먹으면 살이 찔까? 문명의 탄생을 탓하라

제임스 닐의 절약 유전자 이론을 다시 떠올려보자. 먼 옛날에 식량을 구하기 어렵던 시기에 우리가 생존하는 데 도움이 되었던 두 가지 돌연변이가 이제는 어떻게 비만의 위험을 높이는지를 기억하는가? 그런데 어쩌면 세 번째의 '절약 유전자'가 비만 유행병에 영향을 미치고 있는지도 모른다.

지금으로부터 약 1만 년에서 1만2천 년 전에 흑해와 중동 근방에서 최초의 농경사회가 형성되었다. 그 지역의 고고학적 증거에 따르면 인간이 최초로 길들인 작물은 무화과일 가능성이 있다. (무화과는 가장 풍부한 프럭토스를 공급하는 음식 중 하나다.) 그리고 보리와 밀이 곧 그 뒤를 이었다. 초창기의 농부들은 이런 음식을 먹기가 어려웠다. 전분 함량이 높아서 소화시키기가 힘들었기 때문이다. 그 당시에 인간은 타액에 함유되어 있으며 전분을 글루코스로 분해하는 주요 효소인 **아밀라아제***를 적은 양밖에 만들어내지 못했다. 그런데 그즈음에 유전적 돌연변이가 발생했고 결과적으로 이 효소를 두세 배 또는 그 이상으로 만들어낼 수 있게 되었다. 이렇게 아밀라아제의 농도가 높아진

* 크래커를 입 안에 넣으면 1분 뒤 단맛을 느끼게 되는 것도 아밀라아제 때문이다. 단맛은 전분이 글루코스로 전환되었다는 것을 의미한다.

덕분에 훨씬 더 수월하고 빠르게 전분을 분해할 수 있었다. 또한 아밀라아제가 증가했다는 것은 더 많은 양의 글루코스가 입 안에 방출되었다는 뜻이기도 했다. 글루코스는 단맛을 느끼는 혀의 미뢰를 자극했고 전분 함량이 높은 음식을 더 맛있게 만들어주었다.

이러한 돌연변이 때문에 오늘날 농경사회에 속한 사람들의 대다수(약 70퍼센트)는 타액의 아밀라아제 농도가 높다. 반면에 수렵·채집 활동을 하는 사람들은 그런 경우가 소수(약 30퍼센트)에 불과하다. 이론적으로 생각하면 아밀라아제 농도가 더 높은 사람들은 혈당지수가 높은 탄수화물 때문에 비만이 생길 위험이 더욱 크다고 볼 수 있다. 하지만 이 부분은 아직 확실히 밝혀지지 않았고 앞으로 더 많은 연구가 필요하다.

생존 전략으로
프럭토스를 생산하다

우리 몸이 프럭토스를 만들어낼 수 있고, 그렇게 생성된 프럭토스만으로도 우리가 살찔 수 있다는 사실을 알게 된 것은 실로 엄청난 발견이었다. 그때까지는 아무도 그런 생각을 해본 적이 없었다. 이제 미겔과 나는 곧바로 폴리올 경로가 어떻게 활성화되는지 알고 싶어졌다. 우리는 다른 음식들도 체내에서 프럭토스로 전환될 수 있다는 것을 깨달았다. 당류를 연구하는 다른 과학자들과 마찬가지로 우리도 얼마나 많은 프럭토스를 섭취하는지에만 관심을 기울였던 것이다. 우리가 얼마나 많은 프럭토스를 만들어내는지에 영향을 미치는 요인들을 이해하는 것도 똑같이 중요하다. 방치된 당뇨병으로 인해 혈중 글루코스 수치가 상승하는 것이 폴리올 경로가 활성화되는 방법으로 가장 잘 알려져 있지만 다른 상황으로 인해서도 프럭토스 생산이 촉진될 수 있다는 점이 밝혀졌다. 놀라운 사실은 이런 상황들이 모두 생존 스위치가 켜졌을 때 도움이 되는 경우였다는 것이다.

예를 들어 동물이 물을 충분히 확보하지 못해 탈수가 발생할 때도 폴리올 경로가 활성화된다. 프럭토스로 인해 지방 축적이 촉진되면 대사수의 공급원을 제공할 수 있다는 점을 고려하면 그럴 만도 하다. 이와 마찬가지로 혈압이 하강할 때도 폴리올 경로가 활성화되며 우리 몸의 각 기관과 조직으로 가는 혈류량이 줄어든다. (그러면 장기가 제 기능을 하는 데 필요한 영양분이 전달되지 않는다는 뜻이다.) 프럭토스가 생성되면 우리가 염분에 의지하는 데 도움이 되며, 혈압이 올라가고 순환이 개선된다. 심장 조직에 혈액 공급이 제대로 이루어지지 않는 심장마비가 발생하거나 산소포화도가 낮은 상황에서도 폴리올 경로가 활성화된다. 이런 상황에서 프럭토스가 생성되면 산소에 의존하는 에너지 공장의 기능을 억제함으로써 산소 필요량을 줄일 수 있기 때문에 유익하다. 또한 우리 연구팀은 프럭토스 그 자체가 폴리올 경로를 촉진할 수도 있다는 사실을 발견했다. 아니면 프럭토스의 대사 과

프럭토스는 스트레스 상황에서 생성된다

폴리올 경로를 통해 체내에서 프럭토스가 생성되는 상황은 다음과 같다.

- 글루코스 수치가 높다(예: 방치된 당뇨병).
- 탈수 상태
- 혈압이 낮다.
- 혈액 공급이 저해된다(예: 심장마비가 발생했을 때).
- 산소가 희박하다(예: 고도가 높은 지역).
- 요산 수치가 높다.
- 프럭토스를 섭취한다.

정에서 생성되는 요산이 그런 역할을 할 수도 있다. 그러면 생존에 도움이 되는 증폭 시스템 기능을 할 수 있다.

프럭토스가 풍부한 음식을 찾을 수 없을 때는 스스로 프럭토스를 생산해내는 능력이 생존을 위한 대안이 된다.

다시 말하자면 우리 몸이 프럭토스를 생산하도록 촉진하는 상황은 생존 스위치를 활성화하는 것이 바람직한 상황과 동일하다. 이는 프럭토스가 풍부한 음식을 찾을 수 없을 때 폴리올 경로가 생존을 위한 대안으로 활용될 가능성이 높다는 뜻이다. 폴리올 경로는 프럭토스를 생산하는 특별한 능력을 가지고 있기 때문이다.

프럭토스가 생성되는 것은 스트레스에 대한 반응이며 생존에 도움이 된다. 하지만 다시 자연으로 돌아가서 생각해보자. 자연에서는 준비되지 않은 상태로 재난을 겪는 것이 아니라 재난이 발생할 때 준비태세를 갖추는 것이 최고의 방편이다. 그래서 동물들은 동면에 들어가거나 먼 거리를 이동하기 전에 생존 스위치를 활성화하는 것이다. 만약 동물들이 프럭토스가 많이 함유된 과일과 꿀을 섭취함으로써 이렇게 할 수 있다면, 프럭토스 생산을 촉진함으로써 이렇게 할 수도 있을까? 예를 들어 위기를 모방함으로써 체내에서 폴리올 경로가 활성화되고 프럭토스가 생성되어서 다가올 겨울에 우리를 보호해주는 음식이 있을까?

칼로리는 없지만 살찌게 하는 물질, 염분

많은 동물들, 특히 발굽이 있는 포유동물들이 솔트 릭salt lick을 좋아한다는 것은 자연에서 관찰할 수 있는 흥미로운 현상이다. 자연에는 땅에 미네랄과 염분이 높은 장소가 있는데 특히 사슴이 천연 솔트 릭을 좋아해서 멀리서도 그런 장소를 찾아온다. 여러 연구 결과에 따르면 솔트 릭에는 다양한 미네랄이 있지만 동물들이 그곳에서 얻고자 하는 것은 소금이다.

사슴과 다른 동물들이 그렇게 솔트 릭을 좋아하는 이유는 아직 완전히 밝혀지지 않았다. 소금은 맛이 좋을지는 몰라도 동물들이 갈증을 느끼게 만들 수도 있다. 갈증이 난다는 것은 그리 만족스러운 느낌은 아니다. 그런데 어느 연구 결과를 살펴보면 솔트 릭을 찾아오는 것은 체중 증가와 연관이 있다. 예를 들어 1970년대 뉴질랜드의 어느 연구에 따르면 알팔파를 주식으로 하는 소들에게 소금을 제공했더니 체중이 놀라우리만치 부쩍 증가했다고 한다. 여기서 흥미로운 가능성이 생겨난다. 혹시 솔트 릭이 생존 스위치를 활성화하는 방법이 될 수 있을까?

알다시피 탈수 현상은 폴리올 경로를 활성화해 체내의 프럭토스 생산을 촉진한다. 보통 탈수는 수분 섭취량 부족이나 땀, 설사 등으로 인한 수분 손실과 관련이 있다. 혈액의 수분량이 감소하고 혈중 염분 농도는 상승하며, 이처럼 농도가 높아지기 때문에 갈증을 느끼고 물을 찾게 되는 것이다. 우리는 짠 음식을 먹음으로써 탈수 현상을 '만들어낼' 수도 있다. 이 경우에도 혈중 염분 농도가 올라가서 갈증을 유발하기 때문이다.

동물들은 솔트 릭이 탈수 현상을 만들어내서 프럭토스 생산을 촉진하는 데 도움이 된다는 것을 알기 때문에 그렇게 솔트 릭에 가려고 애쓰는 걸까? 사슴 및 그와 비슷한 동물들이 먹는 풀에는 칼로리 성분이 상대적으로 부족하다는 점을 생각하면, 스위치를 활성화하는 것은 동물들이 지방을 만들어내고 저장하는 데 도움이 되는 값진 방법이 될 수 있다. 더 나아가 탈수 현상은 낙타와 고래처럼 물이 극히 부족한 환경에서 살아가는 다른 동물들이 지방을 비축할 수 있게 만들어주는 중요한 자극제 역할을 할 수 있다. (고래의 경우에는 담수가 부족한 상황이다.)

미겔과 나는 실험을 통해 이런 가설을 확인해보기로 했다. 가벼운 탈수 증세가 비만을 유발할 수 있는지를 알아보기 위해 실험실의 생쥐들에게 짠 음식을 제공했다. 고염 식단을 따른 생쥐들과 일반 식단을 따른 생쥐들을 서로 비교해보았다. 처음 몇 달 동안은 고염 식단을 따른 생쥐들이 더 많은 음식을 섭취하기는 했지만 두 집단 사이에 체중의 차이가 없었다. 그런데 5~6개월이 지나자 고염 식단을 따른 생쥐들은 일반 식단을 따른 생쥐들보다 훨씬 더 살이 많이 쪘다. 또한 지방간과 당뇨병 전증을 비롯한 대사증후군의 특징이 대부분 나타났다. 수개월간 고염 식단을 따랐기 때문에 예상한 대로 혈압이 상승했고 심장이 어느 정도 비대해졌다. 그중에서도 우리가 가장 흥미롭게 생각한 부분은 식단에 프럭토스가 아주 적게 들어 있었는데도 간과 뇌의 프럭토스 농도가 높았다는 점이다.

이 실험을 진행할 때 우리는 프럭토스를 대사할 수 없도록 유전적으로 조작한 다른 생쥐 집단에도 고염 식단을 제공했다. 이 생쥐들은 고염 식단을 따른 일반 생쥐들과 동일한 양의 염분을 섭취했는데도 날씬한 상태를 유지했고 지방간, 인슐린 저항성 및 대사증후군의 다른 특징들이 아예 나타나지 않았다. 또한 혈압도 전혀 오르지 않았고 심장도 별로 비대해지지 않았다.

다시 말하자면 소금이 건강에 미치는 악영향의 대부분은 소금이 프럭토스 생산을 촉진하기 때문에 발생한다. 심지어 잘 알려져 있다시피 소금이 혈압에 미치는 영향도 프럭토스 때문인 것으로 보인다. 염분과 당류는 예상한 것보다 더 강한 연관관계를 지닌다.

영양학적 관점에서 볼 때 고염 식단이 비만을 유발할 수 있다는 것은 의외다. 소금은 칼로리가 없기 때문이다. 우리 팀의 연구 결과에 따르면 고염 식단이 비만을 유발하는 원인은 소금 그 자체가 아니라 높은 혈중 염분 농도가 폴리올 시스템을 활성화하기 때문이다. 이 시스템으로 인해서 생쥐가 섭취한 글루코스의 대부분이 프럭토스로 전환되었고, 이 프럭토스가 대사되면서 생존 스위치가 활성화되었다.

실험실의 생쥐들에게 짠 음식을 제공했더니 비만이 발생했다는 사실이 우리 인간에게도 적용될 수 있을까? 소금과 인간에 관한 연구는 대개 혈압 및 심장 질환과의 연관성에 초점을 맞추고 있는데, 사실 고염 식단은 비만 및 당뇨병과도 관련이 있다. 1990년대 초에 실시된 어느 실험에서는 건강한 사람들에게 극도의 저염 식단(하루에 소금 0.5그램) 또는 고염 식단(하루에 소금 12그램)을 5일간 제공했다. 5일차가 끝나갈 무렵에 고염 식단을 따른 참가자들은 이미 인슐린 저항성의 초기 징후를 나타냈다. 또한 역학과 관련된 소규모 연구들에 따르면 비만이나 대사증후군이 있는 참가자들은 고염 식단을 섭취하는 경향이 있다. 독일, 핀란드, 덴마크의 연구 결과를 살펴보면 고염 식단을 따르는 어린이와 어른 모두 나중에 비만과 대사증후군에 걸릴 가능성이 더욱 높아진다는 사실을 알 수 있다.

2018년에 우리 연구팀은 일본의 심장 전문의인 마사나리 구와바라와 공동 연구를 실시했다. 일본의 병원 프로그램을 통해 건강관리를 받고 있는 성인들을 대상으로, 염분 섭취가 비만 및 대사증후군과 어떤 관련이 있는지를 알아보기 위한 연구였다. 미국을 비롯한 서구 국가들과 비교할 때 일본은 염분 섭취량이 높고 당류 섭취량이 낮은 나라다. 구와바라가 연구한 사람들의 경우에는 일일 염분 섭취량이 평균 11그램

> 고염 식단은 체내의 프럭토스 생산을 촉진함으로써 비만과 대사증후군을 유발한다.

이었다. 구와바라는 프로그램 참가자들을 두 그룹으로 나누었다. 일일 염분 섭취량이 11그램 미만인 사람들과 11그램을 초과하는 사람들이었다. 5년이 지나자 염분이 더 많은 식단을 따른 사람들은 당뇨병과 지방간이 발생할 위험이 더 높았다. 비만에 대한 위험은 다르지 않았지만, 어쩌면 통계적으로 차이가 발생하기에는 후속 관찰기간이 너무 짧아서 그랬을지도 모른다. 물론 염분 섭취가 높다는 것은 총 칼로리 섭취량이 더 많은 것과도 연관성이 있었지만, 칼로리 섭취량은 적은데 염분 섭취량은 높은 사람들 역시 지방간이 발생할 위험이 더 높았고 당뇨병에 걸리는 경향이 더 심했다. 이 연구는 염분 섭취량이 높은 것과 나중에 대사증후군 및 당뇨병에 걸리는 것이 연관되어 있다는 증거를 추가로 제공했다.

비만이 고염 식단과 관련이 있다는 관찰 결과와 일치하게, 비만 환자들은 만성적으로 탈수 상태에 처해 있다는 강력한 증거가 존재한다. 이런 사람들은 물 섭취량이 적고 혈중 염분 농도가 높은 편이며 종종 갈증을 느낀다. 영양학자인 조디 스투키의 연구에 따르면 과체중인 사람들은 혈중 염분 농도를 바탕으로 할 때 날씬한 사람들에 비해 탈수 상태에 처해 있을 가능성이 30퍼센트 더 높다. 비만 환자들의 경우는 탈수를 겪을 가능성이 2배 더 높다.

탈수 현상은 혈중 **바소프레신vasopressin** 농도를 측정해서 확인할 수 있다. 바소프레신이라는 호르몬의 주요 기능은 체내에 물을 보유할 수 있도록 도와줌으로써 동물들이 탈수 상태에 빠지지 않도록 하는 것이다. 주로 신장이 소변으로부터 물을 재흡수하도록 도와주는 방식으로 작용한다. 몇몇 연구 결과에 따르면 바소프레신은 폐의 수분 손실을 줄인다고도 한다.* 당연하겠지만 사막에 사는 포유동물들에게는 물을 아끼는 것이 특히 중요하기 때문에 바소프레신 수치가 매우 높다.

> 비만 환자들은 날씬한 사람들에 비해서 탈수 현상을 겪을 가능성이 훨씬 더 높다.

과체중이거나 비만인 사람들도 혈중 바소프레신 농도가 높다. 스웨덴의 영양학자인 소피아 엔호닝과 올레 멜란데르가 바소프레신의 전구체인 코펩틴을 측정한 연구 결과에 따르면 비만 및 대사증후군에 걸린 사람들은 바소프레신 수치가 높을 뿐 아니라 날씬한 사람의 코펩틴 수치가 높다면 향후에 비만 및 당뇨병에 걸릴 위험이 더 높아진다.

우리의 수사 작업도 성과를 보이고 있다. 염분, 특히 가벼운 탈수 상태를 유발하는 능력이 생존 스위치를 촉발하는 또다른 방법인 것으로 보인다. 프럭토스가 풍부한 과일과 꿀을 섭취하면 굶주린 상태로 착각하게 되고 지방 생산을 촉진하게 된다. 그래서 동물들은 에너지와 물의 비축량을 늘려서 동면에 대비할 수 있다. 이와 마찬가지로 염분을 섭취하면 탈수 상태에 처하게 되므로 동물들이 지방 저장량을

* 우리는 숨을 내쉴 때마다 이산화탄소를 내보낼 뿐 아니라 약간의 수증기도 잃게 된다.

늘려서 간접적으로 물을 더 확보하는 데 도움이 된다. 두 가지 모두 동물들이 절박한 상황에 처하기 전에 미리 스스로 보호할 수 있도록 귀중한 자원을 비축하는 방법이다.

자연의 섭리는 천재적이다. 하지만 야생에서 살아갈 때는 그렇게 좋은 점이 저녁식사가 이루어지는 식탁마다 설탕과 소금이 구비된 인간 사회에서는 너무나도 안 좋은 상황을 초래할 수 있다.

지방 호르몬 바소프레신

가벼운 탈수 현상은 비만의 발생을 촉진하며 비만 환자들은 탈수 증세를 나타낸다. 고염 식단은 탈수 현상을 촉발하는 방법일 뿐 아니라 우리의 연구 결과에 따르면 결과적으로 프럭토스 생산과 지방 생성을 촉진한다. 이는 체내에서 프럭토스가 만들어지는 것이 바소프레신의 분비와 마찬가지로 탈수 현상에 대한 반응이라는 것을 뜻한다. 바소프레신은 신장의 수분 손실을 줄이는 작용을 하고 프럭토스는 수분을 저장하기 위해 지방 축적을 촉진하는 기능을 하는데, 둘 다 우리를 보호하기 위해 작동하는 것처럼 보인다.

이런 식으로 생각하면 바소프레신과 프럭토스는 탈수 현상으로부터 우리를 지키기 위해 동시에 작용하는 것이다. 잘 살펴보면 탈수 현상을 막는 이 두 가지는 우리가 상상했던 것보다 훨씬 더 긴밀하게 연결되어 있다.

사실 알고 보니 프럭토스는 직접적으로 바소프레신의 생산을 촉진한다. 프럭토스의 생산과 바소프레신의 생산, 이 두 가지 생물학적 반응은 독립적인 것이 아니다. 탈수 현상에 대한 반응으로 바소프레신이 생산되는 것은 프럭토스 생산에 부분적으로 의존하고 있다. 우리 실험실의 생리학자인 카를로스 론컬과 즈린 송이 실시한 연구에 따르면, 탈수 현상이 뇌에서 폴리올 경로를 활성화하면 프럭토스가 생성되고 이는 바소프레신의 생산을 촉진한다. 실제로 프럭토스를 대사하는 능력이 결여된 생쥐들은 탈수 상태가 되면 바소프레신을 더 적게 생산한다. 다시 말해서 탈수 상태에 빠지면 우리가 만들어내는 프럭토스가 지방을 생산해서 물을 저장하는 데 도움이 될 뿐만 아니라 바소프레신의 생산을 늘려서 소변을 통한 수분 손실을 줄이는 데도 도움이 된다.

또한 우리가 먹거나 마시는 프럭토스도 바소프레신의 생산을 촉진한다. 우리 팀의 연구에 따르면 프럭토스를 섭취한 생쥐들은 비만이 발생하기 이전에도 바소프레신 수치가 높았다. 반면에 프럭토스를 대사하지 못하는 생쥐들의 경우는 바소프레신 수치가 이렇게 높아지지 않았다.

이와 마찬가지로, 생리학자인 재커리 슐레이더와 그의 동료들은 청량음료가 혈중 바소프레신 수치를 상승시킨다는 것을 밝혀냈다. 또한 우리 연구팀의 협력자인 이스탄불 코크대학교의 메흐메트 캔베이는 임상 연구를 통해서 프럭토스가 풍부한 사과 주스도 바소프레신 수치를 현저하게 높일 수 있다는 것을 보여주었다.

이런 점들을 살펴보았을 때 우리는 바소프레신 그 자체가 생존 스위치를 촉발하는 역할을 하는 것이 아닐까 생각해보게 되었다. 바소프레신의 기능은 체내에 수분을 보유하는 것을 돕는 것인데, 지방의 생산을 촉진하면 그런 기능을 잘 수행할 수 있다. 또한 이는 사막에 사는 동물들의 바소프레신 수치가 높고 잉여 지방이 많은 이유와 과체중인 사람들의 바소프레신 수치가 높은 이유와도 일치한다. 바소프레신이 혈중 글루코스를 늘리고 지방 생산에 영향을 미칠 수 있다는 연구 결과도 많다. 특히 프랑스의 생리학자인 리즈 반커와 나딘 부비가 비만 상태의 생쥐들을 연구한 바에 따르면 바소프레신은 인슐린 저항성과 지방간에 영향을 미칠 수 있다.

바소프레신이 어떻게 관여하는지를 보다 잘 이해하기 위해서 미겔과 나는 **바소프레신 수용체**가 결여된 생쥐들을 대상으로 일련의 연구를 구상했다. 호르몬의 효과는 세포에 있는 수용체와 결합해야 발생한다. 만약 프럭토스가 비만을 유발하는 데 바소프레신이 일정한 역할을 담당하고, 우리가 바소프레신이 수용체에 결합하는 능력을 차단할 수 있다면 생쥐들한테 비만과 대사증후군이 발생하지 않을 것이다. 바소프레신은 특히 복잡한 과정으로 작용하는 호르몬인데, 서로 다른 세 가지 수용체와 결합할 수 있고 그중 하나인 V1b 수용체의 기능이 잘 알려져 있지 않다.

우리 실험실의 내분비학자인 토머스 젠슨과 생리학자인 애나 안드레스에르난도의 연구에 따르면 다른 수용체들은 보유하고 있지만 바소프레신 V1b 수용체가 결여된 생쥐들은 비만과 대사증후군의 위험에서 완전히 자유로웠다. 바소프레신이 V1b 수용체에 결합함으로써 비만을 유발하는 메커니즘을 우리가 모두 아는 것은 아니지만, 아마도 다른 호르몬을 촉진하고 간에서의 프럭토스 대사활동에 영향을 미치기 때문인 것 같다. 사실상 바소프레신이 스위치를 증폭하는 역할을 하는 것처럼 보인다.

우리가 발견한 사실을 한 마디로 요약하면 바소프레신은 지방 호르몬이라는 것이다. 바소프레신은 프럭토스가 비만을 유발하는 데 영향을 준다. 또한 혈중 바소프레신 수치를 측정하면 우리가 향후에 비만이 될 위험이 있는지를 예측하는 데 도움이 된다.

연구를 통해서 알게 된 흥미로운 점을 한 가지 더 언급하고 넘어가겠다. 프럭토스가 수분 섭취를 촉진하고 또다른 수분 공급원인 지방의 생성을 촉진함에도 불구하고, 프럭토스가 함유된 음료를 마시는 것은 탈수 증상을 해결하는 데 도움이 되지 않는다.

프럭토스는 혈액에서 세포로 수분을 이동시키므로 결과적으로 염분 농도가 더 높아져서 갈증을 느끼게 되기 때문이다. (아마도 글리코겐 저장량을 늘리는 것을 통해 수분이 이동할 것이다. 글리코겐이 생성될 때 물이 쓰이기 때문이다.) 따라서 청량음료는 갈증을 해소해주지 않으며 더

물을 마시면 스위치를 끌 수 있을까?

만약 비만이 탈수 상태에 대한 생물학적 반응에서 비롯되고 바소프레신이 비만을 일으킨다면, 단순히 물로 수분을 보충해주는 방법으로 비만을 예방하거나 치료할 수 있을까?

건강을 유지하려면 하루에 물을 여덟 잔 마셔야 한다는 말이 있다. 수분 보충을 위해 하루종일 물병을 들고 다니는 사람들도 많다. 의대에 다니던 시절에 나는 그런 행동이 불필요하다고 생각했다. 신장은 탈수 증상으로부터 우리를 보호해주는 기능을 하기 때문에 하루에 몇 잔 정도 최소한으로만 물을 마셔도, 갈증을 느끼기 시작하면 신장이 바소프레신을 분비해 수분을 확보하는 데 도움을 주리라고 여겼다. 하지만 그 당시에 나는 바소프레신이 신장을 통한 수분 손실을 줄일 뿐만 아니라 수분을 저장하는 방법으로 지방을 늘리는 데도 도움이 된다는 사실을 몰랐다.

수분 보충으로 비만을 치료할 수 있는지를 알아보기 위해, 우리 팀의 바소프레신 연구에 참여한 마사나리 구와바라와 애나 안드레스에르난도는 고당·고염 식단을 섭취한 실험실의 생쥐들에게 여분의 물을 급여했다. (음식에 수분을 공급하는 방식이었으므로 알갱이보다는 젤에 가까웠다.) 그랬더니 정말 놀라운 효과가 나타났다. 동물들의 수분 섭취량을 두 배로 늘리자 비만과 인슐린 저항성을 막을 수 있었다. 또한 이미 동물들이 비만 상태가 된 이후에 수분 섭취량을 늘렸음에도 불구하고, 계속 고당·고지방 식단을 따르더라도 체중이 더 증가하는 것을 예방할 수 있었다.
수분 섭취량을 늘리면 비만 예방에 도움이 되는지 알아보기 위해 인간을 대상으로 연구를 실시한 사례도 여럿 있다. 가장 훌륭한 사례는 초등학교와 중학교에서 진행된 연구였는데, 아이들이 물을 더 많이 마실 수 있도록 식수대를 설치하고 수분 섭취의 중요성에 관한 교육 자료를 자주 제공했다. 미국, 독일, 영국에서 각각 별도로 실시한 연구 결과, 아이들이 물을 더 많이 마시도록 독려하자 비만이 감소했다. 독일에서 실시한 연구에서는 학교에 식수대를 도입하자 하루에 물을 딱 한 잔 더 마시는 효과가 있었는데, 결과적으로 식수대가 없는 학교와 비교했을 때 아이들이 과체중 상태가 되는 위험을 30퍼센트 줄일 수 있었다. 내가 이 책을 집필하고 있는 지금 스웨덴에서 대규모 연구가 진행되고 있는데, 수분 섭취를 늘리면 성인의 경우에도 비만이 감소하는지를 확인하기 위한 연구다.
충분한 수분 섭취는 항상 중요하게 여겨져왔지만, 비만의 예방과 치료에 있어서 수분 섭취의 중요성은 이제 막 주목 받기 시작하고 있다.*

* 물을 마시는 습관을 바꾸기 전에 9장의 조언을 먼저 읽어보기를 바란다. 물을 너무 많이 마시는 것도 위험할 수 있다.

마시고 싶게 만든다.

모두가 안전하다고 여겼던 감칠맛

돌이켜 생각해보면 당류와 염분이 생존 스위치를 활성화한다는 사실은 어쩌면 그리 놀랍지 않을 수도 있다. 우리는 달고 짠 음식에 저절로 마음이 끌리기 때문이다. 우리가 이런 음식을 찾아나서는 것은 자연의 섭리일지도 모른다. 이런 음식은 직접적으로 프럭토스를 공급하거나 (염분과 음식을 통해 섭취하는 프럭토스 모두) 프럭토스의 생산을 촉진하여 향후에 언젠가 식량을 구하기 힘든 시기가 닥칠 것을 대비해 우리에게 반드시 필요한 지방을 저장하는 데 도움이 되기 때문이다. 이와 마찬가지로 쓴맛과 신맛을 느끼는 미뢰가 진화한 것도 독성이 있을 가능성이 더 높은 음식을 우리가 피할 수 있게 하기 위해서일 것이다.

짠맛·단맛·신맛·쓴맛을 느끼는 미뢰뿐 아니라 풍미가 있는 음식, 즉 감칠맛에 반응하는 다섯 번째 미뢰가 존재한다. 1907년에 감칠맛을 처음 발견한 사람은 일본의 화학자인 이케다 기쿠나에池田 菊苗였다. 그는 다시마의 풍미에서 느껴지는 맛이 바로 감칠맛이며 아미노산 **글루타민산염glutamate** 때문에 감칠맛이 나는 것이라고 언급했다.

우리의 혀에 있는 감칠맛 미뢰는 음식에 들어 있는 글루타민산염을 감지하고, 달콤한 음식을 먹을 때만큼이나 도파민을 많이 분비하라고 뇌에 신호를 보낸다. 그러면 기분이 좋아진다. 아미노산은 단백질의 구성요소이며 단백질이 함유된 음식이 잘 익고 숙성되고 건조되고 절여지고 조리될 때 글루타민산염이 방출되기도 한다. 특히 간장/대두, 생선, 이스트 추출물에 많고 토마토 중에서도 건토마토에 많다. (그래서 우리가 스파게티 소스와 블러디메리를 그렇게 좋아하는 것이다.) 그동안 식품업계는 특히 가공육과 감자칩 등 스낵류를 비롯한 음식에 글루타민산염의 일종인 **글루탐산모노나트륨monosodium glutamate, MSG**을 첨가함으로써 감칠맛을 선호하는 우리의 취향을 이용해왔다. 간혹 다량 섭취한 경우에 두통을 유발할 수 있기는 하지만, 일반적으로 글루타민산염은 안전한 물질로 여겨진다.

우리의 혀에 있는 감칠맛 미뢰는 음식에 들어 있는 글루타민산염을 감지하고, 달콤한 음식을 먹을 때만큼이나 도파민을 많이 분비하라고 뇌에 신호를 보낸다.

또한 감칠맛에 대해 이야기할 때 꼭 언급해야 할 부분이 하나 있다. 일본의 다른 연구자가 국물이나 음식에 가다랑어*포(가쓰오부시)를 넣

* 참다랑어의 일종.

으면 맛이 더 좋아지는 이유를 탐구하는 과정에서 글루타민산염에 대한 우리의 미각을 몇 배나 향상시킬 수 있는 물질들을 알아낸 것이다. 바로 AMP(아데노신1인산)와 IMP(**이노신1인산inosine monophosphate**)인데, 이런 물질들은 바닷가재를 비롯한 갑각류 및 조개류, 고등어·앤초비·참다랑어 등 색이 짙은 생선, 간을 비롯한 내장육과 여러 종류의 치즈 등 효모가 함유된 음식에 많다. 특히 맥주는 감칠맛이 강한데 이는 알코올 성분으로 인한 것이 아니라 맥주 효모에 AMP, IMP 및 글루타민산염이 풍부하기 때문이다.

이 세 가지 물질(글루타민산염, AMP, IMP)* 중 어느 것이든 많이 들어 있는 음식, 즉 감칠맛이 나는 음식에 관한 연구들은 대개 당류 및 염분을 첨가하지 않고도 음식의 맛을 향상시킨다는 점에 주목한다. 보통 사람들은 이런 물질들이 비만을 유발하는 역할을 할 수 있다고는 생각하지 않는다. 그러나 실험실에서 실시한 여러 연구에 따르면 글루타민산염은 생쥐와 고양이의 비만을 유발할 수 있다. 더욱 우려되는 것이 있다. 중국 성인 만 명 이상을 대상으로 한 어느 연구에 따르면 글루타민산염을 가장 많이 섭취한 사람들이 비만 위험이 현격하게 증가한다는 점이다.

* 어떤 사람들은 글루타민산염만 감칠맛을 낸다고 생각하지만, 우리의 연구 결과에 따르면 이 세 가지가 단독으로 또는 함께 작용해서 맛을 향상시킨다. 따라서 나는 이 세 가지 물질 가운데 어느 것에 관해 언급하든 감칠맛이라는 단어를 사용한다. 더욱 중요한 점은 이 세 가지 물질이 같은 음식에 모두 들어 있는 경우가 흔하다는 것이다.

미겔과 나는 감칠맛이 나는 음식이 생존 스위치에도 관여하는 것은 아닌지, 지방 저장량을 늘리고 대사증후군을 유발하는 다른 방안으로 작용하는 것은 아닌지 궁금했다. 그렇게 추론한 이유는 글루타민산염이 단백질 생성 및 수리 등 체내에서 여러 기능을 하지만 요산을 만드는 데도 쓰일 수 있기 때문이었다. 더 나아가 통풍 환자들은 글루타민산염 수치가 높다. 그리고 이 책에서도 AMP에 관해서 살펴보았다. AMP는 우리의 친구인 ATP가 분해되는 과정에서 생성되는 핵심 물질이며 프럭토스가 비만과 대사증후군을 유발하는 데 중요한 역할을 한다. 더 나아가 IMP는 생존 스위치와도 관련이 있다. 요산이 생성되기 전에 AMP가 IMP로 분해되기 때문이다.

이런 측면들을 고려할 때, 우리가 글루타민산염과 AMP, IMP의 맛을 좋아하는 이유는 이런 물질들이 생존 스위치와 관련이 있기 때문이라는 생각이 들었다! 따라서 글루타민산염, AMP 및 IMP가 함유된 음식이 프럭토스를 대신할 수 있고, 프럭토스가 생존 스위치를 활성화할 때와 동일한 화학 반응에 직접적으로 관여할 수 있을 것이라는 추론을 할 수 있었다. 이는 프럭토스가 없어도 이런 물질들이 직접적으로 비만과 대사증후군을 유발할 수 있다는 뜻이다. 또한 요산은 그 자체로 폴리올 경로를 거쳐서 프럭토스의 생산을 촉진할 수 있고 이 세 가지 물질은 모두 요산을 만들어낼 수 있기 때문에, 감칠맛이 나는 음식은 프럭토스 생산도 어느 정도 촉진할 수 있을 것이다.

이런 가설을 실제로 확인하기 위해서 미겔과 나는 실험실의 생쥐

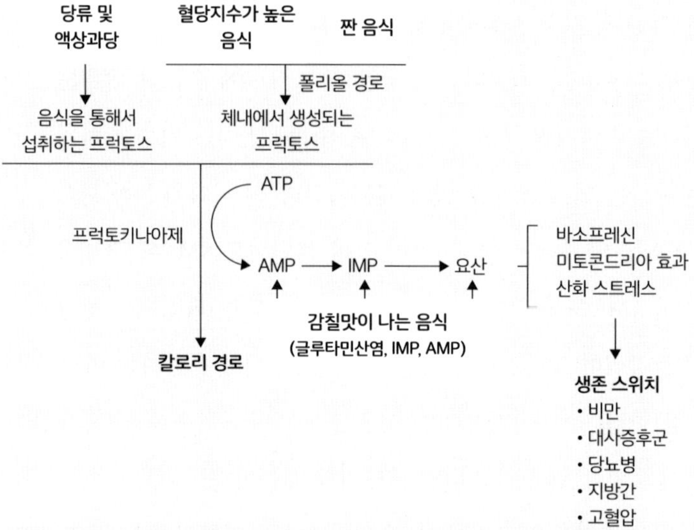

생존 스위치를 켜는 주요 음식은 당류와 액상과당이다. 그런데 때로는 혈당지수가 높은 탄수화물, 짠 음식, 감칠맛이 나는 음식 등에 의해서도 생존 스위치가 활성화될 수 있다. 이런 음식들은 에너지 고갈 경로에 관여하며, 생존 스위치를 자극해서 결과적으로 비만과 대사증후군을 유발한다.

들을 대상으로 수차례 실험했다. 생쥐들에게 MSG가 들어 있는 식수를 제공했고, AMP나 IMP는 주기도 했고 안 주기도 했다. 그러자 놀라운 실험 결과를 얻을 수 있었다. 글루타민산염MSG을 섭취한 생쥐들은 식욕 조절 능력을 상실했고 체중이 급격하게 늘어났다. 또한 복부 지방이 증가하고 인슐린 저항성이 나타났다. 후속 연구에서 AMP만 섭취한 생쥐들이나 IMP만 섭취한 생쥐들한테서도 이와 비슷한 결과를 확인할 수 있었다. 생쥐의 살을 찌우는 데 가장 좋은 방법은 MSG와 AMP 또는 IMP를 함께 제공하는 것이었다.

글루타민산염은 당류나 염분보다도 비만 유발 효과가 더욱 강력하다.

그러자 음식 섭취량이 증가하고 비만이 발생한 것이 생존 스위치가 활성화되었기 때문인지 확인할 필요가 있었다. 추가 연구를 진행해보니 실제로 그렇다는 것을 알 수 있었다. 글루타민산염이 요산으로 전환되는 것을 차단하면 체중 증가도 막을 수 있다는 사실을 알게 되었다. AMP와 IMP가 요산으로 전환되는 것을 차단하는 경우에도 마찬가지였다. 감칠맛은 생존 스위치를 활성화함으로써 비만을 유발한다. 구체적으로 말하자면 **에너지 고갈 경로**에 직접적으로 관여한다.

생쥐를 대상으로 한 우리의 연구 결과에 따르면 글루타민산염은 비만을 유발할 수 있을 뿐 아니라 사실상 당류나 염분보다도 비만 유발 효과가 더욱 강력하다. 하지만 우리가 섭취하는 글루타민산염의 양은 당류에 비해 훨씬 적다.

미국인들은 프럭토스가 함유된 당류를 매일 평균 약 75그램 섭취하지만 글루타민산염의 섭취량은 겨우 0.5그램에 불과하다. 어떤 사람들, 특히 중국인들은 간장 베이스의 음식과 다른 음식들을 통해서 매일 10그램 이상의 글루타민산염을 섭취하고 있다. 그런 사람들의 경우에는 감칠맛이 나는 음식의 섭취량이 체중 증가에 영향을 줄 수 있다.

우리가 좋아하는 모든 음식이 건강에 나쁘다니!

이제 우리는 인간이 가장 좋아하는 단맛, 짠맛, 감칠맛이 나는 음식은 모두 생존 스위치를 활성화할 수 있다는 사실을 알게 되었다. 우리가 이런 맛을 선호하는 것은 어쩌면 이런 음식을 찾아나서고 파악하고 섭취하도록 하는 방향으로 진화해왔기 때문일지도 모른다. 자연은 우리가 지방을 저장하는 데 도움이 되는 음식을 먹기를 바란다. 우리의 이런 행동은 자연스러운 생물학적 본능 때문이라고 할 수 있다.

피트니스의 대부라고 불리는 잭 러랜*은 이런 유명한 말을 남긴 바 있다. "맛있으면 뱉어라." 독자 여러분의 의견은 알 수 없지만 나는 우리가 좋아하는 음식이 우리를 살찌게 만든다는 증거를 보니 왠지 울적해진다.

* 잭은 어린 시절에 자신이 '설탕 중독'이었다고 주장했다. 마치 알코올중독자처럼 자신은 설탕에 중독되어 있었다는 것이다. 당류와 알코올 간의 흥미로운 관계에 관해서는 7장에서 살펴볼 것이다.

다행스러운 소식은 우리가 선택할 수 있다는 것이다. 우리는 지금까지 알게 된 과학을 활용해 비만을 예방하고 치료할 수 있는 효과적인 계획을 개발할 수 있다. 그러기에 앞서, 스위치가 비만과 당뇨병 이외의 다른 질병들에 어떤 영향을 미치는지 조금 더 자세히 살펴보자. 아마도 놀라운 사실들을 알게 될 것이다.

2

지방 스위치와 질병

6

인류의 가장 기본적이고 중요한 질병들

이미 높은 수준이었던 당류 섭취량은 1893년 세계박람회 이래로 한 세기가 넘는 기간 동안 전세계에서 지속적으로 증가해왔다. 또한 당연하겠지만 당뇨병, 고혈압, 뇌졸중, 심장 질환과 비만 및 대사증후군도 급격히 늘어났다. 아울러 유방암, 대장암, 췌장암 등 비만과 연관된 암이 증가했다.

이런 질병들이 모두 일제히 증가한 것에 관해서는 일반 문헌과 의학 문헌에 잘 나타나 있으며 이들은 서로 긴밀하게 연결되어 있다. 많은 사람들이 서구 문화와 식단을 언급하는 것처럼 분명히 공통적인 위험 요인들이 존재한다. 그러나 그동안 제기된 수많은 원인들 가운데 어느 것에 책임이 있는지 판단하기란 복잡하고 어렵다. 단지 운동부족이나 과식, 아니면 특정한 음식 때문일까? 사회적·경제적 지위나 유전, 독성물질에 대한 노출은 얼마나 중요할까? 아니면 우리가 엄마 뱃속에 있을 때 엄마가 겪은 일들 때문일까? 어쩌면 적절한 가중치를 둘 수 있다면 이 모든 요인들을 고려해 어떤 사람이 질병에 걸릴 위험을 정확하게 요약해서 보여주는 식을 만들어낼 수도 있겠다. 아니면 그보다 훨씬 더 간단한 방법이 있을까? 혹시 기저에 깔린 핵심적인 메커니즘 하나가 이 모든 것들을 일으키는 것은 아닐까?

14세기에 프란치스코 수도회의 수사이자 신학자인 윌리엄 오컴은 어떤 문제를 해결할 때 가장 간단한 설명이 옳은 설명인 경우가 종종 있다고 지적했다. 그의 가르침은 '오컴의 면도날'이라는 표현으로 널리 알려졌는데, 의학계에서도 흔히 쓰이는 철학적 원리다. 그렇다면 오컴의 면도날을 적용해서 비만, 대사증후군 및 당뇨병만이 아니라 고혈압, 뇌졸중, 심장 질환, 간 질환 및 신장병 등 더 많은 질병을 유발하는 근본적인 원인을 찾아낼 수 있을까? 최근에 밝혀진 생존 스위치가 지속적으로 활성화된다면 비만과 당뇨병뿐 아니라 이와 관련된 다른 비전염성 질환을 유발하는 근본 원인으로 작용하지 않을까? 이런 가설을 뒷받침할 만한 증거가 있을까? 만약 이 가설을 증명할 수 있다면 이런 질병들에 대한 우리의 견해와 이런 질병들을 예방하거나 관리하는 방법이 달라질 수 있을까?

물론 어떤 문제를 지나치게 단순화하는 것도 위험한 측면이 있다. 이 스위치가 오늘날 중요한 질병들의 상당수를 유발하는 원인이 된다는 주장은 지나치거나 극단적인 소리처럼 들릴 수도 있다. 하지만 다른 분야에서와 마찬가지로 생물학에서도 단순함의 매력이 존재하므로, 이런 아이디어를 더욱 깊이 있게 탐구해보는 것도 합당하다. 여기서 더욱 중요한 점은 이 스위치가 주요 원인인지가 아니라 부수적 원인인지 여부를 판단하는 것이다. 후자의 경우가 조금 더 받아들이기 쉬우며 여전히 중요하다. 이 스위치가 어떻게든 영향을 준다면, 스위치가 활성화되지 않게 하는 전략을 수립함으로써 질병의 예방과 관리 및 가능한 치료법에 관한 새로운 통찰력을 얻을 수 있을 것이다.

그럼 이제 비만과 대사증후군과 관련된 여러 질병들을 하나씩 살펴보고 생존 스위치와 연관된 부분이 있는지 확인해보자.

생존 스위치를 활성화하는 대표적인 질병
통풍

통풍만큼이나 생존 스위치가 지속적으로 활성화되는 상황을 잘 보여주는 사례가 되는 질병은 아마 없을 것이다. 앞서 3장에서 설명한 것처럼 통풍은 관절염의 일종이며 통풍 환자들은 엄지발가락, 발목 및 무릎에 극심한 통증을 호소하는 경우가 많다. 관절 부위가 뜨거워지고 붉어지며 통증이 상당히 심해서 발 위에 침대 시트만 살짝 덮어도 불편함을 느낄 수 있다. 전세계에서 가장 흔한 종류의 관절염 중 하나이며 통풍으로 고생하는 미국인들의 수는 900만 명에 달한다.

보통 혈중 요산 수치가 7mg/dL 이상으로 상승하면 통풍이 생긴다. 요산은 쉽게 용해되지 않으며 혈중 수치가 너무 높아지면 요산 결정이 형성되어 관절 부위에 쌓이는데, 이 때문에 염증이 발생해서 고통스러운 관절염을 유발한다. 이에 비하면 발생 빈도가 적은 편이기는 하지만 요산 결정이 피부 아래에 침착되는 경우도 있다. 여기에 생기는 작은 무통성 결절을 통풍결질tophi이라고 부른다. 통풍 발작은 대개 늦은 밤이나 이른 아침에 발생하는데, 알코올과 적색육(글루타민산염과 AMP 및 IMP **뉴클레오티드nucleotide**가 풍부하다), 당류가 포함된 풍성한 식사 이후에 발생하는 경우가 많다. 특히 수면 무호흡증이 있는 사람들이 통풍 발작을 흔히 경험하는데, 자는 동안 혈중 산소 농도가 떨어지면 체내에서 요산이 더 많이 생성되기 때문이다.

통풍 발작은 보통 5~10일간 지속되며 소염제로 치료할 수 있다. 하지만 종종 재발하기도 하며 관절 변형이 일어나기도 한다. 통풍에는 처방전 없이 구입할 수 있는 일반 의약품도 잘 듣기 때문에, 의사들과 환자들은 통풍이 질병이라기보다는 성가신 일이라고 여기는 편이다. 그 결과 통풍은 마땅히 받아야 할 관심을 받지 못했다.

통풍은 그저 귀찮은 관절염이 아니다. 찌릿한 통증이 느껴지고 곧 통풍 발작이 일어날 듯할 때 간단히 이부프로펜을 먹고 끝낼 수 있는 문제가 아니다. 대개의 경우 통풍은 생존 스위치를 지속적으로 활성화하는 대표적인 질병이다.

앞서 4장에서 인간의 요산 수치가 대다수의 다른 포유동물들보다 더 높다는 사실을 언급한 바 있다. 그 이유는 수백만 년 전에 우리카아제 유전자의 돌연변이가 발생했기 때문이다. 돌연변이가 발생한 이후에 처음에는 1~2mg/dL에서 약 3~4mg/dL으로 요산의 정상 범위 안에서 아주 약간 수치가 상승했다. 그러나 서구 식단이 도입되고 알코올과 당류 및 감칠맛이 풍부한 음식이 들어오자 요산 수치는 더욱 높아졌다. 따라서 현재 평균 수치는 5~6mg/dL이며 미국 인구 중 2천만 명의 요산 수치는 이것보다도 더 높다. 이처럼 요산 수치가 증가하는 경우를 **고요산혈증hyperuricemia**이라고 부르기도 한다. (여성은 6mg/dL 이상, 남성은 7mg/dL 이상을 기준으로 한다.) 고요산혈증이 있는 사람들은 통풍에 걸릴 가능성이 매우 높다.

요산 수치가 높은 데는 유전과 신부전 등 다양한 원인이 있지만, 요산 수치가 높거나 통풍이 발생한다는 것은 프럭토스가 풍부한 음식으로 구성된 식단이 생존 스위치를 활성화한다는 뜻이다. 요산은 프럭토스 대사의 주된 산물 중 하나다. 따라서 통풍 환자들이 비만과 대사증후군에 걸리는 확률이 전세계에서 가장 높은 것도 어찌 보면 당연하다. 통풍 환자의 약 4분의 3이 고혈압 환자이고 절반 이상이 비만이며 절반 이상이 만성 신장병을 앓고 있다. 또한 대다수가 지방간 환자이고 4분의 1이 2형 당뇨병을 앓고 있다. 통풍 환자들은 심장 질환에 걸리는 비율도 가장 높은 편이다.

이런 점을 살펴보면 통풍에 걸리거나 고요산혈증의 경우처럼 요산 수치가 상승하는 것은 생존 스위치가 과열된 상황으로 인한 또다른 결과라고 할 수 있다. 그런데 우리 팀의 실험 자료를 보면 여기에 흥미로운 반전이 존재한다. 즉 요산은 단지 생존 스위치의 부산물인 것이 아니라 생존 스위치를 촉발하는 데 능동적인 역할을 담당한다는 것이다. 요산은 에너지 공장에 산화 스트레스를 유발할 뿐만 아니라 지방 생산 및 염증 발생, 혈관 수축을 촉진하는 등 다른 생물학적 효과도 지닌다. 실험실의 동물들을 연구해보면 요산이 고혈압, 인슐린 지항성, 지방간 및 비만을 유발하는 역할을 한다는 강력한 증거를 찾아볼 수 있다. 사실 우리가 처음에 프럭토스에 관심을 갖게 된 계기는 요산 수치를 낮추면 프럭토스를 섭취한 쥐들의 대사증후군을 개선할 수 있다는 연구 때문이었다는 사실을 기억하길 바란다. 이런 관찰 내용을 참고하면 요산이 체중 증가, 혈압 상승, 인슐린 저항성 및 대사증후군의 다른 특징을 유발하는 데 영향을 미칠지도 모른다.

이처럼 요산이 대사 관련 질환의 원인을 제공한다는 관점은 아직 논란의 여지가 있다. 그동안 우리는 요산 수치가 비만과 인슐린 저항성, 고혈압에 대응해서 상승하거나 이런 상태를 치료하기 위한 조치(특히 혈압 조절을 위해서 사용하는 이뇨제 등) 때문에 상승한다고 믿었기 때문이다. 그러나 요산이 이런 질병들에 원인을 제공하는 역할을 한다는 것에 대한 여러 논거가 존재한다. 첫째, 비만과 대사증후군을 비롯해서 여러 관련 질병이 발생하기 전부터 요산 수치가 높다는 증거가 충분하다. 이런 질병이 발생하기 전부터 요산 수치가 높다면, 요산 수치가 높은 것이 오로지 이런 질병들의 결과라고 말할 수 없다. 예를 들어 우리는 요산 수치가 높다는 것을 제외하면 전반적으로 건강한 일본 성인들을 대상으로 연구를 진행한 적이 있다. 요산 수치가 정상인 통제 집단도 함께 연구했다. 5년이 지나자 요산 수치가 높은 사람들은 고혈압, 당뇨병, 비만 및 만성 신장병에 걸릴 위험이 두 배로 높아졌다. 또한 요산 수치가 높으면 심장 질환 및 이런 질병들의 발생을 독립적으로 예측할 수 있다는 것을 보여주는 일반 연구 결과도 많다.

요산 수치를 줄이면 대사증후군의 특징을 예방하거나 뒤집을 수 있다는 증거도 있다. 그중에서 가장 강력한 증거는 혈압과 관련이 있다. 우리 팀 협력자이자 소아신장병 학자인 대니얼 페이그의 연구를 통해 우리는 새로 고혈압 진단을 받은 청소년 환자들의 요산 수치를 떨어뜨리면 어떤 효과가 발생하는지를 지켜보았다. 우리 연구팀은 이전에 실험실의 동물들을 대상으로 연구를 진행했는데, 초기에 요산 수치를 낮추면 고혈압에 가장 즉각적인 반응이 나타난다는 것을 알 수 있었다. 높은 요산 수치는 시간이 흐를수록 신장의 진행성 손상 및 염증을 유발하며, 요산이 직접적으로 관여한다기보다 결국 신장이 고혈압을 유발한다. 이런 상황이 발생하면 요산 수치를 낮춰도 효과가 적다. 따라서 우리는 이 환자들이 이상적인 실험 집단이라고 생각했다. 그 당시에 신장병에 걸린 사람들이 거의 없었기 때문이다. 놀라운 것은 대니얼이 환자들의 요산을 측정했을 때 대다수(90퍼센트)의 요산 수치가 높았다는 점이다. 그런 다음 대니얼은 무작위 실험을 실시했고 요산 수치를 줄이기 위해 요산 감소 효과가 가장 뛰어난 약 중 하나인 알로푸리놀을 사용하면 고혈압을 완전히 무력화할 수 있다는 사실을 알아냈다. 반면에 플라시보는 아무런 효과가 없었다. 경계 고혈압인 과체중 청소년들을 대상으로 유사한 연구를 진행했을 때도 마찬가지였다. 요산을 낮추면 혈압이 정상으로 돌아갈 수 있다는 결과를 얻었고, 플라시보는 역시 효과가 없었다.

우리는 멕시코의 신장병 학자이자 임상 연구원인 미그달레나 마데로, 터키의 신장병 학자인 메흐메트 캔베이 등 다른 협력자들과 함께 진행한 연구를 통해서도 이처럼 요산이 줄어들면 혈압에 도움이 된다는 결과를 얻게 되었다. 또한 메흐메트를 비롯한 여러 연구자들은 요산 수치가 높은 사람들의 경우 요산을 줄이면 인슐린 저항성이 향상된다는 것을 밝혀냈다. 더 나아가 요산을 줄이면 체중에도 긍정적인 영향이 있는 듯했고, 특히 체중 증가를 예방하는 데 도움이 되는 것 같았다. 일례로 대니얼이 실시한 연구에 따르면 플라시보를 복용한 청소년들은 연구 기간에 체중이 2킬로그램 정도 늘어난 반면 알로푸리놀을 제공받은 집단은 심지어 체중이 0.5킬로그램 가량 줄었다.

이렇게 요산 수치를 낮추면 대사증후군에 긍정적인 영향을 준다는 것을 보여주는 연구 결과들이 많지만 그렇지 않은 연구들도 더러 있다. 그러나 이처럼 부정적인 결과가 나온 연구는 대개 다음 두 가지에 해당한다. 일단 요산 수치가 원래 정상이었던 사람들의 요산을 낮춘 연구들이 있다. 또다른 예는 요산을 낮추면 고혈압 치료에 도움이 될지를 알아보고자 하면서 혈압이 정상인 참가자들을 대상으로 연구를 실시한 경우다. 이런 연구들은 다소 의아하다. 치료가 필요 없는 사람들에게 치료법을 시험해본 것이니 말이다.

통풍은 생존 스위치가 과열되면 건강에 어떤 악영향을 미칠 수 있는지를 전형적으로 보여주는 전신병이다.

앞에서 언급한 것처럼 요산은 대사증후군에 영향을 미칠 수 있을 뿐 아니라 심장 질환에는 직접적인 영향을 주는 것으로 보인다. 특히 통풍 환자의 경우에 그렇다. 최근의 여러 연구에 따르면 요산 결정은 통풍 환자들의 관절 부위에 쌓이기만 하는 것이 아니라 인체의 다른 부분에도 조용히 해를 입힌다. 예를 들어 통풍 환자의 약 80퍼센트가 심장과 혈관에 요산 결정이 있고, 신장에서도 요산 결정이 흔히 발견된다는 연구 결과가 있다. 이런 결정은 국소 염증을 유발할 수 있으므로, 스위치가 지나치게 활성화되면 심장 질환과 신장병을 일으킬 수 있다는 가능성이 강하게 제기된다. (이에 관해서는 다음에 이어지는 부분을 참고하기 바란다.) 높은 요산 수치와 통풍이 어떤 영향을 미치는지를 완전히 이해하려면 분명히 더 많은 임상 연구가 필요하다.*

* 요산을 낮추면 심장 질환에 어떤 긍정적인 영향이 있는지에 관해서는 현재 여러 실험이 진행 중이다. 9장에서 더 자세히 설명할 것이다.

통풍은 그저 성가신 질병이 아니라 생존 스위치가 과열되면 건강에 어떤 악영향을 미칠 수 있는지를 전형적으로 보여주는 전신병全身病이다. 하지만 당뇨병처럼 흔한 질병의 경우는 어떨까? 지방 스위치가 이런 질병들에도 영향을 미칠까?

인슐린 저항성의 최종 단계

당뇨병은 혈당(글루코스) 수치가 비정상적으로 상승하는 병이며 당뇨병에는 두 가지 종류가 있다. **1형 당뇨병**은 췌장이 인슐린 생산 기능을 상실할 때 발생하며 대개 어린 시절에 발병한다. **2형 당뇨병**은 비만 및 대사증후군과 관련이 있다. 2형 당뇨병이 훨씬 더 흔하며 생존 스위치의 주요 특징 중 하나인 인슐린 저항성과 연관되어 있는 것도 2형 당뇨병이다.

보통 2형 당뇨병 환자들은 당뇨병이 완전히 진행되기 이전부터 인슐린 저항성의 징후를 보인다. 근육은 인슐린의 영향에 대한 저항성을 나타내고 췌장은 이를 보상하기 위해 더 많은 인슐린을 생산한다. 저항성을 극복할 수 있을 만큼 인슐린 수치가 올라갈 때까지 말이다. 그러면 혈중 글루코스가 줄어드는데 결과적으로 순환 인슐린 수치가 높은 상태로 지속된다. 또한 췌장에 과부하가 걸리기 때문에 시간이 흐르면 췌장에 **경도 염증**이 발생해서 조직이 손상되고 반흔이 생긴다. 따라서 췌장의 인슐린 생산 능력이 저해된다. 인슐린 수치가 떨어지면 혈중 글루코스를 더 이상 조절할 수 없고 그러면 당뇨병에 걸리게 된다.

인슐린 저항성이 생겨나는 정확한 메커니즘은 아직 밝혀지지 않았지만, 우리 팀을 비롯한 여러 연구 결과를 고려할 때 인슐린 저항성이 프럭토스의 대사와 관련되어 있는 것은 분명하다. 또한 인슐린 저항성은 생존 스위치의 활성화에 따른 결과를 나타내며 이런 메커니즘에는 요산의 영향이 포함되어 있다는 것도 확실하다. 어떤 연구팀에 따르면 쥐들에게 수크로스를 투여했더니 당뇨병이 발생했고, 인슐린을 생산하는 췌장 세포들이 손상을 입었다. 다시 말해 2형 당뇨병은 프럭토스 대사의 직접적인 결과로 발생하는 것처럼 보인다.

인슐린 저항성이 발생하고 췌장이 손상되어 결국 당뇨 상태가 유발되기 때문이다. 물론 2형 당뇨병을 유발하는 다른 원인들이 없다는 뜻은 아니지만 프럭토스가 주요 원인인 것 같다.

프럭토스가 함유된 당류가 2형 당뇨병의 원인이라는 증거는 너무나도 많다. 가장 이른 기록은 역사에서 찾아볼 수 있다. 앞서 4장에서 언급한 것처럼 당뇨병에 관한 최초의 문헌 기록 중 하나는 인도의 의사인 수슈루타의 보고였다. 그는 사상 최초로 사탕수수 수확이 이루어진 갠지스강 유역에서 의료 활동을 했고 사람들이 마셨던 액상 감자당甘蔗糖이 비만 및 당뇨병과 연관 있다고 지적했다. 그밖에 세계의 다른 지역에서는 르네상스 후기에 당류 섭취량이 증가하기 전까지는 당뇨병이 상대적으로 드물게 발생했다. 1800년대에 프랑스 의사 에티엔 랑세로는 '마른' 당뇨병과 '비만' 당뇨병의 두 가지가 있다는 사실을 알아냈고 후자의 경우에는 대개 당류 섭취와 연관이 있다는 것을 밝혀냈다. 1900년대 초에 들어서자 전세계적으로 당뇨병이 증가했고 점차 당류 섭취와의 연관성이 주목받았다.

1915년에서 1918년까지 뉴욕시의 보건국장을 역임한 헤이븐 에머슨도 당뇨병이 당류 섭취와 밀접하게 연관되어 있다는 것을 발견한 사람들 중 하나였다. 에머슨은 뉴욕시의 당뇨병 사례가 꾸준히 증가하는 상황에 대해 우려했다. 1880년에는 10만 명당 2~3건에 불과했는데 1920년에는 10만 명당 약 20건으로, 40년간 무려 10배가량 증가했다. 그 원인을 파악하기 위해 시민들을 대상으로 대대적인 설문조사를 실시했고 잠재적인 위험 요인들을 살펴보았다. 그는 당뇨병이 과체중 및 활동량 부족과 가장 큰 연관성이 있다는 것을 알아냈으며, 당류 섭취량과도 상당한 관련이 있다는 점에도 주목했다. 그 당시까지만 하더라도 설탕은 여전히 비쌌고 당뇨병은 거의 부자들만 걸리는 병이었다.

에머슨뿐만 아니라 그 시대의 여러 사람들 역시 설탕이 당뇨병의 원인이라고 생각했다. 그중에는 프레더릭 밴팅Frederick Banting이라는 의사도 있었는데 그는 훗날 인슐린을 발견해 노벨상을 받았다. 하지만 모두가 이런 의견에 동의하는 것은 아니었다. 그중에서도 가장 강력하게 반대 의견을 표명한 사람은 엘리엇 조슬린Elliott Joslin이라는 의사였다. 당뇨병 전문가였던 조슬린은 설탕이 당뇨병의 원인이라는 주장을 거부했고 그 대신 영양과잉을 원인으로 제시했다. 그는 1923년에서 1928년까지 당류 소비량과 당뇨병 사망률의 관계를 살펴본 연구에 따르면 둘 사이에 긴밀한 상관관계를 확인할 수 없었다고 언급했다. 그러나 이 연구에서 당류 소비량이 가장 많은 13개국 가운데 11개국이 당뇨병 사망률이 가장 높은 13개국 명단에도 들어가 있었다. 또한 당시 나머지 2개국에 들었던 쿠바와 하와이는 당뇨병 사망률이 상대적으로 낮은 편이기는 했지만, 당류 섭취량의 증가와 당뇨병 사망률의 증가 사이에는 통상적으로 10~20년 정도의 간격이 존재한다. 이 연구가 끝난 뒤 10년 동안 하와이의 당뇨병 비율과 당뇨병 사망률이 치솟았다. (쿠바의 경우에는 애초에 수집한 자료가 얼마나 신뢰할 만한지가 불분명하다.)

오늘날에는 당류 및 액상과당 섭취량(특히 청량음료를 통한)과 당뇨병의 연관성이 실험실 연구 및 임상 연구를 통해서 강력하게 뒷받침된다. 프럭토스를 섭취하면 실험실의 동물들은 당뇨병에 걸릴 수 있고 사람들은 인슐린 저항성이 생길 수 있다. 또한 프럭토스 섭취량을 줄이면 비만 환자들의 인슐린 저항성을 줄일 수 있다는 보고가 있다. 이제는 프럭토스와 생존 스위치가 당뇨병을 유발하는 데 중요한 역할을 한다는 것에 의심의 여지가 없다.

설탕이 당뇨병의 위험과 관련이 있는 유일한 음식은 아니다. 지금까지 살펴본 것처럼 설탕이 주된 역할을 담당하긴 하지만 생존 스위치를 켜는 음식에 설탕만 있는 것은 아니다. 따라서 당연하겠지만 쌀, 감자 등 혈당지수가 높은 탄수화물도 그만큼 영향이 크지는 않지만 당뇨병의 위험을 높인다. 적색육, 맥주, 그밖에 감칠맛이 나는 음식과 고염 식단의 경우도 마찬가지다. 이 모든 자료를 살펴보면 2형 당뇨병이 지방 스위치의 부산물이라는 것을 알 수 있다.

프럭토스 섭취량을 줄이면 비만 환자들의 인슐린 저항성도 줄어든다.

고혈압, 심부전, 뇌졸중

고혈압은 대개 140/90mmHg 또는 그 이상의 혈압으로 정의하는데, 근래 들어서는 130/80mmHg로 기준이 변화하고 있다. 비만과 당뇨병처럼 고혈압도 예전에는 드문 질병이었다. 1890년대에는 미국의 당뇨병 환자가 성인 인구의 5퍼센트 미만이었을 것으로 추정된다. 하지만 비만과 당뇨병처럼 고혈압도 20세기에 증가했고 현재 미국 성인의 3분의 1이 고혈압 환자다. 고혈압은 전세계적으로도 가장 흔한 질병들 중 하나로, 환자 수가 무려 10억 명이 넘는다.

고혈압은 거의 증상이 없는 경우가 많기 때문에 '침묵의 살인자'라고 불린다. 많은 사람들이 본인이 고혈압 환자라는 것을 몰라서 치료를 받지 않으며, 또다른 이들은 적절한 치료를 받지 못하고 있다. 그러나 고혈압은 인체에 심각한 영향을 미친다. 첫째, 고혈압 때문에 심장에 과부하가 걸려서 장기적으로 심부전이 발생할 수 있다. 현재 고혈압은 심부전 발생 원인 1위다. 또한 고혈압은 점차 혈관에 손상을 입힌다. 뇌혈관에도 이런 손상이 발생할 수 있다. 고혈압은 혈관 파열을 유발하므로 두개 내 출혈로 이어질 수 있다. 아울러 고혈압이 생기면 혈관이 좁아지기 때문에 뇌의 각 부위로 전달되는 혈류 공급이 감소하며 뇌 조직이 괴사할 수 있다. 대동맥처럼 큰 혈관도 고혈압에 취약한 것은 마찬가지다. 고혈압이 대동맥류를 유발하면 결과적으로 내출혈이나 박리가 발생할 수 있다. 후자인 대동맥 박리는 커다란 혈관의 내벽이 갑자기 파열되는 끔찍한 합병증이다. 더 나아가 고혈압은 신부전의 주요 원인 중 하나이며 다른 문제들도 유발할 수 있다. 예를 들어 아이들의 학업 수행에 악영향을 미칠 수 있고 점차 진행성 치매를 일으킬 수 있다. 이를 혈관성 치매라고 일컫는데, 노인들이 뇌의 소혈관에 손상을 입는 경우 발생한다.

고혈압의 모든 원인을 이해하는 것이 시급한 실정이다. 신장병처럼 잘 알려진 원인들도 있지만 대다수의 사례가 '원발성 고혈압' 또는 '본태성 고혈압'으로 분류된다. 그 원인이 알려져 있지 않다는 뜻이다. 하지만 생존 스위치가 과도하게 활성화되어서 원발성 고혈압이 발생한다는 증거가 점점 늘어나고 있다.

프럭토스가 고혈압에 영향을 미친다는 강력한 증거가 있다. 첨가당을 통한 프럭토스 섭취 및 청량음료 섭취가 고혈압과 관련이 있다고 주장하는 역학 연구들이 여럿 있다. 글루코스나 물의 경우에는 그렇지 않았는데 프럭토스를 먹은 실험 참가자들의 혈압이 즉시 상승했다는 연구 결과도 강력한 증거가 된다. 우리가 참여한 어느 임상 실험에서는 참가자들에게 수크로스나 액상과당이 함유된 청량음료를 무작위로 제공했다. 각각의 음료에 든 첨가당이 유일한 차이점이었다. 두 가지 음료 모두 혈압 상승을 유발했는데 액상과당의 경우에 더 많이 상승했다. 액상과당에 프럭토스 성분이 조금 더 많고 요산 수치를 더 많이 올리는 것과 연관이 있다.

이처럼 요산 수치와 연관성이 있다는 사실이 중요했다. 임상의인 엔리케 페레스포소와 함께 진행한 연구를 통해서 이 점을 입증할 수 있었다. 실험에 참가한 남성들 중 무작위로 절반을 선정해서 알로푸리놀을 제공했고, 2주 동안 매일 다량의 프럭토스를 마시게 했다. 프럭토스를 섭취한 그룹은 혈압이 현저하게 상승했는데, 프럭토스에 대한 반응으로 이렇게 혈압이 상승한 현상이 알로푸리놀을 제공받은 그룹에서는 완전히 차단되었다. 이들의 경우에는 요산의 상승이 방지되었기 때문이다. 이런 자료들을 살펴볼 때 프럭토스로 인한 생존 스위치의 활성화가 혈압에 영향을 미치며, 여기에는 프럭토스가 요산 수치를 올리는 효과도 포함될 가능성이 크다.

물론 예전부터 고혈압과 관련이 있었던 물질은 설탕이 아니라 소금이다. 고염 식단도 생존 스위치를 활성화할 수 있지만, 앞에서 언급한 것처럼 이는 소금 그 자체 때문이 아니라 혈중 염분 농도가 상승하면 프럭토스와 바소프레신 호르몬의 생산이 촉진되기 때문이다. 혈압에 대한 이러한 영향을 확인하기 위해 우리 팀의 협력자인 메흐메트 캔베이는 실험 참가자들에게 짠 수프를 마시게 했고 그중 일부에게만 물 두 잔을 제공했다. 수프만 마신 참가자들의 경우에는 혈중 염분 농도와 혈압, 바소프레신이 즉시 상승했다. 그러나 짠 수프를 마실 때 물을 섭취한 참가자들의 경우에는 염분 농도가 높아지지 않았고 바소프레신이나 혈압에도 변화가 없었다.

이 실험을 비롯한 유사한 연구 결과들을 고려할 때, 우리가 먹는 소금의 양이 혈압을 올리는 것이 아니라 섭취한 소금으로 인해 혈중 염분 농도가 상승했는지가 생존 스위치가 활성화되는 데 중요하게 작용한다는 점을 알 수 있다. 우리는 일본의 심장 전문의인 마사나리 구와바리와의 협력 연구를 통해 이 부분을 확인했다. 다수의 건강한 일본인들을 대상으로 염분 섭취량과 고혈압의 관계를 관찰했는데, 일일 염분 섭취량이 높으면 5년 뒤 고혈압이 발생할 위험이 더 높은 것은 사실이었지만, 고혈압 위험을 더욱 정확하게 예측할 수 있는 기준 역할을 한 것은 섭취한 염분의 양이 아니라 혈중 염분 농도였다.

지난 수십 년간 첨가당 섭취량이 증가한 것과 마찬가지로 염분 섭취량도 30퍼센트나 증가했다. 염분 제한은 보통 혈압을 낮출 수 있는 방법으로 권고되어왔는데 이제는 체중을 감량할 수 있는 전략으로도 각광받고 있다. 그러나 우리 팀의 연구 결과에 따르면 혈압 상승에 중요하게 작용하는 것은 사실 염분의 양이 아니라 염분과 물의 균형이다. 따라서 우리가 프럭토스 섭취량을 낮은 수준으로 유지하고 혈중 염분 농도의 상승을 방지할 수 있도록 물을 많이 마신다면, 지나치게 염분을 제한하지 않더라도 고혈압을 예방할 수 있는 가능성이 높아진다.

> 혈압 상승에 중요하게 작용하는 것은 사실 염분의 양이 아니라 염분과 물의 균형이다.

생존 스위치로 인한 요산 및 바소프레신 방출이 혈압 상승의 단기적 원인이기는 하지만, 궁극적으로는 다른 시스템이 주도권을 갖게 된다는 증거가 존재한다. 특히 생존 스위치가 활성화되면 신장에 경도 염증이 생기는데, 우리 팀의 협력자이자 고혈압 분야의 권위자인 베르나르도 로드리게스 이투르베는 시간이 흐르면 이러한 염증이 저절로 지속된다는 사실을 밝혀냈다. 신장은 염증 때문에 염분을 보유하게 되고 그러면 지속적으로 혈압이 상승한다. 어쩌면 그래서 사람들이 오랫동안 고혈압을 앓는 것일지도 모른다. 일단 이런 상황이 발생하면 단순히 요산을 줄이거나 스위치를 끈다고 해서 고혈압을 치료할 수 없다. 하지만 첨가당 및 염분의 섭취를 줄이는 것이 어느 정도 도움은 될 것이다. 생존 스위치가 꺼지면 여러 문제가 더 악화되는 것을 막을 수 있기 때문이다.

간 질환

1970년대에 의사들은 새로운 형태의 간 질환을 발견하게 됐는데, 그 이래로 이 질병은 전세계적으로 급격하게 증가해왔다. 이 질병은 바로 비알코올성 지방간NAFLD으로, 오늘날 간부전 및 간이식이 필요한 상황을 유발하는 가장 흔한 원인이다. 비알코올성 지방간은 침묵의 살인자이기도 하다. 처음에는 간에 지방이 축적되어 다소 비대해지며 보통 간 기능 검사 결과에서 가벼운 이상이 발견된다. 이 단계에는 의사가 초음파 검사 등 영상으로 지방간이 관찰된다는 언급을 하기 전에는 뭔가 이상이 있다는 것을 의식하지 못하는 편이다. 시간이 흐르면서 국소 경도 염증이 생기지만 이때도 여전히 증상은 없다. 인식하지 못하는 사이에 염증은 손상과 반흔을 유발한다. 그러다가 보통 몇 년이 지난 뒤 갑자기 간부전의 징후가 나타나며 이를 간경변이라고 한다. 진전振顫이나 근육 손실, 복수로 인한 심각한 복부 팽만, 심지어 장출혈까지 발생하고 환자는 혼란스러워한다. 이런 지경에 다다르면 간이식 외에는 시도할 수 있는 게 거의 없다.

비알코올성 지방간은 알코올과 관련된 간 질환과 상당히 유사해 보인다. 알코올도 지방간을 유발하며 시간이 흐르면 염증, 반흔 및 간경변이 발생하기 때문이다. 사실상 이 두 질병은 거의 동일한데, 후자가 더욱 급격하게 발현되는 경우가 많고 물론 알코올 과다 섭취와 관련되어 있다는 점이 다르다.

비알코올성 지방간은 생존 스위치가 지속적으로 활성화된 상황의 직접적인 결과로 발생할 가능성이 매우 높다. 앞서 언급했듯이 생존 스위치의 주요 기능 중 하나가 지방 축적이며, 지방 조직뿐 아니라 간에도 지방이 축적되기 때문이다.

지방간은 연료 저장소 역할을 한다는 측면에서 보면 이로운 현상일 수도 있다. 벌새 이야기를 떠올려보길 바란다. 넥타를 먹는 벌새는 모든 새들 중에서 지방간이 가장 심하지만 밤새 그 지방을 모두 연소한다. 프럭토스가 새의 지방간을 유발할 수 있다는 사실은 로마 시대부터 알려져 있었다. 대 플리니우스가 남긴 문헌에 따르면 로마의 요리사인 마르쿠스 아피키우스는 거위에게 대추야자를 먹여서 지방간에 걸리게 했다고 한다. 시간이 흐르면서 널리 알려진 진미가 되었는데 이것이 바로 오늘날 우리가 먹는 푸아그라다. 현대의 실험실 연구를 살펴보면 다른 동물들에게 프럭토스를 먹여도 지방간이 발생한다는 사실을 알 수 있다.

2006년에 내가 플로리다대학교에 재직할 때 비알코올성 지방간에 관한 마날 압델말렉의 강연을 들을 기회가 있었다. 그녀는 당시만 해도 비교적 새로운 질병이었던 비알코올성 지방간을 연구하는 명석한 젊은 의사였다. 강연을 들으면서 나는 액상과당과 수크로스가 함유된 음식이나 음료를 섭취해 비알코올성 지방간이 발생할 수도 있다는 깨달음을 얻었다. 강연이 끝난 뒤 대화를 나누어보았는데, 그녀는 그런 가능성에 관해서 구체적으로 연구한 사람은 그때까지 아무도 없었다고 말했다. 그래서 우리는 협력 연구를 시작했다. 비알코올성 지방간에 걸린 연구 참가자들과 인터뷰를 진행하면서, 그녀는 이 사람들이 오랜 기간 액상과당이 함유된 청량음료를 과다섭취 해왔다는 것을 알게 되었다. 또한 대다수의 경우에 대사증후군의 특징을 보였고 요산 수치가 높았다. 우리 연구실의 샤오센 오우양도 이 참가자들의 간 생검 결과를 살펴보았고 그 결과 프럭토스의 대사 과정에 관여하는 효소, 특히 프럭토키나아제의 발현이 매우 높다는 것을 알아냈다. 우리는 프럭토스가 함유된 첨가당 섭취가 비알코올성 지방간을 유발한다는 것을 뒷받침하는 근거가 충분하다는 생각이 들었다.

그다음에 마날이 주도면밀한 계획을 세워 진행한 일련의 연구에 따르면, 액상과당이 함유된 청량음료 섭취량을 살펴봄으로써 지방간에 걸릴 가능성을 예측할 수 있을 뿐 아니라 간경변까지 이어질 수 있는 염증과 반흔도 예상할 수 있었다. 또한 그녀는 지방간 세포가 만성적인 에너지ATP 고갈 상태에 처해 있다는 것을 보여주었다. 이는 생존 스위치가 작동하고 있다는 분명한 징후였다. 아울러 ATP 수치가 프럭토스 섭취 및 요산 수치와 역상관 관계에 있다는 것도 알려주었다. 그 이후로 수많은 연구가 비알코올성 지방간이 첨가당의 과다한 섭취와 연관이 있다고 지적했다. 심지어 첨가당의 섭취를 줄이면 아동의 지방간 증상이 개선된다고 보고한 연구 결과도 있다.

첨가당과 지방간의 상관관계가 입증되자 우리는 액상과당이 지방간을 유발하는 능력이 수크로스와 비교할 때 차이가 있는지 궁금해졌다.

액상과당이 도입되면서 비알코올성 지방간이 가장 현저하게 증가했기 때문이다. 이에 관해 알아보기 위해서 우리는 실험실의 쥐들에게 수크로스를 제공하거나 프럭토스:글루코스 비율이 50:50인 액상과당 혼합물을 제공해보았다. 각 집단이 동일한 양의 프럭토스를 섭취하도록 하기 위해서였다. 그 결과 수크로스도 지방 증가 및 간의 염증을 유발하기는 하지만 액상과당 혼합물이 수크로스보다 더욱 심각한 지방간을 초래한다는 사실을 알게 되었다. 통제 집단인 세 번째 그룹에게는 정상적인 식단을 제공했는데 이 경우에는 지방간이 전혀 발생하지 않았다.

지방간 환자 또는 비알코올성 지방간 진단을 받은 사람은 이런 질병의 주요 원인이 프럭토스가 함유된 첨가당이라는 사실을 알아야 한다. 액상과당이 수크로스보다 더 강력하게 작용하는 것으로 보이는데, 아마도 이는 흡수의 차이 때문일 것이다. 수크로스는 장에서 흡수되기 전에 일단 프럭토스와 글루코스로 분해되어야 하기 때문이다. 그렇다고 해서 수크로스가 면죄부를 받을 수 있는 것은 아니므로 수크로스 역시 주요 위험 요인으로 간주해야 한다.

만성 신장병

이번 장에서 다룬 여러 질병들과 마찬가지로 만성 신장병도 지난 1세기 동안 비만과 더불어 증가해왔다. 그 이유는 대사증후군 환자들의 만성 신장병 발생률이 특히 높고, 신부전을 유발하는 가장 흔한 원인이 당뇨병과 고혈압이기 때문이다. 생존 스위치가 활성화되면 결과적으로 당뇨병과 고혈압을 유발하는 것으로 보이므로, 간접적인 여파로 신장병이 발생할 가능성이 있다.

그런데 프럭토스가 직접적으로도 신장 손상을 유발할 수도 있다는 증거가 존재한다. 간과 뇌에서처럼 신장에서도 프럭토스의 대사가 이루어지는데 그 결과로 발생한 요산이 국소 염증과 산화 스트레스를 유발한다. 우리 팀의 연구에 따르면 고프럭토스 식단은 시간이 흐름에 따라 신장 손상을 야기할 수 있고 기존의 신장 손상을 더욱 가속화할 수 있다. 또한 우리는 특히 당뇨병의 경우에 신장이 폴리올 경로를 통해서 프럭토스를 생성할 수 있다는 사실을 알게 되었다. 이것 또한 신장 손상으로 이어질 수 있기 때문에 당뇨병이 신장병을 유발하는 이유 중 하나가 될 수 있다.

마지막으로 생존 스위치는 요산 수치를 상승시키는 것으로 알려져 있으며 수많은 연구 결과에 따르면 이처럼 요산 수치가 상승하면 만성 신장병을 예견할 수 있다고 한다. 요산 수치가 높거나 통풍에 걸린 환자들의 경우에는 요산을 줄이면 만성 신장병의 진행을 늦출 수 있다는 연구 결과도 있다. 최근에는 효과가 없었다는 다른 두 건의 연구 결과가 널리 알려지면서 일각에서는 위에서 언급한 연구 결과들에 의문을 제기했다. 그러나 이 두 건의 연구에서는 가장 큰 효과를 볼 수 있는 통풍 환자들이 참여하지 않았고, 효과를 얻으리라 예상되지 않는 요산 수치가 정상인 참가자들이 요산 수치가 높은 사람들과 함께 포함되었다. 이 문제에 관해서는 후속 연구가 필요하다.

죽상동맥경화증,
심장마비 및 돌연사

앞서 언급한 것처럼 오랫동안 고혈압이 지속되어 심부전이 발생하는 경우를 제외하면 대다수의 사람들이 심장 질환에 걸리는 원인은 관상동맥 질환이다. 이는 대개 심장과 다른 기관에 혈액을 공급하는 동맥에 콜레스테롤이 많은 지방이 축적되는 상태를 뜻하는 죽상동맥경화증 때문이다. 이런 플라크(경화반)에 혈전이 형성되면 혈류를 방해하고 산소 공급을 저해한다. 또한 혈전과 플라크의 잔해가 떨어져나가서 뇌 또는 다른 곳으로 이동하면 심장마비나 뇌졸중이 발생할 수 있다.

그동안 우리가 알아낸 죽상동맥경화증의 주된 위험 요인으로는 가족력, 높은 콜레스테롤 수치, 흡연 등이 있다. 최근에는 지속적인 경도 염증도 위험 요인이 될 수 있다는 점이 연구를 통해서 밝혀졌다. 이는 생존 스위치와 상당히 밀접하게 연관되어 있다.

심각한 염증은 확실히 안 좋지만 만성 경도 염증은 감염으로부터 우리 몸을 보호하는 데 도움이 되기도 한다. 백혈구가 박테리아와 기생충을 없애기가 더욱 쉬워지기 때문이다. 요산도 경도 염증을 유발하는 주요 원인 중 하나인데, 염증은 생존 스위치의 또다른 이점이 될 수도 있다. 그러나 생존 스위치가 과열되면 경도 염증의 이점이 사라진다. 예를 들어 혈관에 경도 염증이 생기면 그 결과 콜레스테롤이 많은 죽상동맥경화반이 생길 수 있다. 통풍 환자들의 경우에는 이런 경화반에서 요산과 요산 결정이 발견되는 경우가 많은데, 아마도 여기서 발생하는 손상에 영향을 미치는 것으로 보인다.

프럭토스와 요산이 관상동맥 질환에 어떤 영향을 미치는지는 아직까지 완전히 알려져 있지 않다. 앞으로 더 많은 임상 연구가 필요하겠지만 심장 질환이 지방 스위치의 후속 합병증일 가능성이 있다.

암

이번 장의 서두에서 언급한 것처럼 비만은 유방암, 대장암, 췌장암 등 다양한 암과 관련이 있다. 왜 비만이 암과 연관되어 있는지는 그동안 베일에 가려져 있었다. 하지만 어쩌면 비만이 암을 유발하는 것이 아니라, 생존 스위치가 만성적으로 활성화되면 비만과 암의 위험이 모두 높아지는 것일지도 모른다.

앞서 3장에서 설명한 바와 같이, 생존 스위치는 에너지 및 수분 저장을 위해 지방 축적을 촉진할 뿐만 아니라 산소포화도가 낮은 상황에서 동물들을 보호하는 역할도 한다. 산소포화도가 떨어지면 체내에서는 폴리올 경로를 통해 프럭토스가 생성되기 시작한다. 이 프럭토스는 생존 스위치의 일환인 산화 스트레스를 유발하고 그 결과 미토콘드리아의 기능이 저해된다. 미토콘드리아는 에너지를 만들어내기 위해 산소를 사용하므로 미토콘드리아의 에너지 생산이 줄어들면 우리의 산소 필요량도 감소한다. 미토콘드리아의 에너지 생산 감소는 **해당 과정解糖, glycolysis**이 촉진됨으로써 보상된다. 보다 원시적이고 효율성이 떨어지는 에너지 생산 방법인 해당 과정에는 산소가 필요치 않다.

이런 방법 덕분에 아프리카의 벌거숭이두더지쥐가 산소가 매우 희박한 땅속 동굴에서도 살아갈 수 있는 것이다. 벌거숭이두더지쥐는 산소 필요량을 최소화하기 위해 프럭토스를 다량으로 생산하므로, 공기 중 산소 비율이 불과 5퍼센트밖에 되지 않는 상황에서도 네다섯 시간이나 생존할 수 있다.* 생쥐라면 아마도 10분 정도밖에 못 버틸 것이다. 내 생각에는 다른 동물들도 폴리올 경로를 통해 프럭토스를 생산하기 때문에 산소가 부족한 상황에서도 살아남는 것 같다. 예를 들어 코끼리바다물범은 40분 동안이나 숨을 참고 다이빙을 할 수 있고, 히말라야를 넘어가는 인도기러기처럼 어마어마하게 높은 고도에서 날 수 있는 새들도 있다.

* 참고로 해수면 높이의 산소 비율은 약 21퍼센트이고 에베레스트 정상의 경우는 약 7퍼센트다.

생존 스위치의 다른 이점들과 마찬가지로, 산소가 부족한 상황에서 살아남기 위해 프럭토스를 이용하는 능력은 역설적인 상황을 초래하기도 한다. 오늘날 우리가 암에 걸릴 위험이 증가해서 생존에 불리해질 수 있다. 많은 암세포들은 산소가 적은 상황에서도 살아남아야 한다. 예를 들어 암이 새로운 조직에 처음 퍼지면 산소가 부족한 상황을 버텨야 하며, 나중에 작은 혈관이 생겨나 산소 및 영양분을 공급하면 암이 더 자랄 수 있게 된다. 프럭토스는 암세포가 선호하는 연료인데, 이처럼 산소가 부족한 상황에서도 종양이 자랄 수 있게 도와주기 때문이다. 일례로 생쥐들을 대상으로 한 실험에서 액상과당이 장 종양의 성장을 가속화했다는 연구 결과가 있다. 프럭토스가 산소 필요량을 줄이는 기능을 하기 때문이다. 전이성 대장암, 췌장암 및 유방암의 경우에는 암세포들이 프럭토스를 연료로 선호한다. 그래서 비만 환자들에게 이런 암이 더 흔히 발견되는 것일지도 모른다.

이제는 저프럭토스 식단이 암이 퍼지는 것을 늦추거나 예방하는 데 도움이 되는지를 확인하는 데 사람들이 적극적인 관심을 보이고 있다. 또한 요산과 젖산 등 프럭토스 대사의 산물이 종양의 성장 및 전이를 촉진하는 역할을 하는지에 관한 연구가 이루어지고 있다. 예를 들어 우리 팀의 협력자인 생물학자 메흐디 피니는 우리카아제가 결핍된 생쥐들에게 유방암 세포를 주입하면 일반 생쥐들보다 종양의 성장 및 전이 속도가 훨씬 더 빠르다는 것을 밝혀냈다.

따라서 생존 스위치가 암을 유발하는 것은 아닐 수도 있지만 프럭토스와 생존 스위치가 암세포의 생존과 성장에 도움이 되는 것처럼 보인다.

프럭토스가 함유된 당류나 음식의 과도한 섭취가 체내의 프럭토스 생산으로 이어지고, 이것이 최소한 현대인들을 괴롭히는 수많은 질병의 부분적 원인으로 작용한다는 것을 생각하면 정말 놀랍다. 이런 상황이 자연에게는 분명히 혼란스러울 것이다. 어떤 환경에서는 생존에 도움을 주었던 것이 다른 환경에서는 부적응을 초래하고 우리의 건강을 상당히 저해할 수 있다. 그런데 안타깝게도 생존 스위치가 영향을 미칠 수 있는 의학 분야가 하나 더 있다. 그것은 바로 뇌의 질병이다.

7

생존 스위치가 마음과 행동에 미치는 영향

생존 스위치의 과도한 활성화는 현대사회에 가장 만연한 질병들에 매우 중요한 영향을 미치는 것으로 보인다. 그런데 프럭토스는 건강의 다른 측면에도 광범위한 영향을 줄 수 있고 이 경우에도 심각한 결과가 발생한다. 바로 우리의 마음과 행동에 미치는 영향이다. 생존 스위치의 주요 활동 중 하나가 허기, 갈망 및 먹이탐색 활동을 촉진하는 것이라는 점을 떠올려보자. 이런 행동들이 과열되는 상황에서 우리의 생존 반응은 행동장애로 변할 수 있다. 아직까지는 그런 증거가 연관성이 추정된다는 초기 보고 수준인 경우도 있지만, 종합적으로 생각해보면 프럭토스가 우리의 행동과 정신 능력에 영향을 미친다고 간주할 수 있다. 우리가 치매에 걸릴 위험과 심지어 와인 한 잔을 마시고 싶은 욕구에도 영향을 미칠 수 있다.

많은 사람들이 설탕에 중독되는 경험을 한다. 나 역시 마찬가지다. 설탕이 나쁘다는 것을 아는데도 설탕에 대한 갈망을 느낀다. 휘핑크림을 얹은 초콜릿 퍼지 케이크, 딸기 쇼트케이크, 바닐라 아이스크림과 함께 즐기는 홈메이드 애플파이를 하루 종일 꿈꿀 수도 있다. 이제는 세상을 떠난 피트니스 전문가인 잭 러랜의 말을 빌리자면 나는 설탕 중독자sugar-holic다. 설탕이 당뇨병과 다른 질병을 유발하는 주요 원인이라는 점을 평생 연구해왔지만 아무 소용이 없다. 나는 여전히 설탕을 좋아한다.

비단 나만 설탕과 사랑에 빠진 것은 아니다. 내 아이들도 설탕을 좋아한다. 설탕에 대한 갈망은 선천적이다. 우리가 설탕을 맛볼 때마다 혀에 있는 단맛을 느끼는 미뢰가 뇌에 쾌락 신호를 보내기 때문이다. 아기들도 모유보다 설탕을 선호한다.* 당류는 '스위트하트'sweetheart라든지 '허니 베어'honey bear 등 사랑을 표현하는 어휘에도 들어가 있다. 설탕 덕분에 약을 삼킬 수 있고 대부분의 사람들이 생일 케이크를 고대한다. 윌리 웡카의 초콜릿 공장으로 가는 '황금 티켓'을 얻는 것보다 더 멋진 일이 과연 있을까? 아름다운 발레(〈설탕 요정의 춤〉)에서 로

* 모유에도 당류의 일종인 락토오스(유당)가 함유되어 있기는 하지만 프럭토스는 들어 있지 않다.

큰롤(롤링스톤스 〈브라운 슈거〉)에 이르기까지 설탕은 우리의 삶 속 깊숙이 들어와 있다.

앞에서 설명한 것처럼 수크로스와 액상과당에 대한 갈망은 단지 단맛을 선호하기 때문이 아니다. 그런 맛을 느낄 수 있는 능력이 결여된 동물들도 이런 첨가당이 없는 음식보다 수크로스와 액상과당을 선호한다. 수크로스는 그걸 먹을 수밖에 없도록 우리를 사로잡는 특별한 매력을 지니고 있다.

수크로스 및 액상과당 등 당류에 대한 사랑은 진짜 중독으로 이어질 수 있다. 실험실의 쥐들에게 밤에만 설탕이 든 물을 주는 것처럼 동물들에게 당류를 간헐적으로 제공하는 실험으로 이런 사실을 잘 확인할 수 있다. 동물들은 설탕물을 먹는 것을 기대하고 심지어 먼저 설탕물을 얻기 위해 싸우기까지 한다. 약물에 중독된 동물들의 사례와 마찬가지로, 시간이 지나면 매일 더 많은 양을 마시게 된다. 수크로스 및 액상과당이 헤로인과 동일한 뇌 영역을 촉진한다는 연구 결과를 생각하면 이는 그리 놀랍지 않다. 만약 저녁에 설탕물을 더 이상 제공하지 않으면 쥐들은 흥분하고 불안해하며 털을 세운 채 구석에 모여 있거나 다른 금단 현상을 나타낸다. 설탕 갈망에 관한 연구로 유명한 생리학자인 바트 회벨은 이것이 진짜 금단 증후군이라는 것을 입증했다. 그는 설탕을 먹인 실험실의 쥐들이 날록손을 투입한 뒤에도 금단 증세를 보인다는 것을 알게 되었다. 날록손은 아편제제가 뇌에 미치는 영향을 차단해 헤로인 중독 환자들에게 금단 반응을 촉발하는 약이다.

수크로스와 액상과당은 헤로인과 동일한 뇌 영역을 촉진한다.

설탕은 헤로인과 유사하게 중독을 유발하는 기능을 할 뿐만 아니라 또다른 약물, 즉 알코올과도 특히 밀접한 관계를 맺고 있다. 설탕과 프럭토스를 전문적으로 연구하는 의사인 로버트 러스틱의 말을 빌리자면 설탕은 "술기운이 없는" 알코올과도 같다. 설탕과 알코올 둘 다 쾌락을 제공하며 중독을 일으킬 수 있기 때문이다. 또한 그는 프럭토스와 알코올이 지방간과 간경변을 유발할 수 있다는 점을 지적했다. 실제로 이전 장에서 살펴본 것처럼, 어떤 물질로 인해 발생한 간 질환은 다른 물질로 인해 발생한 간 질환과 거의 구별이 불가능하다는 여러 연구 결과가 존재한다.

그렇다면 술을 많이 마시는 사람들은 알코올을 별로 섭취하지 않는 사람들보다 달콤한 음료에 대한 갈망을 더욱 크게 느끼리라는 사실도 당연할 것이다. 부모 특히 아버지에게 알코올중독 이력이 있는 경우 아이들의 설탕에 대한 갈망이 더욱 강한 편이다.

따라서 알코올중독자가 알코올과 관련된 합병증으로 병원에 입원하거나 해서 음주를 중단하게 되면 알코올에 대한 갈망을 달래기 위해 청량음료를 마시거나 단 음식을 많이 먹게 된다. 실제로 내가 병원에서 회진할 때 알코올과 관련된 간부전으로 입원한 환자들의 병실에 가보면 거의 틀림없이 침대 옆 탁자에 청량음료가 여러 개 놓여 있다.

(이런 상황이 특히 안 좋은 이유는 청량음료가 간 질환을 악화시키므로 간부전 환자는 절대로 청량음료를 마셔서는 안 되기 때문이다.)

설탕에 대한 갈망과 알코올에 대한 갈망은 분명히 서로 긴밀하게 연관되어 있다. 실험연구에 따르면 수크로스에 중독된 동물들은 알코올이 제공되면 알코올도 더 많이 마실 것이다. 실제로 알코올에 수크로스를 첨가하면 알코올 섭취량을 간단히 늘릴 수 있다. 이렇게 하면 간 질환도 훨씬 더 빨리 진행된다. 럼, 포트, 마데이라 와인 등 주류에는 잔당이 있어서 원래 단맛이 나지만 많은 사람들이 마가리타, 피냐콜라다 등 혼합음료에 수크로스를 넣는다는 것은 우려스럽다. 이런 음료에는 당류가 들어 있어 더욱 매력적으로 여겨질 뿐만 아니라 더 많은 알코올을 섭취하게 만든다. 그 결과 당류 및 알코올과 관련된 합병증의 위험이 더욱 높아진다.

설탕과 알코올이 흔히 서로 교체되거나 결합된다는 사실은 그저 우연의 일치가 아니다. 만약 우리가 다시 탐정의 모자를 쓴다면 여기서 중요한 단서를 발견할 수 있다. 바로 알코올에 탈수 증상을 유발하는 능력이 있다는 점이다.

술을 마신 뒤에는 자기 전에 반드시 물을 많이 마셔야 한다는 말을 여러분도 들어본 적이 있을 것이다. 그러면 다음 날 아침에 탈수로 인한 두통이 줄어들기 때문이다. 알코올을 섭취하면 소변을 더 많이 보게 되기도 하지만 혈액에 알코올이 축적되면 염분과 알코올의 합계 농도가 물에 비해 진해지기 때문에 탈수 현상이 일어난다. 이것은 고염 식단에 대한 반응으로 나타나는 현상과 유사하며 우리 몸은 이를 탈수 상태로 인식해서 갈증을 유발한다. 탈수 현상이 발생하면 체내의 프럭토스 생산이 촉진되므로 여기서 우리는 알코올 섭취가 프럭토스를 만들어내는 또다른 방법이 될 수 있다는 사실을 알 수 있다. 그래서 사람들이 알코올에 그토록 끌리게 되는 걸까?

알코올이 프럭토스 생산에 어떤 역할을 하는지에 관해 알아보기 위해서 우리 연구팀의 미겔 라나스파는 실험실의 생쥐들에게 알코올을 제공해보았다. 생쥐들이 알코올을 더 많이 마실수록 탈수 증상도 심해졌다. 아마도 폴리올 경로가 활성화되어 간의 프럭토스 농도가 높아져서 이런 결과가 발생한 것으로 추정된다. 생쥐들은 프럭토스를 전혀 섭취하지 않았지만 말이다. 알코올은 프럭토스 생산을 촉진한다.

바로 앞장에서 언급한 것처럼 알코올은 알코올성 지방간을 유발하는 반면에 프럭토스는 비알코올성 지방간을 유발한다. 하지만 앞에서 설명한 것처럼 이 두 가지는 겉보기에는 거의 똑같다. 그래서 우리는 알코올이 프럭토스 생산을 촉진하기 때문에 간 질환을 유발하는 것은 아닐까 의문을 갖게 되었다. 이를 증명하기 위해 프럭토스를 분해할 수 없는 생쥐들에게 알코올을 제공해보았다. 놀랍게도 이때는 알코올이 간 질환을 유발하지 않았다. 다시 말해서 프럭토스는 알코올성 간 질환의 원인이기도 하다는 뜻이다.

그런데 깜짝 놀랄 만한 일이 하나 더 있었다. 프럭토스를 대사하지 못하는 생쥐들의 경우에는 알코올 섭취가 훨씬 더 적다는 사실을 발견한 것이다. 이 생쥐들은 일반적인 쥐에 비하면 알코올 섭취량이 4분의 1 미만이었다. 이런 점을 살펴볼 때 알코올에 대한 갈망은 프럭토스에 대한 갈망과 연결되어 있다는 것을 알 수 있다.

알코올중독은 설탕과 관련된 장애다.

이런 발견이 중요한 까닭은 알코올중독을 치료하는 데 도움이 될 수 있기 때문이다. 알코올중독은 일, 친구, 가족, 건강 등 인생의 여러 측면에 영향을 미치며 전세계적으로 심각한 문제다. 사람들은 대개 상담을 받거나 '익명의 알코올중독자들'Alcoholics Anonymous 등의 모임에 가입하거나 약물 치료 프로그램에 참여해 알코올중독에 맞서 싸운다. 몇 가지 약이 개발되기는 했지만 대다수가 뇌 안의 갈망과 관련된 여러 물질에 작용하며 바람직하지 않은 부작용이 발생하기도 한다. 그러나 우리가 프럭토스 대사를 차단하는 방법을 찾아낸다면 어쩌면 알코올중독을 치료할 수 있을지도 모른다.* 아직 완전한 평가가 내려진 것은 아니지만 단지 당류 섭취량을 제한하기만 해도 알코올에 대한 갈망을 줄이는 데 도움이 될 수 있다.

알코올중독은 설탕과 관련된 장애다. 알코올의 진정 효과는 알코올 그 자체 때문인데 반해서 알코올에 대한 갈망과 알코올이 간 질환

* 우리 연구 그룹은 콜로라도 리서치 파트너스라는 스타트업을 보유하고 있는데 이 스타트업은 알코올중독을 차단하기 위한 프럭토스 대사 억제제를 개발하고 있다. 이는 대부분 그동안 국립보건원(NIH)의 지원을 받았다.

알코올중독의 기원

비만과 대사증후군과 마찬가지로 알코올중독도 진화와 생존 스위치에 뿌리를 두고 있다. 기억하겠지만 마이오세 중기에 지구가 냉각되면서 유럽과 아시아에 살던 우리의 유인원 조상들은 굶주림의 위협에 직면하게 되었다. 그리고 약 1200만 년에서 1500만 년 전에 우리카아제 돌연변이가 발생했고, 구할 수 있는 과일의 양이 점차 줄어드는 상황에서도 더 많은 지방을 생성할 수 있었다. 그 덕분에 이 유인원들이 살아남을 수 있었고 그중 일부는 아프리카 대륙으로 돌아갈 수 있었다.

안타깝게도 화산 활동과 융기로 인해서 동아프리카는 달라졌고, 유인원들은 탁 트인 사바나 초원의 훨씬 더 건조한 서식지를 지나가야 했다. 여전히 생존이 위태로운 상황이었다. 그 당시에는 잘 익은 과일이 땅에 떨어져서 발효되기 시작하면 그런 과일은 먹을 수가 없었다. 그때까지만 해도 우리의 조상들은 알코올을 대사할 수 없었기 때문이다. 이런 상황은 1천만 년 전에 달라졌는데, 돌연변이가 발생해서 우리의 알코올 대사 능력이 40배나 증가했다. 이로써 생존에 도움이 되는 이점이 늘어났다. 발효된 과일을 먹을 수 있게 되었고 또다른 프럭토스 공급원을 제공했기 때문이다. 우리가 섭취한 알코올이 탈수 현상을 유발하게 되면 폴리올 경로를 통해서 프럭토스가 생성된다.

이 돌연변이 덕분에 역사상 혹독한 시기에서도 살아남을 수 있었을 뿐만 아니라 알코올을 마시면 건강에 어떤 영향을 미치는지 살펴볼 수 있는 계기가 되었다.

을 유발하는 능력은 알코올이 프럭토스 대사를 촉진하고 그러면 생존 스위치가 켜지는 상황에서 비롯된다.

알코올이 또다른 프럭토스의 공급원이라는 사실을 통해 우리는 알코올 섭취가 대사증후군의 위험을 높이고 혈압 및 중성지방 수치를 올리는 이유를 알 수 있다. 특히 맥주의 경우가 그러한데, 맥주에는 알코올뿐만 아니라 감칠맛이 풍부한 맥주효모가 들어 있기 때문이다.

행동장애

앞에서 살펴본 것처럼 야생에서 생활하는 동물들의 생존 스위치가 켜지면 다양한 방면에 영향을 미친다. 허기와 갈증이 심해지고 혈압이 상승하며 경도 염증이 발생하며 당연히 지방 저장량이 최대화된다. 생존 스위치의 또다른 특징은 행동 변화를 유발한다는 것이다.

금식 중인 동물은 지방이 다 소진되면 잠에서 깨어나거나 둥지를 떠나서 먹이탐색 활동을 시작해야 한다. 먹이를 찾지 못하면 죽을 수도 있는 절박한 상황이다. 그래서 포식자들의 위협을 무릅쓰고 새롭고 낯선 지역까지 가서 먹이를 탐색해야 한다. 따라서 이 동물은 주변 환경을 재빨리 판단하고 신속한 의사결정을 내리고 민첩하게 움직여야 한다. 한참동안 심사숙고할 시간적 여유가 없다. 이 동물은 충동적이어야 한다. 낯선 지역에 더 오래 머물수록 더 큰 위험에 처할 수 있기 때문이다. 소심한 태도를 보여서는 안 되며 포식자와 맞닥뜨리기라도 하면 스스로를 지켜내야 한다. 이와 마찬가지로 이 동물은 먹잇감을 보면 일단 공격해야 한다. 결국 먹잇감이 이길 가능성이 있다 하더라도 말이다. 이처럼 충동성, 탐색 행동, 신속한 의사결정, 새로운 것을 찾아나서고 위험을 감수하는 경향 등 여러 행동을 통틀어서 **먹이탐색반응foraging response**이라고 부른다.

프럭토스를 섭취하면 먹이탐색반응의 여러 측면이 활성화된다는 것이 밝혀졌다. 예를 들어 어느 임상연구에서는 건강한 참가자들에게 프럭토스와 글루코스를 각각 마시게 하고 MRI를 실시해서 그 효과를 비교했는데, 글루코스와 비교할 때 프럭토스 섭취는 더욱 즉각적인 허기를 유발하며 고칼로리 음식에 대한 욕구를 더욱 강하게 만든다는 것을 알 수 있었다. 또한 의지력을 통제하는 뇌 영역(전전두엽)의 전기적 활동이 감소했는데, 이는 유혹에 넘어갈 위험이 더 커지고 거절하는 능력이 약화되고 전반적으로 의지력이 줄어드는 것과도 일치했다. 이런 변화를 살펴보면 프럭토스가 충동성, 새로운 것을 추구하는 성향 및 위험을 감수하는 행동을 증가시킨다고 할 수 있다.

앞에서 언급한 것처럼 프럭토스 대사의 결과로 요산이 형성되는데, 요산이 먹이탐색반응을 촉진한다는 증거가 존재한다. 예를 들어 혈중 요산 수치가 높아지면 실험실의 쥐들은 처음에는 활동항진 상태를 나타낸다. 플로리다주립대학교의 안젤리나 수틴이 실시한 연구에 따르면 요산 수치가 높은 생쥐들의 먹이탐색 행동이 더욱 활발했다.

더 넓은 지역을 어슬렁거리고, 자발적으로 점프를 하는 등 더 흥분하기 쉽고, 새로운 대상과 더욱 활발하게 교류하고, 탐색 활동을 더 많이 하는 모습을 보였다. 국립보건원의 로이 커틀러가 진행한 또다른 연구에서도 요산 수치가 높은 생쥐들이 보통 쥐들보다 훨씬 더 넓은 지역을 어슬렁거렸고 탐색 활동도 더욱 활발했다. 또한 요산 수치가 더 높은 생쥐들이 쳇바퀴에서 더 오래 버틴다는 사실을 알아냈다.*

생쥐들의 경우가 그렇다면 과연 우리 인간은 어떨까? 수틴 박사의 연구팀은 서로 다른 지역사회연구 두 건을 통해서 혈중 요산 수치와 인간의 성격 특성 사이의 관계에 관해 알아보았다. 이번에도 높은 요산 수치가 충동성, 새로운 것을 추구하는 성향, 위험 감수, 심사숙고하는 능력의 저하 등 먹이탐색행동의 특징들과 연관되어 있다는 결과를 얻었다.

어떤 측면에서는 대다수의 이런 행동을 긍정적으로 바라볼 수도 있다. 탐험가나 우주비행사처럼 자기 자신 또는 인류를 위해 더 위대한 보상을 추구하기 위해 상당한 개인적 위험을 기꺼이 감수하는 사람들이 이와 같은 행동 특성을 보이기 때문이다. 먹이탐색 성격 유형인 사람들은 새로운 분야를 개척하고 과학적 발견을 이뤄내고 새로운 산업을 일으키고 새로운 아이디어를 향해 세상의 문을 활짝 여는 사

* 단기적으로는 먹이탐색반응의 일환으로 요산이 지속성에 긍정적인 영향을 줄 가능성이 있지만, 시간이 흐르면 높은 요산 수치의 부정적 효과가 이런 긍정적 영향을 넘어서는 것으로 보인다.

람들이다.

하지만 가장 위험한 상황에서 우리를 인도하는 대담한 모험가의 성공적인 탐색 반응과 충동성, 과다행동, 흥분 및 공격적 행동에 따른 주의력결핍과잉행동장애ADHD, 양극성 장애, 조증 등 장애 진단을 받은 사람의 경우는 종이 한 장 차이이다. 유전과 다른 위험 요인이 이런 행동장애에 영향을 미친다는 것을 부인하지는 않지만, 내 생각에는 생존 스위치가 지나치게 활성화됨에 따라 '과도하게 활발한' 먹이탐색반응이 나타나는 것 같다. 그렇다면 어떤 증거가 있는지 지금부터 함께 살펴보기로 하자.

주의력결핍과잉행동장애

주의력결핍과잉행동장애ADHD는 아이 또는 어른이 잠시도 가만히 있지 못하고 움직이며 과도하게 말이 많고(과잉행동) 충동적이고 산만하며 주의력이 부족하고 어떤 일에 집중하거나 맡은 일을 완수하지 못하는(주의력 결핍) 행동장애를 뜻한다. ADHD는 학업 성적 및 직업 유지에 영향을 미칠 수 있고, 중독의 위험을 더 높일 수 있다.

현대사회에서 ADHD는 매우 흔하다. 2011년의 어느 조사 결과에 따르면 고등학생의 경우 남학생의 5분의 1, 여학생의 10분의 1이 ADHD의 영향을 받는다. 4~17세 아동의 11퍼센트가 ADHD 진단을 받았다. ADHD는 나이가 들어도 해결되지 않을 수 있고, 성인들도 ADHD 증상을 보이는 경우가 많다. 설문조사에 따르면 가족 중에

ADHD 환자가 있는 가구의 비율이 3분의 1에 달한다.

ADHD를 유발하는 요인에는 여러 가지가 있는데 나는 그중에서도 프럭토스의 과도한 섭취가 중요한 요인으로 작용한다고 생각한다. 일단 ADHD 유병률은 당류 및 액상과당의 섭취와 마찬가지로 지난 수십 년간 급격하게 증가했다. 실제로 과체중이거나 비만인 사람들이 ADHD 발생 빈도가 더 높다. 또한 17개 국가를 대상으로 한 식습관 조사 결과, 당류 섭취량이 높은 국가에서 불안장애 및 물질사용장애와 더불어 ADHD와 같은 충동장애 사례가 더 많이 발견되었다.

또한 국가별 연구에서도 당류 섭취량이 가장 많은 사람들이 ADHD의 증상과 일치하는 행동 관련 문제를 흔히 겪는다는 것을 알 수 있다. 예를 들어 노르웨이 오슬로에 사는 10학년 학생들을 대상으로 한 연구에 따르면 남학생 중 50퍼센트, 여학생 중 20퍼센트가 매일 최소한 한 개 이상의 청량음료를 마신다. 남학생 중 10퍼센트는 하루에 네 개 이상 마시기도 한다. 이 학생들의 과잉행동과 행동 관련 문제들을 살펴보았더니, 이런 문제들과 매일 청량음료를 한 개 또는 그 이상 섭취하는 습관 사이에 직접적인 연관성이 있었다. 더 나아가 ADHD가 있는 아동 및 성인은 요산 수치가 더 높은 경우가 많다. 3~5세 아동을 대상으로 한 연구에 따르면 높은 혈중 요산 수치는 과잉행동 증가, 주의 지속 시간 단축, 분노 조절 능력 부족 등과 상관관계가 있었다.

2019년에 프랑스의 심리학자 샤를로트 반 덴 드리에셰의 연구팀은 ADHD가 있는 사람들이 단지 과잉행동과 충동성만 드러내는 것이 아니라 성공적인 먹이탐색 활동에 필요한 빠른 판단 능력 등 탐색 행동도 보인다는 점에 주목했다. 이에 ADHD가 실제로는 먹이탐색 활동을 나타내는 징후일 수도 있다고 지적했다. 음식을 구하기 어려운 상황에서는 과잉행동, 탐색 활동, 빠른 판단 능력 모두 유용하기 때문이다.

당류가 과잉행동과 관련이 있다는 견해는 예전부터 존재했다. 지난 수십 년간 대다수의 부모와 교사들은 아이들의 과잉행동이 당류 섭취 때문이라고 여겨왔다. 어느 연구 결과에 따르면 초등학교 교사의 80퍼센트가 당류가 과잉행동을 유발한다고 생각했고, 40퍼센트가 당류가 ADHD에도 영향을 미친다고 답변했다. 아이들이 핼러윈 캔디를 먹고 나서 몇 분 만에 과잉행동과 흥분 상태(슈거 하이sugar high)를 나타내다가 한 시간 정도 지나고 나면 갑자기 기운이 다 빠져서 잠들어 버리는 일은 아마도 누구나 한 번쯤 겪어보았을 것이다. 히스패닉계 청소년들에 대한 최근의 연구를 통해서도 이런 점을 알 수 있다. 이 연구에서는 아이들에게 당류가 많고 식이섬유가 적은 식사를 제공했고 다음에는 당류가 적고 식이섬유가 많은 식사를 제공했다. 당류가 많이 든 음식을 먹은 뒤 처음 세 시간 동안은 아이들의 활동량이 현저하게 증가했고, 그 이후에는 평소 이하의 수치까지 내려갔다. 반면에 당류가 적게 든 음식을 먹은 뒤에는 관찰 기간에 아이들의 활동량이 일정하게 유지되었다.

그런데도 의학계에서는 당류와 과잉행동 간에 인과관계가 성립한다는 의견을 근거 없는 믿음으로 치부하고 있다. 1980년대와 1990년대 초에 아이들을 대상으로 여러 연구가 실시되었는데, 이때는 당류가 과잉행동이나 여러 행동 관련 문제에 영향을 준다는 것을 입증하지 못했기 때문이다. 이들 연구는 대개 아이들에게 단기간만 당류를 제공했고(일회성 또는 2~3주 동안 매일 일정량을 제공함) 그 영향을 아스파탐이나 사카린 등 인공감미료와 비교했다.

나는 이런 연구들이 당류와 과잉행동이 서로 무관하다는 것을 증명하는 데 몇 가지 문제가 있었다고 생각한다. 첫째, 요산 수치의 변화를 측정하지 않았다. 우리 팀의 연구에 따르면 프럭토스는 요산을 증가시켜 과잉행동을 유발한다. 프럭토스를 섭취한 뒤 한 시간 동안 요산 수치가 상승하는데, 과잉행동이 흔히 나타나는 시점도 바로 이때다. 당류를 얼마나 많이 또는 빨리 섭취했는지, 실험 대상자가 다량의 당류를 섭취하는 데 익숙해져 있는지 여부 등에 따라서 요산 생성량이 상당히 다를 수 있다. 더 나아가 당류를 장기간 섭취하면 요산 수치의 기준치가 하루 종일 높은 상태로 유지되므로, 일반적으로는 당류를 섭취하면 요산 수치가 급격하게 변화하지만 이 경우에는 그런 현상이 약화된다. 이런 상황이 발생하면 아이(또는 어른)는 과잉행동이나 ADHD 증상을 보일 수 있지만 당류를 섭취한 후에 이런 증상이 확연하게 악화되지는 않는다. 이렇게 예전의 연구들은 당류 섭취 이후의 요산 수치를 측정하지 않았기 때문에 그 결과를 제대로 해석하기가 어렵다.

이런 연구들의 두 번째 문제는 아이들에게 수크로스를 제공했다는 점이다. 알다시피 수크로스에는 프럭토스와 글루코스가 모두 들어 있다. 프럭토스는 먹이탐색행동을 유발하는 반면 글루코스는 상반된 기능을 한다. 즉 허기가 잦아들고 의지력 향상과 연관된 뇌의 활동이 증가한다. 수크로스나 액상과당의 경우처럼 프럭토스와 글루코스를 함께 제공하면 일반적으로 프럭토스와 관련된 영향이 두드러지게 나타나지만, 당류가 ADHD를 유발하는지를 알아보기 위한 연구에서는 설탕뿐 아니라 프럭토스, 글루코스,* 혈당지수가 낮은 탄수화물을 각각 따로 실험해야 한다.

마지막으로, 당류가 과잉행동을 유발한다는 것을 입증하지 못한 연구들은 대개 당류가 많이 든 식단을 당류가 적게 든 식단이 아니라 인공감미료가 든 식단과 비교했다. 인공감미료는 열량을 제공하지 않지만 뇌에서 쾌락 반응을 촉진하는 물질이므로, 인공감미료와 비교하는 것은 적절하지 않다. 또한 인공감미료가 불만과 동요를 유발할 수 있다는 증거도 존재한다. 이론적으로는 동요가 집중력이나 가만히 있는 능력과 관련된 문제 등 ADHD와 관련된 징후와 유사하게 보일 수도 있다. 그러면 수크로스 때문에 ADHD 증상이 나타난다 하더라도 이 두 가지 사이의 차이를 구별하기가 쉽지 않다.

* 글루코스의 일부가 체내에서 프럭토스로 전환될 가능성이 있다는 것을 고려하면 더욱 혼란스러운 부분도 있다.

프럭토스가 함유된 당류를 많이 섭취하면 ADHD가 유발된다는 견해는 연관성에 바탕을 두고 있으며 더욱 직접적인 임상적 증거가 필요한 상황이라는 것은 나도 인정한다. 그럼에도 나는 프럭토스가 ADHD에 영향을 미칠 수 있다는 근거가 충분하다고 본다.

양극성 장애

또한 나는 프럭토스가 어느 정도는 **양극성 장애**를 유발하는 원인으로 작용한다고 생각한다. 양극성 장애의 특징은 조증 삽화와 울증 삽화가 교차된다는 점이다. 양극성 장애는 전세계적으로 흔히 발생하는 문제로, 미국 인구의 3퍼센트가 양극성 장애의 영향을 받는다. 조증 삽화 때는 과잉행동, 다변(多弁, 말이 많음), 경주 사고racing thoughts, 주의산만, 충동성 등이 드러나며 때로는 과격한 행동이 나타날 수 있다. 사실 이런 증상들 중 몇 가지는 ADHD와 겹친다. 반면에 심각한 울증 삽화가 발생할 수 있는데 이때는 슬프거나 무기력한 기분이 통제 불가능할 정도로 심해져서 수면과 식욕을 저해하고 심지어 자살 사고(자살에 관한 생각)로까지 이어질 수 있다.

나는 ADHD와 마찬가지로 조증도 프럭토스를 함유한 당류의 과다 섭취 또는 체내의 프럭토스 생산으로 인한 과도한 먹이탐색활동을 나타낼 가능성이 있다고 본다. 지난 50년간 당류 섭취량이 상승한 것처럼 양극성 장애도 점점 증가해왔다. 미국에서 실시된 연구에 따르면 1996년에서 2004년까지 양극성 장애로 인한 입원율은 아동의 경우 7배 증가했고 성인의 경우에는 56퍼센트 증가했다. 또다른 덴마크의 연구 결과에 따르면 1990년대 후반에서 2014년까지 아동의 양극성 장애 발생률은 2배가량 증가했다. 물론 양극성 장애에 대한 인식이 제고되고 양극성 장애로 진단하는 것이 예전보다 자유로워진 것도 어느 정도 영향을 미쳤을 것이다. 그러나 입원율이 늘어난 것을 고려하면 실제로 양극성 장애의 발생 빈도가 높아졌다고 볼 수 있다.

또한 연구자들은 당류 섭취와 양극성 장애에 걸릴 위험 사이의 연관성을 지적해왔다. 예를 들어 뉴질랜드에서 실시된 어느 연구에서는 양극성 장애 진단을 받은 성인 89명과 연령 및 성별이 동일하며 양극성 장애가 없는 일반인 445명을 비교해보았다. 양극성 장애가 있는 사람들의 평상시 식단을 살펴보면 통제 집단에 비해서 수크로스와 탄수화물을 훨씬 더 많이 섭취했다. 특히 당류가 함유된 음료 섭취량에서 현격한 차이가 나타났는데, 양극성 장애가 있는 사람들은 하루에 약 3개를 마시는 반면에 통제 집단에 속한 사람들은 하루에 1개만 마셨다.

또한 양극성 장애가 있는 사람들은 혈중 요산 수치가 높은 경우가 많았다. 1800년대에 의사인 앨프리드 배링 개로드 경이 통풍과 조증 사이의 연관성을 지적한 바 있다. 그는 높은 요산 수치가 통풍을 유발한다는 사실을 발견한 사람이다. 요산 수치는 조증기에 더 높은 경향이 있다. 1940년대에 조울증의 일차적 치료제로 쓰였고 지금까지도 종종 쓰이는 리튬은 원래 통풍을 치료하는 수단으로 도입되었다.

소변으로 배설하도록 촉진해 요산을 줄일 수 있기 때문이다. 이런 쓰임 덕분에 리튬이 조증 발작을 겪는 사람들에게도 도움을 줄 수 있다는 사실을 알게 되었다. 그 이후로 일부 과학자들은 요산이 양극성 장애와 관련이 있다고 추측했고 다양한 실험을 실시했다. 실험의 목적은 리튬 또는 다른 양극성 장애 치료법에 부수적인 요법으로 요산 수치를 낮추는 약인 알로푸리놀이 도움이 되는지를 확인하는 것이었다. 흥미롭게도 여러 실험에서 알로푸리놀이 도움이 된다는 결과를 얻었다.

특히 놀랍고 흥미로운 발견 중 하나는 양극성 장애가 있는 사람들이 뇌에서 프럭토스를 만들어낸다는 것이다. 구체적으로 말하자면 이런 환자들의 수액髓液에 프럭토스가 많이 들어 있다는 사실이 연구를 통해 밝혀졌다. 폴리올 경로에서 프럭토스를 만들어내는 바탕이 되는 물질인 소르비톨 역시 마찬가지다. 또한 양극성 장애가 있는 환자들의 뇌 조직을 사후에 살펴보았더니, 그 안에는 프럭토스가 이와 같은 장애가 없는 사람들의 뇌보다 훨씬 더 높은 수치로 들어 있었다.

프럭토스가 먹이탐색반응을 촉진한다는 점을 고려하면 프럭토스가 어떻게 조증에 영향을 미치는지는 비교적 짐작하기 쉽다. 반면에 프럭토스가 우울증에 어떤 영향을 미치는지, 또는 양극성 장애에서 나타나는 조증과 울증의 교차 현상에 어떻게 기여하는지에 관해서는 거의 알려진 바가 없다. 다량의 프럭토스에 반복적으로 노출되면 ATP 수치가 변동하고 이에 따라 에너지에 변화가 생기는 것과 관련이 있지는 않을까 추측해볼 수는 있다. 특히 연관관계와 인과관계를 구분하는 것과 관련해 더 많은 연구가 필요하다는 점은 분명하다. 하지만 프럭토스가 양극성 장애에 영향을 미칠 수 있다는 가능성은 충분히 고려해보아야 한다.

공격성

폭력적인 행동에는 종종 충동성이 포함되므로 때로 프럭토스의 과다 섭취가 이런 상황을 야기할 수 있다는 가능성을 간과해서는 안 된다.

청량음료 섭취는 동료, 가족, 친밀한 관계의 상대방에 대한 폭력적인 행동과 연관되어 있다. 예를 들어 어린 시절의 당류 섭취는 성인이 된 이후의 폭력적인 행동과 관련이 있다. 10세에서 35세까지 25년 이상 1만7천 명을 추적 조사한 연구가 있는데, 폭력적인 행동을 하게 된 사람들의 70퍼센트가 10세 때 매일 하나 이상의 단것을 먹었다. 그런 행동을 보이지 않은 사람들의 경우는 40퍼센트 정도였다. 또다른 연구 결과에 따르면 청량음료를 주당 5회 이상 마시는 것은 화기火器를 소지할 가능성이 증가하는 것과 연관이 있다. 이와 마찬가지로, 높은 요산 수치는 공격적인 행동과 관련이 있다. 폭력 범죄로 인한 입원환자 106명을 대상으로 한 연구에서는 더 폭력적인 행동을 저지른 사람들의 혈중 요산 수치가 덜 폭력적인 범죄를 저지른 사람들에 비해서 현저하게 더 높았다.

물론 위에서 소개한 여러 연구는 연관성을 나타내지만 연관성이 인과관계를 증명할 수 있는 것은 아니다. 예를 들어 당류 섭취량의 증가와 폭력적인 행동의 증가는 둘 다 사회경제적 지위로 인해 발생했을 수도 있다. 빈곤이 이 두 가지와 모두 관련되어 있기 때문이다. 하지만 자연으로 눈을 돌려본다면 간접적인 증거를 찾을 수 있을지도 모른다. 개미의 경우를 살펴보자. 개미 군락에서는 일개미들이 먹이탐색 원정을 관장하는데 개미집에서 30미터 이상 떨어진 곳까지 이동한다. 그들은 감로, 넥타, 곤충을 찾아내 개미집까지 가져온다. (감로는 진딧물 등의 곤충이 만들어내는 달콤한 분비물이며 여기에는 수크로스가 함유되어 있다. 넥타 또한 수크로스가 풍부하다. 곤충은 주로 단백질 섭취를 위한 것이다.) 그런데 식량수집개미들은 주로 수크로스를 섭취하며, 실험연구 결과에 따르면 개미의 먹이탐색 능력과 공격성은 얻을 수 있는 당류의 양과 정적 상관관계를 갖는다. 어떤 연구에서는 개미들에게 귀뚜라미를 먹이고 일반적인 물, 수크로스가 2퍼센트 함유된 물, 수크로스가 20퍼센트 함유된 물을 주었다. 12주가 지난 뒤 살펴보았더니 2퍼센트의 수크로스를 섭취한 개미들은 그냥 물을 마신 개미들보다 활발하게 움직였고 더욱 공격적인 모습을 보였다.* 자기가 사는 영

* 포유동물이든 개미든 당류와 비만의 관계는 서로 다르지 않다. 예를 들어 위도상 북쪽 지역에 서식하는 여러 종의 개미는 가을이 되면 단백질 위주의 곤충에서 수크로스로 식단을 전환한다. 겨울을 대비해서 지방을 비축하는 데 도움이 되기 때문이다. 마찬가지로 사하라사막에 사는 개미들은 지방 비축량이 상당히 많다. 아마도 물을 공급하기 위해서일 것이다. 하지만 개미는 살이 찐 것처럼 보이지 않는다. 모두 외골격 안에 저장되기 때문이다!

역에 진입한 다른 개미들을 위협하거나 공격하기도 했다. 수크로스가 20퍼센트 함유된 물을 마신 개미들도 새로 들어온 개미들에게 공격적인 태도를 보였다. 더 적은 양의 수크로스를 제공받은 개미들도 마찬가지였다. (그러나 당류 섭취량이 더 높다고 해서 폭력적인 행동이 더 심해진 것은 아니었다.)

어쩌면 수크로스가 20퍼센트인 물을 마신 개미들이 다른 집단에 비해 훨씬 더 살이 쪄서 결과적으로 활동성이 줄어들었는지도 모른다. 하지만 그냥 물만 마신 개미들보다는 더 활동적인 모습을 보였다.

앞에서 살펴본 다른 행동장애들과 마찬가지로, 프럭토스가 공격적인 행동에 어떤 영향을 미치는지에 관해서는 더 많은 연구가 필요하다. 요즘 학교와 여러 공공장소에서 대량 총격 사건과 폭력 사태가 증가하고 있다는 점을 감안하면 특히 시급한 문제라 할 수 있다. 그러나 이런 사건에는 다양한 사회적·경제적·유전적 원인이 존재하므로 오로지 식단만 탓해서는 안 된다.

인지와 치매

이번에는 프럭토스와 지속적으로 활성화된 생존 스위치가 인지에 영향을 미치는지에 관해서 알아보자.

지금 우리 사회에서 가장 무서운 질병 중 하나는 알츠하이머병이다. 가장 일반적인 치매 유발 원인이며 이제는 주요 사망원인 중 6위다. 알츠하이머병은 정상적인 생활을 불가능하게 하며 이 병에는 효과적인 치료법이 없다. 점차 뉴런이 사멸하고 뇌가 수축되는 것이 알츠하이머병의 특징이며, 뉴런 사이에 단백질의 일종인 베타아밀로이드가 다량 함유된 플라크가 형성되고 뉴런 내부에 역시 단백질의 일종인 타우가 축적된다. 대개 초기 증상은 단기기억상실이고 여러 해에 걸쳐서 완전한 치매로 진행된다.

대다수의 과학자들은 뇌에 아밀로이드가 쌓이거나 타우가 축적되는 것을 차단할 수 있는 방법을 찾아낸다면 치매를 예방할 수 있다고 본다. 그러나 여러 치료법을 통해 아밀로이드 플라크를 예방하거나 줄여보았지만 결국 실패로 돌아갔다. 그 결과 과연 아밀로이드 플라크가 알츠하이머병을 유발하는 원인인지에 대한 의구심이 커지고 다른 가능성을 모색하게 되었다.

여러 과학자들에 따르면 일반적으로 알츠하이머병 초기에는 다음과 같은 두 가지 특징이 나타난다. 첫째, 환자의 뇌를 살펴보면 일부 영역에서 글루코스의 흡수 및 대사가 감소한다. 그래서 어떤 사람들은 알츠하이머병은 '뇌 당뇨병' 또는 '3형 당뇨병'이라고 부르기도 한다. 둘째, 뇌의 뉴런에 있는 에너지 공장이 그 수도 적어지고 기능도 감소한다. 그 결과 ATP 생산이 줄어들게 된다. 이 두 가지 모두 생존 스위치가 활성화되었다는 근거로 이해할 수 있다.

실제로 당류, 혈당지수가 높은 탄수화물, 염분 등 생존 스위치를 켜는 것으로 알려진 음식을 많이 섭취하는 것도 알츠하이머병의 위험 요인 중 하나다. 비만, 당뇨병 등 질병도 알츠하이머병의 위험이 증가하는 것과 연관이 있다. 만약 프럭토스가 비만과 당뇨병을 유발하는 근본 원인이고 비만과 당뇨병이 알츠하이머병의 위험 증가와 관련이 있다면, 프럭토스가 알츠하이머병의 원인으로 작용할 수 있다고 생각하는 것도 당연하다.

또한 여러 실험연구도 당류와 인지 사이에 연관성이 있다는 사실을 뒷받침한다. 일례로 실험실의 쥐들에게 당류가 포함된 음료를 제공했더니 사고능력이 저해되었다. 나의 동료이자 생리학자인 키어런 루니는 청량음료와 비슷한 농도의 수크로스 10퍼센트 용액을 한 달간 매일 두 시간씩 쥐들에게 제공했다. 그러자 당류가 포함된 음료를 마신 쥐들은 미로에서 길을 찾아내는 데 어려움을 겪었다. 더욱 우려되는 점은 당류 섭취가 중단된 뒤로도 6주 동안이나 이런 현상이 지속되었다는 것이다. 이와 마찬가지로 청량음료를 많이 마시는 아이들은 독해, 작문, 문법 및 수학 성적이 악화되었다.

위의 연구 결과들을 고려할 때 당류가 포함된 음료를 섭취하면 인지능력에 영향을 미칠 수 있고 그런 영향이 지속될 가능성이 있다고 추측할 수 있다. 그렇다고 해서 수크로스가 반드시 치매를 유발한다는 의미는 아니다. 당류가 포함된 음료를 하루에 한 잔 이상 마시는 것이 삽화 기억(과거의 경험이나 사건에 대한 기억)의 저하 및 뇌 용적의 수축과 연관이 있다는 연구 결과도 확실히 입증된 것은 아니다.

하지만 프럭토스가 알츠하이머병과 관련이 있다는 증거는 점점 늘어나고 있다. 알츠하이머병 환자의 뇌를 살펴보면 프럭토스 수치가 상승한 것을 알 수 있는데, 비슷한 연령에 성별이 동일한 일반인들의 뇌와 비교할 때 4~6배 더 높은 수치를 확인할 수 있다. 알츠하이머병이 주로 영향을 미치는 영역의 수치가 가장 높았다. 또한 이런 프럭토스가 폴리올 경로를 통해 뇌 안에서 생성된다는 증거가 존재한다. 양극성 장애의 경우와 마찬가지로 프럭토스의 전구체인 소르비톨도 다량 검출되었다. 알다시피 일단 프럭토스가 생성되면 생존 스위치가 촉발되고 세포의 ATP 양이 감소한다. 아울러 동일 연령의 통제집단과 비교할 때 알츠하이머병 환자의 뇌에는 에너지 수준의 유지를 위해 다시 ATP로 전환될 수 있는 AMP를 청소하는 효소의 수치가 약 2배 더 높다.

나는 다음과 같은 경로를 거쳐서 프럭토스가 알츠하이머병에 영향을 준다고 생각한다. 앞서 설명했듯이 식량을 구할 수 없는 상황이 닥치면 생존 스위치가 활성화되어 뇌를 보호한다. 근육과 간으로 공급되는 혈액에서 글루코스의 흡수를 방지함으로써 뇌에서 쓸 수 있는 글루코스를 남겨두는 것이다. 이를 위해 생존 스위치는 인슐린의 효과를 차단하는데, 근육 및 간 세포에 글루코스가 흡수되고 쓰이려면 인슐린이 필요하지만 뇌의 대다수 영역에서는 그렇지 않기 때문이다. 하지만 예외가 존재한다. 기억 및 의사결정과 관련된 뇌 영역에서는 글루코스 흡수에 인슐린이 필요하다.* UCLA의 신경생리학자 페르난도 고메스 피니야가 실시한 연구 결과에 따르면 프럭토스를 섭취한 쥐들은 이런 뇌 영역에서 인슐린에 대한 반응성을 상실했고 그 결과 글루코스 흡수량이 감소했다. 사실상 프럭토스는 근육과 간에서 인슐린의 효과에 대한 저항성을 유발할 뿐만 아니라(전신 인슐린 저항성 또는 당뇨병 전증), 기억과 관련된 뇌의 핵심 영역에서도 이와 같은 기능을 수행하는 것이다. 어쩌면 이것이 알츠하이머병의 기저 원인일지도 모른다.

프럭토스는 근육과 간에서 인슐린의 효과에 대한 저항성을 유발할 뿐만 아니라 뇌에서도 이와 같은 기능을 수행한다. 어쩌면 이것이 알츠하이머병의 기저 원인일지도 모른다.

하지만 이렇게 특정한 뇌 영역에 전달되는 글루코스를 제한하는 것이 어떻게 생존에 이점으로 작용할까? 앞에서 살펴본 것처럼 충동성과 탐색 활동은 먹이탐색 행동에 속한다. 기억력이 저하된 동물은 위험한 지역도 기꺼이 탐색할 가능성이 크다. (어떤 잠재적 위험을 겪을 수 있는지 기억이 나지 않기 때문이다.) 또한 의사결정 능력이 저하된 동물은 충동성이 더욱 커질 것이다. 따라서 프럭토스가 뇌의 특정 영역에서 인슐린 저항성을 유발함으로써 먹이탐색 행동을 촉진하는 것은 생존 반응이라고 간주할 수 있다.

* 해마, 선조체, 시상하부, 감각신경피질 등의 뇌 영역이 이에 해당한다.

초기에는 이런 뇌 영역의 기능을 단기적으로 억제하면 생존 스위치가 활성화되어 생존과 관련된 이점을 누릴 수 있다. 하지만 반복적이거나 만성적인 자극을 받게 되면 뇌 손상이 발생할 가능성이 있다. 이처럼 중요한 기능을 하는 뉴런에 전달되는 글루코스 흡수량을 만성적으로 줄이면 결국 뉴런이 굶주리게 되고 기능이 저하된다. 프럭토스 대사로 인해서 미토콘드리아에 산화 스트레스가 발생하고 ATP 생산 감소가 수반되는 것을 고려하면 이 상황이 더욱 증폭될 수 있다. ATP 수치가 지나치게 낮은 수준으로 떨어지면 뉴런이 사멸하게 되고 결과적으로 알츠하이머병이 발생한다. 이러한 관점에서 볼 때, 알츠하이머병 환자들의 뇌에 아밀로이드 및 타우 단백질이 축적되는 현상은 부차적이며 알츠하이머병의 주요 기저 원인은 생존 스위치가 만성적으로 활성화되는 상황이다.

요산의 역설

만약 프럭토스 대사가 알츠하이머병에 실제로 영향을 미친다면 요산 수치의 상승도 위험 요인이 될 수 있다. 요산은 프럭토스 대사의 산물이기 때문이다. 이런 측면에서 의료보험 청구와 관련된 대만의 연구 결과 및 미국의 연구 결과에 따르면 요산 수치를 낮추는 약을 복용하는 사람들은 치매에 걸릴 위험이 현저히 낮다.

어떤 사람들은 요산을 살펴보면 치매에 걸릴 가능성이 아니라 천재성과 성취를 예측할 수 있다고 생각한다. 1955년에 금속공학자이자 물리학자인 이건 오로완이 《사이언스》 저널에 보낸 서신에 따르면 요산의 화학 구조는 카페인과 매우 유사하며 요산도 뇌에 대한 자극제 기능을 할 수 있다. 그는 인간이 다른 종에 비해 훨씬 고도의 발달을 이루게 된 이유가 우리카아제 유전자의 상실 때문이라고 주장했다. 그 결과 요산 수치가 높아졌고 이것이 뇌 기능에 긍정적으로 작용했다는 것이다. 또한 뛰어난 업적을 이룬 사람들 중 상당수가 통풍을 앓았다는 경험적 증거가 존재한다. 탐험가(콜럼버스), 통치자(알렉산더 대왕, 빅토리아 여왕), 예술가(미켈란젤로, 루벤스), 작곡가(베토벤), 작가(디킨스, 괴테), 발명가(벤저민 프랭클린, 레오나르도 다빈치), 과학자(뉴턴, 갈릴레오)가 이에 해당한다. 이런 현상으로 인해서 높은 요산 수치가 높은 지능과 연관이 있는지에 관한 여러 연구가 실시되었는데, 모두 부정적인 결과를 나타냈다. 요산 수치가 높다고 해서 더 똑똑한 것은 아니다.

하지만 요산 수치가 높은 사람들이 시험에서 더 좋은 성적을 거두고 더 높은 성취를 이루는 경향이 있다는 연구 결과도 있다. (지능과 성취는 서로 다르다는 점을 기억하기 바란다.) 어느 연구에 따르면 반에서 상위권에 속하는 고등학생들은 나머지 학생들보다 요산 수치가 현격하게 높았다. IQ 수준을 고려해 기대한 것보다 더 높은 성적을 거뒀고 대학 진학 비율이 더 높았다. 또한 이런 학생들은 더욱 자신감이 넘쳤고 데이트도 더 많이 했고 여가 활동에도 더 많은 시간을 할애했다. 또 다른 경우에는 50명 이상의 대학 교수를 대상으로 연구를 진행했는데, 광범위한 평가 체계를 활용해서 추진력과 성취도, 리더십을 판단했다. 그런데 알코올, 카페인, 수면 시간 및 체중과는 별개로 높은 요산 수치를 통해 이런 특징들을 상당히 정확하게 예측할 수 있었다. 또한 요산 수치가 높으면 어린 시절에 학업 성적이 우수했을 것이라는 연구 결과들도 있다. 일부의 경우에는 통계적으로 유의미한 연관성을 확인하지는 못했지만 말이다.

이런 상황이 역설적으로 보일지도 모르겠지만, 나는 요산이 성취와도 관련이 있고 한편으로는 치매와도 관련이 있는 이유가 생존 스위치가 활성화되는 정도 및 지속 기간 때문이라고 생각한다. 신속한 반응 시간, 개방성, 적당한 위험 추구 성향 등 먹이탐색 행동의 여러 특징은 학업 수행에 도움이 될 수 있고 이에 따라 성공을 예견할 수 있다. 탐색 활동과 새로운 것을 추구하는 성향이 창의력 향상에 기여할 수 있다. 그러나 시간이 흐름에 따라 이런 행동이 ADHD 등의 문제 상황을 초래하거나 알츠하이머병을 비롯한 질병을 유발할 가능성이 있다. 따라서 나는 요산 수치가 높은 것이 이점이라고 보지 않는다. 최소한 장기적으로는 그렇다.

또다른 역설은 요산 수치가 높은 사람들이 치매에 걸릴 위험이 더 높은 반면에 정작 치매 환자들의 요산 수치는 낮은 경우가 있다는 것이다. 알츠하이머병 환자들이 진단을 받기 전에 몇 달 동안 체중이 상당히 많이 감소한다고 언급한 수많은 연구를 떠올려보면 이런 상황을 이해하는 데 어느 정도 도움이 된다. 대개 혈중 요산 농도는 음식 섭취량의 영향을 받으므로 진단을 받을 당시에 환자들의 요산 수치가 낮았다는 점을 예상할 수 있다.

마지막으로 살펴볼 요산과 관련된 역설은 다음과 같다. 높은 요산 수치로 뇌졸중과 치매를 예측할 수 있는 반면에, 의아하게도 뇌졸중이 발생했을 때 요산을 투여하면 뇌졸중의 심각한 상태를 다소 완화할 수 있다는 것이다. 이는 위기 상황이 발생했을 때 요산이 이로운 역할을 한다는 것을 암시한다. 어떤 연구 결과에 따르면 요산이 뇌졸중이 발생한 부위의 산화 스트레스를 차단하는 것으로 보인다. (세포 밖에서는 산화 스트레스를 차단하지만 세포 안에서는 산화 스트레스를 유발한다는 점에서 요산은 특이하게 작용한다.) 하지만 내가 연구한 바에 따르면 요산의 이점은 뇌세포의 산소 필요량을 줄이는 등 생존 스위치의 보호 기능을 촉진하는 역할에서 비롯된 것으로 보인다. 최근 들어 프럭토스, 탄수화물과 요산이 뇌에서 어떤 역할을 하는지에 대한 관심이 증가하고 있다. 이 분야의 선구자는 저명한 신경과 의사이자《그레인 브레인》(지식너머, 2015),《산을 떨어뜨려라》*Drop Acid*의 저자인 데이비드 펄머터다. 그는 탄수화물과 당류가 치매에 어떤 영향을 미치는지와 프럭토스와 요산의 영향에 관해서 다양한 저술 활동을 이어왔다. 또다른 선구자로는 가정의학과 의사인 윌리엄 윌슨이 있다. 그는 다년간의 임상 경험을 바탕으로 당류가 포함된 음식과 혈당지수가 높은 탄수화물이 우울증, ADHD, 불안장애 등 여러 행동장애를 유발한다고 확신한다. 그에 따르면 이 모든 현상의 원인은 'CARB 증후군'(탄수화물과 관련된 가역성 뇌 증후군)이다.* 윌슨은 프럭토스가 함유된 단 음식과 프럭토스를 생산할 수 있는 혈당지수가 높은 탄수화물의 섭취를 줄이면 위에서 언급한 장애가 개선될 수 있다고 생각한다. 다음 단계는 그런 견해가 맞는지 임상 실험을 통해서 확인할 차례다.

마지막 두 장을 살펴보면 분명한 패턴을 확인할 수 있다. 일시적인 위기가 닥쳤을 때는 생존 스위치가 작동하는 것이 이점으로 작용하지만, 이런 상황이 만성화되거나 과도해지면 의학적 문제로 이어질 수 있다. 특정 계절에만 과일과 꿀을 종종 섭취하는 식단을 유지했다면 아마도 우리는 지속적인 비만이나 이와 관련된 질병에 걸리지 않았을 것이다. 당류, 혈당지수가 높은 탄수화물, 염분 등 생존 스위치를 활성화하는 음식이 많이 포함된 식단으로 전환하고 일년 내내 이런 음식을 구할 수 있게 되면서부터 문제 상황에 처하게 되었다. 이 때문에 생존 스위치가 켜진 상태가 지속되었고 비만과 여러 비감염성 질환이 급격히 증가하게 되었다.

생존 스위치가 과열되면 단지 체중 증가에서 그치지 않고 수많은 질병이 발생한다. 지방 저장량 증가는 비만, 혈중 중성지방 증가 및 지방간으로 연결되고, 인슐린 저항성은 2형 당뇨병과 알츠하이머병으

* 이에 관해서 더 알아보고 싶다면 윌슨의 웹사이트(carbsyndrome.com)를 참고하기를 바란다.

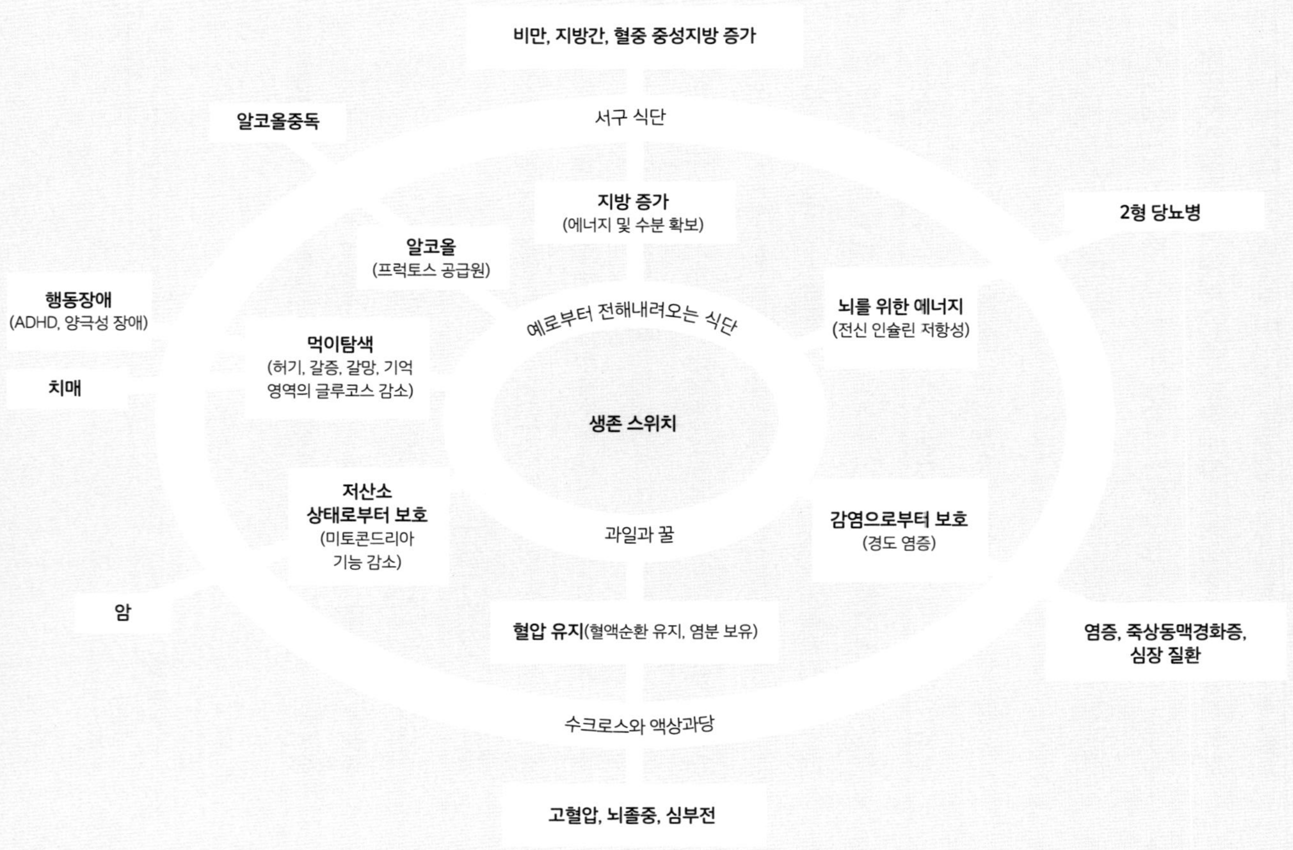
비만, 지방간, 혈중 중성지방 증가
서구 식단
알코올중독
지방 증가
(에너지 및 수분 확보)
2형 당뇨병
알코올
(프럭토스 공급원)
행동장애
(ADHD, 양극성 장애)
예로부터 전해내려오는 식단
뇌를 위한 에너지
(전신 인슐린 저항성)
먹이탐색
(허기, 갈증, 갈망, 기억 영역의 글루코스 감소)
치매
생존 스위치
저산소
상태로부터 보호
(미토콘드리아
기능 감소)
과일과 꿀
감염으로부터 보호
(경도 염증)
암
혈압 유지(혈액순환 유지, 염분 보유)
염증, 죽상동맥경화증,
심장 질환
수크로스와 액상과당
고혈압, 뇌졸중, 심부전

로 이어진다. 혈압에도 영향을 미쳐서 고혈압이 생기며 그 합병증으로 뇌졸중과 심부전이 발생한다. 한편 경도 염증은 관상동맥 질환에 영향을 준다. 먹이탐색반응은 행동장애로 이어지며 알코올에 의해 생성된 프럭토스는 중독의 위험을 높일 수 있다. 마지막으로 저산소 상태에서 우리를 보호하는 프럭토스의 능력 때문에 종양이 더욱 커지고 전이될 수도 있다.

위에 열거한 질병들은 오늘날 우리 사회에 영향을 미치는 가장 일반적인 질환들이다. 의사인 나는 이런 질병들이 너무 흔히 발생해서 환자들이 병동마다 넘쳐나는 상황을 목도한다. 이 모든 질병들이 하나의 근본 원인으로 인해서 발생한 하나의 유행병의 일환이라는 사실을 아는 사람은 거의 없다. 다행인 것은 생존 스위치가 지속적으로 활성화되는 상황이 이런 질병들을 유발하는 주요 원인이라는 사실을 뒷받침할 수 있는 증거가 있다는 것이다. 또한 우리 연구팀과 수많은 다른 연구자들 덕분에 이제는 이 스위치를 끌 뿐만 아니라 켜지지 않도록 예방하는 데 필요한 지식이 갖춰졌다. 앞으로 이 책의 후반부에서는 이에 관해 살펴볼 것이다.

3

자연보다 더 영리해지는 법

8

식단 속 당류 파헤치기

현대 사회에서 살아가는 우리는 당류를 많이 섭취한다. 어느 연구에서 8만5천 개 이상의 포장식품을 조사했는데 그중에서 프럭토스, 글루코스, 프럭토스-글루코스 혼합 열량 감미료 등이 들어 있는 제품이 68퍼센트에 달했다. 실제로 우리가 섭취하는 식품의 77퍼센트 이상에 열량 감미료가 들어 있다. 미국심장협회에 따르면 보통 사람이 하루에 섭취하는 첨가당은 평균적으로 티스푼 22개 분량에 해당하며, 이는 총 열량 섭취량의 15~20퍼센트를 차지한다. 사회적 취약계층과 소수인종은 이보다 더 많은 양을 섭취하는 경향이 있다. (아마도 첨가당이 많이 함유된 포장식품의 가격이 저렴해서일 것이다.) 청소년과 젊은 성인층도 마찬가지다. 첨가당이 식단의 4분의 1 이상을 차지하는 사람들도 있다.

수많은 의학단체들은 첨가당의 섭취를 줄일 것을 권고한다. 미국 심장협회는 여성의 경우에 액상과당 및 수크로스의 일일 섭취량을 티스푼 6개(25그램 또는 100칼로리) 이하로 제한해야 하며 남성의 경우에는 티스푼 9개(37그램 또는 150칼로리) 이하로 제한해야 한다고 조언한다. 세계보건기구WHO의 권고 기준은 더욱 엄격하다. 첨가당 및 꿀과 과일 주스 등 천연당을 포함해서 전체 당 섭취량을 총 칼로리의 5퍼센트 이하로 줄이는 것이 바람직하다고 제안한다. (일일 섭취열량이 2200칼로리인 성인 남성의 경우에는 티스푼 약 7개에 해당한다.) 이처럼 의학단체와 공중보건 관련 단체가 권고할 뿐 아니라 정계에서도 당류 섭취를 줄이기 위해 노력해왔다. 세금을 부과하거나 학교에서 당류가 포함된 음료를 판매하는 것을 금지하거나 대중의 인식을 제고하기 위한 일반적인 활동을 실시해왔다. 이런 노력도 어느 정도는 효과가 있었다. 예를 들어 청량음료 섭취량은 2005년 이래로 점차 감소하고 있다. 하지만 분명한 점은 아직 갈 길이 멀다는 것이다.

프럭토스 섭취를 줄이는 것이 우리의 전반적인 건강에 중요한 영향을 미친다는 점을 고려할 때 프럭토스에는 어떤 형태가 있는지, 식품에 함유된 프럭토스를 확인하는 방법은 무엇인지를 살펴보는 것이 중요하다. 이번 장의 더욱 폭넓은 목표는 과학적 지식을 습득해서 우리가 섭취하는 프럭토스가 몸에 미치는 영향을 최소화할 방법을 알아보고 설탕에 관한 문헌에서 제기되는 문제와 오해, 논란을 해소하는 것이다.

당류의 종류 및 영양성분표 읽는 법

당류 섭취량을 줄이기 위해서는 일단 현재 우리가 얼마나 많은 당류를 섭취하고 있는지부터 확인해야 한다. 그러기 위해서는 먼저 식품에 첨가되는 다양한 형태의 당류를 파악하고 이해해야 한다. 이에 관한 일반적인 가이드라인부터 알아보자.

거의 모든 당류는 비만을 유발한다. 프럭토스만 함유된 당류, 프럭토스와 글루코스가 함유된 당류, 글루코스만 함유된 당류 모두 마찬가지다. (글루코스는 체내에서 프럭토스로 전환될 수 있다.) 다만 우유에 들어 있는 주요 당류인 락토오스(유당)처럼 유제품과 관련된 당류는 예외다. 락토오스에는 프럭토스가 들어 있지 않으며, 또다른 당류인 갈락토오스와 함께 글루코스가 함유되어 있지만 비만의 위험을 높이는 것 같지는 않다.

최근에 미국식품의약국FDA은 '영양정보' 표에 해당 식품의 1회 제공량당 **총 당분**과 **첨가당**을 모두 표기하도록 지침을 변경했다. 총 당분은 식품에 들어 있는 모든 당류를 가리키므로 우유에 함유된 락토오스처럼 건강에 좋은 당류도 포함된다. 따라서 첨가당의 양을 확인하는 것이 가장 중요하다. 첨가당은 일일 섭취 권고량의 상한선을 그램 및 퍼센티지로 표기하게 되어 있는데, 현행 FDA 기준에 의하면 50그램(200칼로리) 또는 일일 평균 열량 섭취량인 2000칼로리의 10퍼센트다. 그런데 과일주스나 과일 잼과 젤리의 농축액, 애플소스 등 소스,

순수과즙 및 꿀에 함유된 당류는 첨가당에 포함되지 않는다. 따라서 꿀이나 과일 농축액이 함유된 식품의 경우에는 총 당분도 확인할 필요가 있다.

첨가당 성분을 확인하면 특정 식품에 액상과당과 수크로스가 얼마나 들어 있는지를 쉽고 빠르게 알 수 있으며, 아울러 우리가 섭취하는 다양한 당류의 명칭과 이들이 어떤 종류의 당류인지를 알아두는 것도 도움이 된다. 예를 들이 수크로스(실탕)에는 징제당(분발설낭, 결정질 당, 그래뉴당, 제과용 설탕, 제빵용 설탕, 아이싱 슈거, 미립자 설탕), 부분 정제당(캐러멜, 갈색설탕, 당밀, 트리클, 마스코바도, 터비나도, 데메라라, 원당, 사탕수수 즙, 파노차, 파넬라, 필론씨요), 기타 원료에서 얻은 수크로스(단풍 설탕, 팜 슈거, 대추야자 설탕, 수수 시럽, 코코넛 슈거) 등 수없이 다양한 종류가 있다. 또한 때로는 수크로스를 사카로스saccharose라고 부르기도 한다.

황설탕처럼 정제가 덜 된 설탕이 건강에 더 나을 수도 있다는 말도 있다. 어떤 사람들은 이런 당류에 당류의 영향을 완화하는 물질이 들어 있다고 주장하기도 한다. 하지만 이 주장을 뒷받침하는 근거가 적기 때문에, 모든 형태의 수크로스가 동일한 생물학적 효과를 지니며 모두 섭취를 줄여야 한다고 생각하는 편이 바람직하다.

우리가 섭취하는 프럭토스의 양을 최소화하고 프럭토스의 영향을 최대한 줄이려면 단지 식품 성분표를 확인하고 첨가당 함유량이 적은 음식을 고르는 것만으로는 부족하다. 그렇다면 지금부터는 프럭토스의 미묘한 차이를 이해하기 위해 노력해보자. 지금까지 알게 된 과학

당류의 다양한 종류

프럭토스	프럭토스-글루코스 조합	글루코스 및 혈당지수가 높은 당류	유제품에 함유된 당류
과당	수크로스(설탕)	덱스트로스(글루코스)	유당(락토오스)
건과일	액상과당	옥수수 시럽	갈락토오스
과일 주스	전화당(轉化糖, Invert sugar)	쌀 조청	
아가베 넥타/시럽		현미 조청	
꿀		말토오스	
		맥아당	
		말토트리오스	
		맥아 시럽(엿기름)	
		트레할로오스	

참고: 프럭토스만 함유된 것으로 분류된 식품에도 수크로스, 글루코스 등 다른 당류가 소량 포함되어 있을 수 있다.

적 지식을 바탕으로 우리가 섭취해야 할 당류의 종류를 살펴보고 어떻게 하면 당류를 잘 섭취할 수 있을지 알아보자.

Q 1. 과일과 채소에 함유되어 있는 당류(특히 프럭토스)의 양도 고려해야 할까?

대개 사람들은 과일과 채소가 건강에 좋은 음식이라고 생각하며 이런 음식의 섭취를 권장하기도 한다. 하지만 많은 과일과 채소에는 프럭토스가 들어 있다. (채소도 마찬가지다!) 더 나아가 여러 동물들은 생존 스위치를 활성화하기 위해 과일을 먹는다. 표면적으로는 특히 과일이 몸에 안 좋을 수도 있다는 뜻이다.

위의 질문에 대한 답을 찾기 위해서는 프럭토스가 어떻게 생존 스위치를 활성화하는지 그 생물학적 측면을 면밀히 살펴볼 필요가 있다.

프럭토스로 인해서 체중이 증가할 경우 그런 현상이 발생하는 곳은 바로 간이다. 간에서 생존 스위치가 활성화되면 복부 지방 축적, 당뇨병 전증, 지방간 등 모든 측면에서 대사증후군이 나타난다. 앞에서 알게 된 것처럼 간이 당류에 대한 갈망을 통제하는 것은 아니다. 이 문제는 뇌와 장에서 이루어지는 프럭토스 대사 과정과 더욱 깊은 관련이 있는 것으로 보인다. 그러나 체중 증가 및 생존 스위치가 건강에 미치는 여러 악영향과 관련해서는 간이 핵심적인 기능을 한다.

간이 총 지휘자 역할을 한다는 것을 알 수 있는 이유는 우리 팀에서 이와 관련된 실험을 실시했기 때문이다. 이 실험에서는 프럭토스 대사에 관여하는 효소인 프럭토키나아제를 간에서만 차단했다. 그 결과, 간에서 프럭토키나아제를 제거하면 동물들이 프럭토스를 섭취하더라도 체중 증가가 전혀 발생하지 않았다. 프럭토스를 마신 만큼 음식을 적게 먹었기 때문이다. 평소와는 달리 프럭토스가 허기를 유발하지 않았고 동물들은 렙틴 저항성을 보이지 않았다. 따라서 체중 증가가 일어나지 않았다. 또한 쥐들의 지방 조직이나 간에 지방이 축적되지 않았고 당뇨 전단계 증상이 나타나지 않았다.

즉, 비만과 대사증후군을 예방하려면 간에서 대사되는 프럭토스의 양을 최소화해야 한다. 우리가 먹는 음식에 들어 있는 프럭토스의 양을 생각하면 이 점이 중요하다. 프럭토스 섭취량이 줄어들면 간에서 대사되는 프럭토스의 양도 줄어들게 된다. 하지만 여기에는 반전이 존재한다.

비만과 대사증후군을
예방하려면 간에서
대사되는 프럭토스의 양을
최소화해야 한다.

우리가 프럭토스를 섭취하면 간에 도달하기 전에 프럭토스의 일부가 장에서 대사된다. 이처럼 4~5그램 정도의 분량은 다른 열량과 마찬가지로 대사되며 생존 스위치를 활성화하지 않는다. 사실상 장이 보호막 역할을 하는 것이다. 따라서 당근, 완두콩, 호박 등 소량의 프럭토스가 함유된 음식을 먹을 때는 걱정하지 않아도 된다.

그런데 과일은 채소의 경우와는 사뭇 다르다. 과일은 1회 제공량당 프럭토스 함유량이 더 많은 편이므로 대부분의 프럭토스가 장에서 제거되기는 하지만 어느 정도는 간까지 도달한다. 특히 프럭토스 함유량이 8그램 이상인 과일의 경우에 그렇다. (다음 장에 실린 표를 참고하라.) 그러나 과일을 통째로 먹을 때는 비타민C,* 식물 화합물의 일종인

* 4장에서 언급한 것처럼 비타민C는 프럭토스의 대사 과정에서 발생하는 산화 스트레스로부터 에너지 공장을 보호하는 역할을 한다. 또한 비타민C는 소변을 통해 요산이 배출되도록 촉진 작용을 한다.

플라보노이드Flavonoid,* 칼륨** 및 식이섬유 등 과일에 든 여러 물질이 프럭토스의 영향을 차단하는 경향이 있다. 예를 들어 키위는 프럭토스 함유량이 적고 비타민C 함유량이 많다. 블루베리와 딸기에는 특히 플라보노이드가 많이 들어 있다. 체리에는 요산을 줄일 수 있는 물질이 들어 있다. 또한 여러 과일과 채소에는 가용성 섬유질이 풍부한데, 섬유질 덕분에 프럭토스의 흡수가 감소하거나 둔화되므로 대사 역시 감소하거나 둔화된다.

그렇다고 해도 프럭토스 함유량이 높은 과일(1회 제공량당 8그램 이상)의 섭취는 제한하는 것이 바람직하다. 한 번에 1회 제공량 또는 그 절반 정도만 먹는 것이 좋다. 또한 프럭토스 성분이 적은 과일을 택하는 편이 낫다. 나라면 무화과는 되도록 적게 먹겠다. 모든 과일 가운데서 프럭토스 함유량이 가장 높기 때문이다. 한 컵 분량의 무화과에는 340밀리리터짜리 청량음료와 동일한 양의 프럭토스가 들어 있다. (무화과가 인류의 초기 조상들이 살아가는 데 어떤 영향을 미쳤는지, 또한 무화과가 사라졌을 때 어떤 일이 일어났는지를 떠올려보라. 역사상 무화과는 생존식량으로 사랑받아왔다. 예를 들어 유목 생활을 하는 베두인족은 사막을 건널

* 플라보노이드에는 약효 성분이 포함되어 있을 수도 있다. 또한 산화 스트레스를 차단하는 등 건강에 이로운 영향을 준다.

** 비타민C와 마찬가지로 칼륨도 생존 스위치의 영향을 어느 정도 차단할 수 있다. 하지만 칼륨 수치는 정상 범위 내로 유지해야 한다. 혈중 칼륨 수치가 낮은 경우와 높은 경우 모두 심장 박동에 영향을 미칠 수 있기 때문이다. 의사와 상담하지 않고 칼륨 보충제를 복용해서는 안 된다.

때 목에 '무화과 목걸이'를 걸었다.)

대다수의 건과일은 사탕과 유사한 음식으로 간주할 필요가 있으며 되도록 적게 섭취해야 한다. 건과일에는 프럭토스가 다량 함유되어 있고, 건조 과정을 거치면서 신선한 과일에 들어 있던 프럭토스의 영향을 완화할 수 있는 여러 영양성분이 파괴될 수 있다. 일례로 갓 수확한 신선한 크랜베리에는 프럭토스가 거의 없지만 건크랜베리 3분의 1컵에는 최대 25그램의 당분이 들어 있다. 또한 산미를 줄이기 위해 첨가당을 넣어 판매하는 경우가 많다.

인간의 과일 섭취와 생존 스위치 활성화를 위한 동물의 과일 섭취에는 차이가 있다. 야생동물들은 잘 익은 과일을 선호한다. 과일이 숙성되면 프럭토스 성분은 높아지고 비타민C 성분이 적어진다. 반면에 인간은 새콤한 맛이 나는 과일을 좋아하는 편이다. 또한 우리는 보통 한 번에 과일 1~2개 또는 1회 제공량에 해당하는 분량이나 그 두 배 정도만 먹는다. 이와는 대조적으로 동물들은 훨씬 더 많은 프럭토스를 저장하기 위해 한꺼번에 과일을 많이 먹는다. 예를 들어 회색곰은 하루에 버펄로베리를 무려 10만 개나 먹을 수도 있다. 사람이라면 그런 일은 하지 않을 것이다.

우리는 멕시코시티에 위치한 이그나시오 차베스 국립심장학연구소의 신장학과 과장인 마그달레나 마데로와 함께 과일의 역할에 대해 살펴보았다. 그녀는 과체중이거나 비만인 여성 참가자를 두 그룹으로 나누고 저프럭토스 식단을 제공하는 임상실험을 실시했다. 체중 감소

천연 과일

프럭토스 성분이 높은 과일 (1회 제공량당 프럭토스 8g 이상)	프럭토스 성분이 중간인 과일 (1회 제공량당 프럭토스 4~8g)	프럭토스 성분이 낮은 과일 (1회 제공량당 프럭토스 4g 이하)
건무화과(1컵) 23g	메드줄 대추야자(1컵) 7.8g	딸기(1컵) 3.8g
건살구(1컵) 16g	블루베리(1컵) 7.4g	체리(1컵) 3.8g
망고(반 개) 16g	바나나 7g	스타프루트 3.6g
청포도/포도(1컵) 12g	허니듀 멜론(1/8개) 7g	블랙베리(1컵) 3.5g
건포도(1/4컵) 12g	파파야(반 개) 6g	키위 3.4g
배 12g	오렌지 6g	클레멘타인 3.4g
수박(1조각) 11g	복숭아 6g	라즈베리(1컵) 3g
감 11g	천도복숭아 5g	캔털루프(1/8개) 2.8g
사과 9.5g	귤 5g	자두 2.6g
	보이즌베리(1컵) 5g	데글렛 누어 대추야자 2.6g
	자몽(반 개) 4g	살구 1.3g
	파인애플(1 조각) 4g	구아바 1.2g
		프룬 1.2g
		크랜베리(1컵) 0.7g
		레몬 0.6g
		라임 0g

* 1회 제공량은 각각 표기한 분량에 해당하거나 과일 한 개를 뜻함.

에 영향을 미치는지를 알아보기 위해서였다. 양쪽 모두 청량음료, 과일 주스 및 당류가 포함된 음식의 섭취가 금지됐고 어느 정도 칼로리의 제한을 받았지만 그중 한 그룹은 과일을 통째로 먹을 수 있었다. 따라서 이 그룹은 적당량의 프럭토스를 섭취했다고 할 수 있다. 실험이 끝난 뒤 확인해보니 양쪽 모두 체중이 감소했고 대사증후군의 증상이 비슷하게 호전되었다. (과일을 섭취한 그룹의 체중 감량분이 더 컸다!) 아마도 적당량의 프럭토스를 섭취한 그룹의 경우에는 비타민C, 플라보노이드, 칼륨, 섬유질 등 과일을 통째로 먹는 데서 오는 이점이 과일에 든 소량의 프럭토스 섭취에 따른 위험보다 더욱 크게 작용한 듯했다.

통째로 먹는 과일은 식단에 포함해야겠지만 과일 주스, 스무디, 과일 음료는 제한할 것을 권고한다. 보통 이런 음료에는 여러 가지 과일이 들어 있어서 전체 프럭토스 함량이 높다. 또한 과일 주스를 만드는 과정에서 대부분의 섬유질이 제거된다. 그리고 흔히 당류를 첨가해 만드는 과일 음료와 천연 과일 주스가 비만 및 당뇨병의 위험을 높인다는 연구 결과가 있다. (천연 과일 주스의 경우에는 정도가 덜하긴 하다.) 어린이들의 경우에는 특히 주의해야 한다. 미국소아과학회의 권고에 따르면 6세 이하 어린이의 일일 주스 섭취량은 170밀리리터를 넘지 않아야 하며 그보다 나이가 많은 어린이도 하루에 220~340밀리리터 이상은 마시지 말아야 한다. 나는 주스 섭취량을 이보다 더 엄격하게 제한해야 한다고 생각한다.

포인트

채소는 프럭토스가 없는 것과 다름없다고 생각하라. 신선한 과일을 먹되, 식사시간 또는 간식시간에 섭취하는 과일에 함유된 프럭토스의 총량을 8그램 이하로 제한하라. 건과일, 과일이 함유된 가공식품, 과일로 만든 잼과 젤리 및 주스에는 프럭토스가 다량 함유되어 있다. 하루에 사과 하나를 먹으면 의사한테 갈 필요가 없을지 모르지만 하루에 사과 다섯 개를 먹으면 의사에게 진료비를 내게 될 것이다.

Q 2. 첨가당이 함유된 음료를 마시는 것과 첨가당이 함유된 음식을 먹는 것에 차이가 있을까?

다시 말해 액상과당 20그램이 함유된 젤리빈을 먹는 것과 액상과당 20그램이 함유된 탄산음료를 마시는 것의 차이는 무엇일까?

만약 생존 스위치가 단지 열량 때문에 활성화된다면 젤리빈을 먹든 탄산음료를 마시든 액상과당의 영향은 동일할 것이다. 하지만 사실은 그렇지 않다. 당류가 포함된 음료를 마시는 것이 당류가 포함된 음식을 먹는 것보다 더 안 좋다. 그 이유는 무엇일까?

생존 스위치는 간의 ATP 수치가 떨어질 때 활성화된다. 따라서 관건은 간까지 도달하는 프럭토스의 양이 얼마나 되는가다. 만약 다량의 프럭토스가 간에 전달된다면 ATP 수치가 심각하게 저하되므로 생존 스위치가 강하게 활성화된다. 반면에 소량의 프럭토스가 간에 도달한다면 대사에 가벼운 영향을 미치게 된다. 지금까지는 단순하게 스위치의 켜짐 또는 꺼짐에 의해 이런 과정이 통제되는 것처럼 설명했지만, 사실은 조도를 조절하는 스위치에 더 가깝다고 할 수 있다. 상황에 따라서 강렬한 반응이 발생할 수도 있고 가벼운 반응이 일어날 수도 있다. 다시 말해 간은 간에 도달하는 프럭토스의 양이 아니라 프럭토스의 농도에 반응한다. 만약 프럭토스가 서서히 조금씩 유입된다면 모두 한꺼번에 전달되는 경우에 비해 간의 프럭토스 농도가 더 낮을 것이다.

바로 이런 이유 때문에 고체 당류보다 청량음료가 생존 스위치를 훨씬 쉽게 활성화하는 것이다. 청량음료에는 다량의 당류가 함유되어 있다. (일례로 566밀리리터의 탄산음료에는 티스푼 17개 분량의 액상과당이 들어 있는데 그중 9개가 프럭토스에 해당한다.) 또한 청량음료는 몇 분 만에 다 마시는 경우가 많다. 액체 형태로 되어 있어서 소화 과정이 최소화되기 때문이다. 그러면 간에 프럭토스와 글루코스가 순식간에 넘쳐나게 된다. 반면에 고체 식품은 소화시켜야 하기 때문에 간까지 도달하는 데 더 오래 걸린다. (과일을 통째로 먹으면 생존 스위치가 활성화되지 않는 경향이 있는 것도 이런 이유 때문이다. 과일에 든 섬유질이 흡수를 늦추는 데 도움이 된다.) 결과적으로 고체 식품에 든 프럭토스가 더 느리게 간에 전달되며, 그러면 생존 스위치가 그렇게 강렬한 반응을 보이지 않는다.

영양학자이자 유전학자인 존 스피크먼이 실시한 실험연구에 따르면 고체 당류를 먹인 생쥐보다 액체 당류를 먹인 생쥐가 훨씬 더 심각한 비만 증상을 나타냈다. 또한 여러 임상연구에서도 인간을 대상으로 청량음료 등을 통한 액체 당류 섭취와 단것과 디저트를 통한 고체 당류 섭취를 비교했는데, 모두 액체 당류가

> 당류가 포함된 음료를 마시는 것이 당류가 포함된 음식을 먹는 것보다 더 안 좋다. 간은 간에 도달하는 프럭토스의 양이 아니라 프럭토스의 농도에 반응하기 때문이다.

비만이나 당뇨병 전증을 유발할 가능성이 더 높다는 결과를 얻었다. 어떤 연구에서는 젊은 성인들을 무작위로 선정해 4주 동안 매일 225밀리리터짜리 청량음료 1개를 마시게 하거나 이와 동일한 당 성분이 든 젤리빈을 먹게 했다. 4주간의 '워시아웃 기간'(washout, 세정 기간)에는 참가자들이 다시 평소와 같은 식단을 따르게 했고, 그런 다음에는 4주 동안 반대로 실험을 해보았다. 이전에 청량음료를 마셨던 그룹은 대신 젤리빈을 먹었고 이전에 젤리빈을 먹었던 그룹은 청량음료를 마셨다. 8주가 지난 뒤 확인해보니 참가자들이 액체 상태로 당류를 섭취했을 때는 젤리빈을 먹었을 때보다 약 17퍼센트 더 많은 열량을 섭취했다. 4주 동안 청량음료를 마신 뒤에는 점점 살이 쪘고 지방이 늘어났다. 이와는 반대로 젤리빈을 먹은 4주 동안에는 체중 증가가 발생하지 않았다.

액체 당류가 고체 당류에 비해 비만을 유발할 가능성이 더 크지만,

액체 당류를 얼마나 빨리 마시는지도 영향을 준다. 이를 입증하기 위해 우리 연구팀의 협력자인 이스탄불 코크대학교의 메흐메트 캔베이는 실험에 자원한 참가자들에게 사과 주스를 제공했다. 사과 주스의 프럭토스 함량은 청량음료와 비슷한 수준이다.

참가자들의 절반은 500밀리리터를 5분 만에 다 마셨고 나머지 절반은 125밀리리터씩 15분 간격으로 한 시간에 걸쳐 마셨다. 두 그룹은 동일한 양의 사과 주스를 마셨는데 실험 결과는 현격한 차이를 나타냈다. 사과 주스를 빨리 마신 그룹은 요산과 지방 호르몬인 바소프레신이 급격하게 증가했다. 반면에 한 시간에 걸쳐서 사과 주스를 나눠 마신 그룹은 보다 가벼운 반응을 보였다. 요산 및 바소프레신의 증가는 생존 스위치가 활성화되었다는 증거이므로, 청량음료를 반드시 마셔야만 한다면 천천히 마시는 것이 빨리 마시는 것보다 더 안전하다는 뜻이다.

몇 년 전 뉴욕시에서 당류 함량이 높은 청량음료에 세금을 부과하자는 의견이 제기된 적이 있었다. 청량음료 업계는 다른 식품에도 다량의 당류가 포함되어 있는데 청량음료만 콕 집어서 조치를 취하는 것은 부당하다고 주장했다. 부분적으로는 이런 주장 때문에 청량음료세 법안은 통과되지 못했다. 이제 우리는 업계의 주장에 결함이 있다는 사실을 알게 되었다.

여기서 우리가 얻을 수 있는 결론은 어쩌면 '케이크를 가지고 있으면서도 케이크를 먹는 것'(have your cake and eat it, too. 원래는 부정문 형태로 '두 마리 토끼를 잡을 수 없다'는 뜻의 관용구로 쓰인다. — 옮긴이)이 가능할 수도 있다는 점이다. 즉 당류가 많이 포함된 디저트를 천천히 먹으면 생존 스위치가 활성화되는 상황을 피할 수도 있다. 케이크는 그냥 칼로리일 것이다. (물론 문제는 디저트를 천천히 먹기란 거의 불가능하다는 점이다!) 마찬가지로 청량음료도 단숨에 재빨리 들이키기보다는 한 시간에 걸쳐서 조금씩 천천히 나눠서 마신다면 비슷한 결과를 얻을 것이다. 이런 연유로 청량음료만 단독으로 마시는 것이 식사 중에 청량음료를 마시는 것보다 더 안 좋다. 액체 당류와 음식을 같이 섭취하면 흡수가 지연되기 때문이다.

포인트

액체 당류는 고체 당류에 비해서 더 안 좋은 영향을 미친다. 또한 청량음료를 꿀꺽꿀꺽 마시는 것은 생존 스위치를 활성화하는 가장 강력한 방법이다. 당류가 포함된 모든 청량음료, 에너지 음료, 과일 주스, 달콤한 차와 커피를 피해라. 만약 꼭 마셔야겠다면 천천히 마시고 음식을 함께 곁들여라.

Q 3. 어렸을 때는 당류를 마음껏 섭취해도 문제가 없었던 것 같은데 이제는 뭘 먹더라도 금세 살이 찌는 것 같다. 그런 기분이 드는 이유는 뭘까?

괜히 그런 기분이 드는 게 아니다! 실제로 나이가 들면 더 쉽게 살이 찐다. 그 이유는 여러 가지인데 신진대사의 변화도 중요한 요인 중 하나다. 이에 관해서는 10장에서 더욱 자세히 살펴볼 예정이다. 그런데 다른 이유도 있다. 우리가 프럭토스를 섭취하면 할수록 더욱 효율적으로 프럭토스를 흡수하고 대사할 수 있기 때문이다.

알다시피 수크로스를 섭취하면 장에서 프럭토스와 글루코스로 분해된다. 그러면 장에서 각각 흡수되고 마침내 간까지 전달된다. 글루코스가 프럭토스의 흡수에 도움이 된다는 증거가 있고 그 반대의 경우도 마찬가지다. 그러나 프럭토스만 제공되면 흡수가 제한적이며 프럭토스 중 일부는 장에 남아 있다가 대변으로 배설되기도 한다. 유아나 아동에게 빈번하게 일어나는 현상이다. 하지만 우리는 (순수한 프럭토스든 수크로스나 액상과당이든 간에) 프럭토스를 더 많이 섭취할수록 다음번에는 더 쉽게 프럭토스를 흡수하고 대사할 수 있게 된다.

프럭토스를 생성하는 능력도 마찬가지다. 프럭토스를 더 많이 만들어낼수록 더 잘 만들게 된다. 일반적으로 간이 생산하는 프럭토스의 양은 매우 적다. 프럭토스를 생산하는 폴리올 경로가 활성화되는 경우가 드물기 때문이다. 그러나 예를 들어 혈당지수가 높은 음식 때문에 간에 고농도의 글루코스가 쏟아져들어오거나 해서 폴리올 경로가 반복적으로 자극을 받게 되면 상황이 달라진다. 시간이 흐르면 우리 몸은 혈당지수가 높은 탄수화물로부터 훨씬 더 쉽게 프럭토스를 만들어낼 수 있게 된다. 짠 음식, 감칠맛이 나는 음식 및 프럭토스의 경우에도 이와 비슷한 과정이 발생할 수 있다. 이런 음식이 폴리올 경로를 촉진하면 할수록 우리가 평소에 먹는 음식으로부터 프럭토스를 생산하기가 더욱 쉬워진다.

프럭토스에 만성적으로 노출되어 프럭토스의 생산과 흡수, 대사가 가속화되면 강력한 증폭 체계가 갖춰지므로 우리는 점점 살이 찌게 된다. 이를 증명하기 위해 멕시코시티에 있는 국립심장학연구소의 생리학자인 개비 산체스 로사다는 실험실의 쥐들에게 2주 동안 일반적인 식수를 주거나 프럭토스가 함유된 물을 제공했다. 그 기간에 프럭토스를 섭취한 쥐들은 프럭토스에 대한 민감성이 더욱 높아졌고 프럭토스를 흡수하고 대사하는 능력이 향상되었다. 그런 다음에는 이 두 번째 그룹에 속한 쥐들에게 프럭토스가 든 물을 주지 않았다. 따라서 모든 쥐들은 밤새 동일한 식단을 따르게 되었다. 그 후에 양쪽 그룹에 대용량 청량음료에 해당하는 것을 제공했다. 그러자 이전에 프럭토스에 노출된 적 있는 쥐들에게서는 엄청난 반응이 나타났다. 간의 ATP 수치가 현격하게 저하되었고 생존 스위치가 눈에 띄게 활성화되었다. 혈액 및 간의 지방이 증가했고 요산 수치도 상승했다. 따라서 간의 산화 스트레스 역시 증가했다. 이와는 대조적으로, 처음 2주 동안에 프럭토스를 섭취하지 않은 쥐들은 청량음료에 대해 훨씬 더 차분한 반응을 보였다.

이런 연구 결과의 임상적 연관성을 살펴보기 위해 우리는 아동의 지방간과 비만을 치료하는 소아과 전문의인 질리언 설리번과 시카 선다람과 함께 연구를 수행했다. 우리는 날씬한 아동, 비만 아동, 지방간이 있는 비만 아동이 프럭토스를 얼마나 잘 흡수하는지를 비교해보았는데 그 결과는 매우 놀라웠다. 날씬한 아이들은 프럭토스를 잘 흡수하지 못했고 프럭토스 대사 과정도 서서히 이루어졌다. 반면에 비만인 아이들은 훨씬 더 쉽게 프럭토스를 흡수했으며 지방간이 있는 비만인 아이들은 그보다도 훨씬 더 쉽게 프럭토스를 흡수했다. 다른 설명도 가능하겠지만 비만과 지방간이 프럭토스 흡수 및 대사 과정의 수월성과 연관이 있다는 연구 결과를 고려하면 과거에 프럭토스가 함유된 당류에 노출된 빈도가 높으면 프럭토스의 영향에 더욱 민감하게 반응하게 된다고 추정할 수 있다.

노출 빈도가 높을수록 프럭토스에 대한 민감성이 높아진다는 점을 감안하면 우리가 어릴 때는 프럭토스의 영향에 저항성을 보이다가 시간이 흐른 뒤에는 생존 스위치를 활성화할 가능성이 더 커지는 이유를 어느 정도 알 수 있다. 또한 첨가당을 많이 섭취한 이력이 있는 사람들이 당류 섭취를 줄이더라도 체중 감량을 많이 하지 못하는 이유가 될 수도 있다. 적은 분량의 당류만으로도 생존 스위치가 활성화될 수 있기 때문이다.

더 나아가 많은 동물들이 동면에 들어가기에 앞서 게걸스럽게 과일을 먹는 것도 이런 연유에서일 수도 있다. 더 많이 먹으면 먹을수록 프럭토스를 흡수하고 대사하는 능력의 효율성이 제고되므로 지방 비축도 더 잘하게 된다.

그래도 다행인 점은 간단한 해결책이 있다는 것이다. 5일 내지 2주

동안 식단에서 프럭토스를 제외하면 높아졌던 민감성이 다시 원래 상태로 회복될 수 있다. 동물을 대상으로 한 연구에서 알 수 있듯이, 식단에서 프럭토스가 사라지면 동물들은 재빨리 체내 시스템을 초기화한다. 인간의 경우에는 저탄수 식단을 시작할 때 2주 동안 탄수화물을 엄격하게 제한하는 것이 권장되는 이유를 알 수 있다. 그래야만 우리 몸이 원래의 설정으로 되돌아갈 수 있기 때문이다. 나는 이를 '시스템 재부팅'이라고 부른다.

포인트

우리가 프럭토스를 많이 섭취하면 할수록 프럭토스의 영향에 대한 민감성이 더욱 커진다. 다시 말하자면 내가 당류를 좋아하면 할수록 당류도 나를 더 좋아하게 된다는 뜻이다. 다행히 단기적으로 탄수화물 섭취를 제한하면 시스템을 '재부팅'할 수 있다.

Q 4. 인공감미료는 안전할까? 인공감미료를 활용하면 살을 뺄 수 있을까?

인공감미료는 열량이 거의 없으며 보통 수크로스나 액상과당을 대체해서 쓰인다. 달콤하지만 열량은 낮은 음료와 음식을 만들 때 사용된다. 감미료 중에는 천연물에서 추출된 것도 있기 때문에 '인공감미료'라는 용어보다 '비非영양적 감미료'라는 명칭을 선호하기도 한다. 마트에서 가장 흔히 볼 수 있는 인공감미료는 사카린, 아스파탐, 스테비아 및 수크랄로스다. 그밖에 다른 종류도 있다.(다음의 표를 참고하라.)

비록 열량은 거의 없지만 그럼에도 불구하고 어떤 인공 당류는 여전히 생존 스위치를 활성화한다. 예를 들어 무설탕 시럽에 종종 쓰이는 소르비톨은 폴리올 경로의 일부이며 체내에서 실제로 프럭토스로 전환된다. 소르비톨의 흡수는 가변적이지만 상당한 양이 될 수도 있다. 타가토스 역시 프럭토스 대용으로 쓰이는 인공 당류이며 직접적으로 생존 스위치를 활성화할 수 있다. 프럭토스와 마찬가지로 타가토스도 프럭토키나아제를 통해서 대사되기 때문이다. 사카린은 생존 스위치를 활성화하지는 않지만 동물 대상 실험에서 인슐린 저항성을 유발한다는 연구 결과가 보고된 바 있다. 아마도 장에 서식하는 박테리아의 영향 때문이었을 것이다. 또한 생쥐들에 관한 연구에 따르면 사카린을 과다 섭취한 경우에 방광 종양이 생길 수 있다. 이 세 가지 감미료는 피할 것을 권한다.

또한 나는 아스파탐과 아드반탐도 그리 좋아하지 않는데, 이 두 가지는 화학적으로 연관성이 있다. 체내에서 이런 감미료가 분해되는 과정에서 부산물로 메탄올이 생겨나는데 이는 유독물질이다. 아스파탐의 섭취가 두통, 집중력 저하, 동요, 기억력 손상 등과 관련되어 있다는 보고가 몇몇 있다. 아스파탐을 먹은 쥐들은 미로를 통과하는 법을 기억하는 데 어려움을 겪는다.(이 때문에 1980년대에 실시된 임상실험에서 수크로스와 아스파탐이 ADHD 증상을 유발하는 데 차이가 있다는 것

인공감미료(비영양적 감미료)

합성 화합물	천연 화합물	당 알코올	화학적으로 프럭토스와 유사한 물질
사카린(스위트앤로우)*	스테비아 (트루비아)	소르비톨**	알룰로오스
아스파탐(이퀄, 뉴트러스위트)	나한과	자일리톨	야콘 시럽**
수크랄로스(스플렌다)	전화당(轉化糖)	말티톨	타가토스**
아세설팜(아세설팜칼륨) 아드반탐		에리스리톨	

* 장에 서식하는 박테리아에 영향을 미쳐서 인슐린 저항성을 유발할 수 있다.
** 체내에서 프럭토스로 전환되거나 프럭토스와 유사한 기능을 할 수 있다.

을 밝혀내지 못한 것인지도 모른다. 이 실험에 관해서는 7장에서 소개한 바 있다.)

기타 감미료 가운데서 우리 가족은 주로 수크랄로스나 스테비아를 사용한다. 수크랄로스는 단 맛이 나고 열량이 거의 없다. 수크랄로스에는 염소가 들어 있어 이에 관한 논란이 존재한다. 적절한 시험을 거치지 않았다며 우려를 표명하는 전문가들도 있다. 하지만 그동안 시행된 연구들을 살펴본 결과 걱정스러운 점을 찾을 수 없었다. 스테비아도 흔히 쓰이는 감미료 중 하나인데, 브라질에 자생하는 스테비아 식물에서 얻어낸 천연제품이라서 선호하는 사람들도 일부 있다. 유일한 단점은 스테비아를 먹고 나면 뒷맛이 약간 씁쓸하다는 점이다. 이는 또다른 천연 감미료인 나한과도 마찬가지다. 또한 나는 소르비톨

이외의 당 알코올을 좋아하고 특히 말티톨을 좋아한다. 말티톨은 탄수화물이 들어 있지 않은 아이스크림에 첨가되기도 한다. 그러나 당 알코올은 복부 팽만과 설사를 유발할 수 있다. 특히 1회 제공량이 많은 경우에 이런 현상이 더욱 심하다.

야콘 시럽은 프럭토스 분자의 사슬인 **프럭탄fructan**으로 구성되어 있다는 점이 흥미로운 감미료다. 인간은 프럭탄을 분해해서 프럭토스를 만들어낼 수 없지만 박테리아 중에는 그렇게 할 수 있는 것도 있다. 이론적으로는 장에 이런 박테리아가 서식하는 사람들은 야콘 시럽과 밀, 양파 등에 들어 있는 프럭탄을 프럭토스로 전환할 수 있고, 그러면 프럭토스를 흡수할 수 있게 된다. 그 양은 적은 편이긴 하지만 만약 야콘 시럽을 주요 감미료로 사용한다면 문제가 발생할 수 있다.*

알룰로오스는 가장 최근에 등장한 감미료다. 화학적으로 프럭토스와 유사하지만 프럭토스와는 달리 생존 스위치를 활성화하지 않으므로 알룰로오스도 좋은 선택지가 될 수 있다. 하지만 대다수의 인공감

* 흥미롭게도 충치를 유발하는 박테리아는 우리가 먹는 프럭토스를 주요 에너지원으로 삼는다. 여분의 프럭토스를 프럭탄 형태로 치아 틈새에 저장해두었다가 우리가 적극적으로 음식을 섭취하지 않을 때 이것을 먹는다. 또한 말은 프럭탄으로 인해서 병에 걸릴 수 있다. 장에 서식하는 박테리아가 목초지의 풀에 다량 함유되어 있는 프럭탄을 프럭토스로 전환하기 때문이다. 우리 팀은 콜로라도주립대학교의 타냐 헤스와 협력 연구를 실시했는데, 풀에 들어 있는 프럭탄을 통해 생성된 프럭토스가 말의 대사증후군 및 제엽염(蹄葉炎, founder)을 유발하는 원인일 수도 있다는 결론을 얻었다. 제엽염은 경주마에게 심각한 영향을 미치는 관절염으로, 트리플 크라운을 달성한 전설적인 경주마인 세크리터리어트(Secretariat)도 이 병으로 세상을 떠났다.

미료가 수크로스보다 훨씬 더 단 맛이 강해서 소량으로 사용할 수 있는 반면 알룰로오스는 수크로스보다 단 맛이 덜하다. 따라서 동일한 수준의 단 맛을 내기 위해서는 더 많은 양을 사용해야 한다. 알룰로오스는 대부분 소변으로 배설되며 신장과 방광에 장기적으로 어떤 영향을 미치는지가 아직 잘 알려져 있지 않은 상태다. 알룰로오스에 관해서 나는 조심스럽게 낙관적인 입장을 취하겠다.

따라서 첫 번째 질문에 대한 답은 다음과 같다. 결코 완전히 확신할 수는 없지만 몇몇 인공감미료는 안전한 것처럼 보인다. 하지만 인공감미료를 쓴다고 해서 사람들의 체중 증가를 방지할 수 있을까? 이에 관한 거의 모든 연구 결과에 따르면 수크로스나 액상과당이 함유된 음료를 인공 당류가 함유된 음료로 대체하면 체중 증가 폭이 줄어든다. 열량이 거의 없고 대다수는 생존 스위치를 활성화하지 않기 때문이다. 우리 연구팀이 실시한 실험에서도 수크랄로스와 사카린이 동물들의 체중 증가를 유발하지 않는다는 것을 확인할 수 있었다. 이 모든 것을 고려하면 체중을 감량하고자 하는 사람에게는 인공감미료가 도움이 될 수 있을지도 모른다.

하지만 인공 당류의 문제점은 단것에 대한 갈망을 차단하지 않을 뿐더러 오히려 촉진할 수도 있다는 점이다. 예를 들어 최근에 발표된 미국 국민건강영양조사의 분석에 따르면 다이어트 음료를 마신 어린이들은 물을 주로 마신 어린이들에 비해 열량이 있는 당류의 섭취량이 평균적으로 더 많았다. 그래서 몇몇 연구 결과에서처럼 다이어트

음료를 마시는 사람들의 체중이 증가할 위험이 더 큰 것일 수도 있다.

단 음식을 꼭 먹고 싶다면 인공감미료가 아니라 과일을 통째로 섭취하는 것이 가장 좋다. 과일을 먹으면 허기도 어느 정도 달랠 수 있고 당류에 대한 갈망도 채울 수 있다. 아마도 과일에 들어 있는 플라보노이드의 영향 때문일 것이다.

포인트

인공 당류를 꼭 써야만 한다면 신중을 기하라. 인공 당류 자체적으로는 체중 증가를 유발하지 않지만 당류에 대한 갈망을 차단하지 않을 뿐더러 오히려 촉진할 수도 있다. (아, 달콤한 슬픔이여.)

Q 5. 청량음료가 나쁘다는 것은 알겠다. 그러면 스포츠 음료는?

운동 선수들은 스포츠 음료를 마셔야 할까? 스포츠 음료도 비만을 유발할까?

경기 스포츠와 격렬한 레크리에이션 활동은 힘들다. 우리가 힘든 운동을 하면 땀이 나서 체내에 쌓이는 열이 해소된다. 하지만 그 과정에서 수분과 염분을 잃게 되고 결과적으로 탈수 증상이 나타난다. 연구 결과에 따르면 체내 수분의 2퍼센트가 빠져나간 정도의 가벼운 탈수 현상도 우리의 집중력과 경기력에 영향을 미칠 수 있다.

1960년대 중반에 최초의 스포츠 음료를 만든 사람은 플로리다대학교 의대 교수인 로버트 케이드였다. 그는 플로리다의 더운 날씨 때문에 이 대학의 미식축구팀 선수들이 탈수 증상을 겪고 있으며 몇몇 선수들은 경기 중에 500그램 이상 체중이 감소한다는 사실을 알게 되었다. 물론 선수들은 물도 마셨고 염분 보충제도 먹었지만 탈수 증상을 방지하기에는 역부족이었다. 케이드는 예전에 참가했던 과학 컨퍼런스 강연 덕분에 수분 보충액에 글루코스를 넣으면 장에서의 염분 흡수가 현저하게 향상된다는 것을 알고 있었다. 또한 우리가 운동을 하면 근육과 간에 있는 글리코겐 형태의 글루코스가 연소되는데, 케이드는 일정량의 글루코스를 공급하면 근육을 위한 연료를 보충할 수 있을 뿐 아니라 선수의 혈중 글루코스 수치가 떨어지는 것을 예방할 수 있겠다고 착안했다. 그래서 그와 팀 동료들은 물과 염분, 글루코스가 함유된 최초의 스포츠 음료를 만들어냈다. 글루코스는 단 맛이 부족하기 때문에 처음에는 이 음료의 맛이 그리 좋지 않았다. 그러나 여러 가지 향미를 첨가하고 소량의 프럭토스를 넣었더니 점차 맛이 좋아졌다. 바로 이렇게 탄생한 음료가 게토레이Gatorade다.*

이 무렵에는 경기력을 향상하려면 스포츠 음료의 성분을 어떻게 최

* 케이드 교수는 창의력이 뛰어난 천재였을 뿐 아니라 매우 겸손하고 유쾌한 사람이었다. 플로리다대학교의 저명한 교수인 그는 나의 친한 친구이기도 했다. 그는 나에게 게토레이 개발 초기에 있었던 일화를 들려주기도 했다. 그가 만든 스포츠 음료를 최초로 시음한 미식축구팀 선수들 중 한 명은 이 음료가 '소변 맛'이 난다고 말했고 음료를 마시는 대신 경기 중에 음료를 머리 위에 부어버렸다. 케이드 교수는 웃으면서 이렇게 말했다. "그래도 몸을 식힐 수는 있었을 테니까 도움이 됐겠지."

적으로 구성해야 하는가에 관한 다양한 연구가 진행되었다. 우선 글루코스 농도가 6퍼센트일 때 경기력이 최적화된다는 결과가 나왔다. 그보다 더 높아지면 오히려 경기력이 저하됐다. 다음으로는 글루코스에 소량의 프럭토스를 추가하면 경기력이 더욱 향상된다는 연구 결과가 보고되었다. 프럭토스 덕분에 장에서의 글루코스 흡수력이 높아졌고 그 결과 근육에 더 많은 글루코스가 전달되었기 때문이다. 총 섭취 열량을 동일하게 유지한 경우에도 마찬가지였다. 또다른 연구에 따르면 프럭토스 성분은 글루코스 성분에 비해 함량이 항상 더 낮아야 했다. 프럭토스의 양이 너무 많아지면 경기력이 상당히 악화되었다.

논의의 여지는 있지만 내 생각에는 글루코스 4퍼센트에 프럭토스 1~2퍼센트, 염분 농도는 리터당 0.5그램인 스포츠 음료가 이상적일 것 같다. 225밀리리터 음료라면 프럭토스 함유량이 약 4~5그램 이다. 이 정도의 적은 양이라면 생존 스위치를 활성화하지 않고 장에서 대사될 것이다.

반면 탈수 현상을 유발하고 경기력을 저하시키는 청량음료에는 프럭토스 6퍼센트, 글루코스 5퍼센트가 포함되어 있다. 예를 들어 우리 팀의 연구 협력자들이 열 스트레스로 인한 가벼운 탈수 현상을 보이는 쥐들에게 프럭토스 5퍼센트, 글루코스 3퍼센트인 용액을 투여했더니 탈수 상태가 더욱 악화되었고 신장 손상이 발생했다.

포인트

스포츠 음료는 격렬한 운동을 하는 동안 탈수를 예방하고 치료할 수 있다. 또한 구토나 설사로 탈수 증세를 보이는 환자들에게도 도움이 될 수 있다. 적당량의 글루코스와 소량의 프럭토스를 섭취하는 것은 경기력 향상에 도움이 되며 비만의 위험을 높이지 않는다. 하지만 운동을 하거나 아픈 경우를 제외하고는 스포츠 음료의 섭취를 권장하지 않는다.

Q 6. 당류를 섭취하면 성과가 향상된다는 연구 결과도 있다. 당류가 학업 성적을 저해한다는 증거도 있는데, 어떻게 당류 섭취가 성과 향상에 도움이 된다는 걸까?

아마도 몇몇 연구 결과를 인용해 당류가 지적 수행능력을 제고하는 데 도움이 된다는 말을 들어본 적이 있을 것이다. 특히 격렬한 운동을 하거나 아침식사를 거르는 아이들에게 당류를 제공하는 경우에 말이다. 어떤 사람들은 이런 연구 결과를 근거로 당류 섭취를 독려할 필요가 있다고 주장하기도 한다.

하지만 이런 연구에서 언급된 '당류'는 설탕(수크로스)이나 액상과당처럼 프럭토스가 함유된 당류가 아니라 글루코스를 의미한다. 또한 이런 연구는 대부분 아이들을 대상으로 실시됐는데, 아이들은 아침식사를 거르면 학업 성적이 나빠진다는 결과가 나타났다. 글루코스를 제공하면 이런 영향을 방지할 수 있지만 너무 많은 양의 글루코스를 제공하면 오히려 학업 성적이 더 악화될 수 있다. 또한 무작위 연구 결과에 따르면 아침에 혈당지수가 낮은 음식을 먹은 청소년들은 혈당지수가 높은 아침식사를 먹거나 아예 아침식사를 하지 않은 아이들에 비해서 작업 기억과 집중력을 평가하기 위한 표준검사에서 더 높은 성적을 얻었다. 흥미로운 점은 혈당지수가 낮은 아침식사를 먹은 아이들의 글루코스 수치는 최고치가 약 115mg/dL였는데 혈당지수가 높은 아침식사를 먹은 아이들의 경우에는 125mg/dL였다는 것이다.

이와 유사한 연구가 대학생과 노인을 대상으로도 진행된 바 있는데, 공복 상태의 참가자들에게 글루코스를 제공했더니 반응 시간 등 기억력이 향상되었다. 다시 말하지만 글루코스의 양이 결과를 좌우하는 것 같다. 과다한 양을 제공하면 도움이 되지 않는다.

포인트

혈당 수치가 낮으면 지적 수행능력이 악화되지만 혈당 수치가 높은 경우도 마찬가지다! 아침식사는 꼭 챙겨먹되, 혈당지수가 높은 시리얼은 피하는 것이 좋다!

Q 7. 프럭토스가 함유된 당류의 영향에 저항성을 보이는 사람들도 있을까? 당류 저항성이 발생하는 잠재적 원인은 무엇일까?

여러 가지 이유로 당류에 '저항성'이 있는 것처럼 보이는 사람들이 일부 존재한다. 예를 들자면 젊은 사람들은 마음껏 당류를 섭취할 수 있는 것 같다. 하지만 지금까지 살펴본 것처럼 이런 현상은 아마도 예전에 프럭토스에 노출된 경험이 제한적이기 때문일 것이다. 나이와 상관없이 프럭토스가 함유된 당류를 많이 섭취하지 않는 사람들의 경우에는 프럭토스를 흡수하고 대사하는 시스템이 아직 '켜지지 않은' 상태다. 그렇기 때문에 당류를 섭취한다 하더라도 상대적으로 가벼운 대사 반응이 일어나게 된다.

흔히 찾아볼 수 있는 또다른 이유 중 하나는 젊은 사람들이나 운동을 많이 하는 사람들은 미토콘드리아가 더욱 건강하기 때문이다. 에너지 공장이 더 건강하기 때문에 프럭토스로 인해 유발되며 생존 스위치를 활성화하는 산화 스트레스에 더 큰 저항성을 보인다. 하지만 나는 위에서 언급한 사례들의 경우에는 진정한 당류 저항성이 있다고 생각하지 않는다. 만약 프럭토스가 함유된 당류를 지속적으로 섭취한다면 지방 스위치에 따른 결과가 수면 위로 올라올 것이기 때문이다.*

* 젊은 사람들, 특히 운동을 많이 하는 사람들의 미토콘드리아가 더욱 건강해 상대적으로 프럭토스의 영향에 저항성을 나타내기 때문에, 사람들에게 프럭토스를 제공했을 때 연구마다 그 반응의 변동성이 큰 것이다. 액상과당 업계는 젊고 운동을 많이 하고 건강한 사람들에게 프럭토스를 제공하는 편을 선호한다. 그런 사람들은 프럭토스를 일회성 또는 단기간 섭취했을 때 최소한의 대사 반응을 보이기 때문이다. 반면에 비만 환자나 인슐린 저항성이 있는 사람에게 동일한 양의 프럭토스를 제공하면 대사 과정에 훨씬 더 큰 영향을 받게 될 것이다.

프럭토스에 저항성을 보이는 것으로 여겨지는 또다른 그룹으로는 탄자니아의 하즈다족이 있다. 현대에도 수렵·채집 생활을 하는 하즈다족은 야생 과일과 무화과, 꿀을 채집하고 크고 작은 동물을 사냥해서 먹고 산다. 특히 남자들은 꿀을 많이 섭취하는데, 꿀이 총 칼로리의 6분의 1을 차지할 정도다. (때로는 그 이상인 경우도 있다.) 다량의 프럭토스를 섭취하기 때문에 하즈다족은 심각한 충치와 치주 질환으로 고생한다. 하지만 날씬한 몸을 유지하며 상대적으로 당뇨병과 심장 질환에 잘 걸리지 않는다.

나는 하즈다족이 당뇨에 저항성이 있다고 생각하지 않는다. 오히려 그들은 꿀을 통해 프럭토스를 섭취하기 때문에 생존에 필요한 지방을 충분히 만들어낼 수 있다. 사냥할 동물을 찾기란 쉽지 않고 남자들은 식량을 구하기 위해 약 15킬로미터 정도의 먼 거리를 하루 종일 걸어다닌다. 주목해야 할 점은 이렇게 운동을 많이 하는데도 하즈다족이 하루에 섭취하고 연소하는 칼로리의 양은 뉴욕에서 일하는 사무직 노동자와 똑같다는 것이다. 하지만 생존 스위치가 활성화되면 당연히 이런 현상이 발생한다. 식량을 구하기 위해 먹이탐색 활동을 하느라 많은 에너지를 소모하지만, 휴식을 취할 때는 체내의 에너지 소비량이 줄어든다. 섭취한 음식으로 더 오래 버티고 살아남기 위해서다. 나는 하즈다족이 생존에 필요한 만큼만 꿀을 섭취한다고 본다. 만약 그만큼 꿀을 먹지 않는다면 굶주림의 위험에 처하게 될 것이다.

하즈다족과는 대조적으로 파나마 북부 해안의 산블라스제도에 사는 구나족은 정말로 당류에 대한 저항성을 키우는 방법을 발견해낸 것 같다. 1940년대의 초기 자료를 보면 산블라스제도에 사는 사람들은 고혈압에 걸리지 않는 것으로 보인다는 내용이 수록되어 있다. 그래서 과학자들은 혹시 이 부족에게 보호 유전자가 있는 것은 아닌지 호기심을 갖게 되었다.

보스턴에 위치한 브리검 여성병원 순환기내과의 권위자인 노먼 홀렌버그는 1990년대에 파나마로 가서 연구를 진행했는데, 구나족이 고혈압뿐만 아니라 비만과 당뇨병에도 저항성을 보인다는 사실을 발견했다. 그런데 파나마시티로 이주한 구나족의 경우에는 비만과 당뇨병에 걸리는 비율이 높아진다는 상황을 알게 되었다. 그렇다면 유전자가 보호 역할을 한 것이 아니라 산블라스제도에 사는 사람들의 생활방식에 뭔가 특별한 점이 있다는 뜻이었다. 홀렌버그와 연구팀 동료들은 식단을 살펴보았는데 산블라스제도에 사는 구나족은 하루에 약 12그램 정도로 염분을 많이 섭취했고 수크로스(설탕)도 많이 섭취했다. 그런데 그 팀의 영양사가 주목한 바에 따르면 그들은 매일 쓴 맛이 나는 코코아를 많이 마셨다. 무려 5~10잔 정도였다. 홀렌버그와 동료들은 이 코코아에 **에피카테킨epicatechin**이라는 특별한 형태의 플라보노이드가 함유되어 있다는 점을 알아냈다. 에피카테킨은 미토콘드리아의 성장을 촉진하고 체내 에너지 공장의 수를 늘리며 에너지 보호를 최적화하는 것으로 보인다.

우리 연구팀은 기예르모 세바요스, 프란시스코 비야레알, 조지 슈라이너, 선딥 두가르 등 여러 과학자들의 도움으로 이 문제에 관해 계속 연구를 진행했다. 대사증후군이 있고 혈중 중성지방 수치가 높은 참가자들에게 무작위로 에피카테킨 보충제 또는 플라시보를 4주 동안 제공하는 실험을 실시해보았다. 실험 기간이 끝나갈 무렵에 우리는 에피카테킨을 제공받은 참가자들의 혈중 중성지방과 염증 표지자 수치가 개선된 것을 확인할 수 있었다. 또한 전에는 인슐린 저항성을 보였던 참가자들의 공복 글루코스 수치도 향상되었다. 또한 에피카테킨이 산화 스트레스로부터 에너지 공장을 보호해주는 역할을 하므로 프럭토스가 간세포에 미치는 영향을 차단할 수 있다는 것을 알 수 있었다. 요약하자면 대사증후군이 발생하지 않도록 에피카테킨이 어느 정도 보호 기능을 한다. (이에 관해서는 10장에서 더 자세히 살펴볼 것이다.)

마지막으로 10만 명 중 한 명 꼴로 매우 드물게 당류에 대한 진정한 저항성을 보이는 경우가 있다. 바로 유전병인 **본태성 과당뇨증essential fructosuria**이다. 이 병에 걸린 사람들은 프럭토스를 분해하는 효소인 프럭토키나아제를 만들어낼 수 있는 능력이 없기 때문에 생존 스위치가 켜지지 않는다. 이 병이 있는 사람들은 평범한 일상을 누리며 살아가지만 당류를 섭취하더라도 합병증이 발생하지 않는다. 섭취한 프럭토스의 대부분이 소변으로 배설되기 때문이다. 지금까지 알려진 바에 따르면 본태성 과당뇨증에 걸린 사람 가운데 비만이나 2형 당뇨병에 걸린 경우는 없다.

포인트

당류에 대한 저항성은 드물긴 하지만 존재하긴 한다. 본인이 당류에 저항성이 있다고 생각하는 사람들의 대다수는 사실상 그렇지 않고, 프럭토스가 함유된 당류를 오랜 기간 계속 섭취한다면 대사증후군이 발생하게 된다. 프럭토스를 먹거나 마시는 것을 줄이고 운동을 통해 건강한 에너지 공장을 유지하고 특정 플라보노이드 성분이 다량 함유된 음식을 먹거나 마시는 것 등의 방법을 통해 당류에 대한 저항성을 조금 더 높일 수 있다.

Q 8. 당류에 대한 갈망을 차단할 수 있는 방법은 없을까?

사람들이 당류 섭취량을 줄이는 데 실패하는 주된 원인은 당류에 대한 갈망 때문이다. 이 갈망을 차단할 수 있는 방법은 없을까?

현재 우리가 당류에 대한 갈망을 완전히 차단할 수는 없지만 갈망을 줄이기 위해 시도해볼 만한 것들은 있다. 가장 좋은 방법 중 하나는 저탄수 식단을 따르거나 첨가당 섭취량을 상당히 줄여보는 것이다. 처음 며칠간은 극심한 갈망을 느끼는 힘겨운 시간을 견뎌야 하겠지만 첫 주나 둘째 주가 지나고 나면 갈망이 줄어드는 경향이 있다.

앞에서 언급했듯이 인공 당류로 대체하는 방식으로 첨가당을 줄이게 되면 당류에 대한 갈망을 지속적으로 촉진하게 된다는 점을 기억하자. 당류에 대한 갈망을 줄이는 데 성공하려면 식단에서 인공 당류를 없애야 할 수도 있다. 또한 알코올 섭취는 당류에 대한 욕구와 상당히 긴밀하게 연관되어 있기 때문에 알코올 섭취를 줄이는 것도 도움이 된다.

과일을 통째로 먹는 방법으로 당류에 대한 갈망을 달래보는 것도 좋다. 과일을 통째로 먹으면 극심한 갈망을 느낄 때 충족 효과를 내면서도 대사증후군은 악화시키지 않는다는 연구 결과도 있다.

갈망을 줄이는 또다른 방법으로 물을 많이 마시거나 채소나 샐러드를 많이 먹어서 포만감을 유도할 수 있다. 운동을 하거나 친구를 만나는 등 다른 곳으로 주의를 돌려보는 것도 좋다. 글루타민 등 여러 가지 영양 보충제를 복용하는 방법을 시도해본 연구자들도 있는데, 그런 보충제가 효과적이라는 분명한 증거가 있는지는 아직 잘 모르겠다.

그런데 어쩌면 당류에 대한 갈망을 차단할 수 있는 방법이 조만간 나타날지도 모른다. 프럭토스를 대사할 능력이 없는 동물들은 프럭토스에 대한 갈망을 느끼지 않는 것처럼 보인다. 또한 프럭토스를 섭취해도 대사증후군에 걸리지 않는다. 이런 점에 착안해 제약업계에서는 프럭토스 대사를 억제하는 약을 만들기 위해 노력하고 있다. 이런 억제제의 이점은 혈당지수가 높은 음식과 짠 음식을 먹었을 때 우리 몸에서 생성되는 프럭토스의 영향도 차단할 수 있다는 것이다. 현재 여러 대기업들이 프럭토스의 영향을 차단할 수 있는 약을 만들기 위해 애쓰고 있고, 그러면 당류에 대한 갈망도 차단할 수 있을지도 모른다. 우리 연구팀에서는 프럭토키나아제를 타깃으로 하는 약을 개발하고 있다. 프럭토스가 함유된 당류 및 알코올에 대한 갈망을 차단하는 것이 목표다. (앞장에서 살펴본 것처럼 알코올 역시 프럭토스 경로를 거친다.)

포인트

아직까지는 당류에 대한 갈망을 차단할 수 있는 믿을 만한 방법을 찾지 못한 상태다. 현재로서는 최대한 모든 수단과 방법을 동원해서 당류에 대한 갈망을 약화시키는 것이 최선이다. 꼭 단 것을 먹어야겠다는 생각이 강하게 들 때는 과일을 통째로 먹는 것을 권하고 싶다.

현재는 당류에 대한 갈망을 완전히 차단할 수 없을지 모른다. 하지만 절망할 필요는 없다. 생존 스위치에 대한 지식을 바탕으로 비만을 퇴치할 방법을 찾아낼 수 있기 때문이다. 다음 장에서는 추가적인 체중 증가 및 건강 관련 문제들을 예방하기 위해서 생존 스위치의 강도를 줄이는 방법에 관해서 알아보겠다. 그리고 마지막 장에서는 그동안 배운 지식을 바탕으로 체중을 감량하고 생존 스위치를 끄고 건강을 증진할 수 있는 방법을 개발해보자.

9

지방 스위치를 차단하는 최적의 식단

자연은 굶주림과 탈수, 질식 및 생존을 위협하는 다른 요인들로 인해 죽을 위험에 직면한 동물들을 도와주기 위해서 119 전화에 해당하는 생물학적 반응을 만들어냈다. 이것이 바로 우리가 말하는 생존 스위치다. 이 스위치를 활성화하는 주된 방법은 프럭토스를 섭취하거나 생성하는 것이다. 탈수 및 혈중 글루코스의 상승은 체내에서 프럭토스를 만들어낼 수 있는 능력을 활성화하게 된다. 감칠맛이 풍부한 음식을 섭취하는 것도 이 생물학적 스위치를 활성화할 수 있다. 그런 음식이 프럭토스의 영향에 핵심적인 역할을 담당하는 요산의 생성을 촉진하기 때문이다. 이 생존 경로의 중요성 때문에 우리를 비롯한 수많은 종의 동물이 달고 짜고 감칠맛이 나는 음식에 대한 구체적인 미각을 발달시켜온 것이다.

생존 스위치의 영향은 매우 강력하다. 첫째, 갈망과 충동성이 자극을 받고 의지력은 약화된다. 위험한 상황에서도 식량과 물을 얻기 위한 먹이탐색 활동을 촉진하기 위해서다. 뇌에서는 렙틴 저항성이 생기기 때문에 음식을 먹은 뒤에도 허기가 사라지지 않아서 필요량보다 더 많은 음식을 먹게 된다. 그러면 지방 비축량이 늘어나게 된다. 휴식을 취하는 동안에는 에너지 요구량을 줄여서 에너지를 절약한다. 따라서 먹이탐색 활동을 하느라 에너지를 소모하더라도 이미 비축한 지방 저장분을 유지할 수 있다. 또한 열량 저장 및 연소와 관련 없이 진행되는 생물학적 변화도 있는데, 인슐린 저항성 유발(뇌에 공급할 글루코스를 확보하기 위해), 혈압 상승(순환을 유지하기 위해), 염증 반응 촉진(감염 예방을 위해), 미토콘드리아에서 에너지 생산을 둔화시키는 산화 스트레스 발생 등이 이에 해당한다.

이렇게 복잡한 과정을 거친 결과, 우리가 섭취하는 열량은 즉각적인 에너지 생산에 쓰이는 것이 아니라 지방 생산을 위해서 전용된다. 지방 연소량은 줄어든 상황인데도 말이다. 우리는 에너지를 다시 채우기 위해 음식을 더 많이 먹고 산소가 필요 없는 원시적인 시스템으로 에너지 생산 과정을 전환하여 줄어든 가용 에너지를 보충한다.

이런 시스템은 야생 생활을 하는 동물들과 인간들을 보호하는 데는 이상적이지만, 제한된 기간에만 사용하도록 되어 있었다. 오늘날에는 이런 경로가 만성적으로 활성화된 결과로 비만뿐 아니라 대사증후군, 당뇨병, 고혈압 등 현대 사회의 여러 질병들이 발생하고 있다.

이제 우리 스스로를 보호하려면 생존 스위치를 활성화하는 행동을 반드시 중단해야 한다.

첫째, 지금 우리가 논의하고 있는 과정은 단순히 켜지고 꺼지기만 하는 스위치가 아니라 조도를 조절하는 스위치로 생각해야 한다. 우리가 섭취하거나 만들어내는 프럭토스의 양 또는 그 속도에 따라서 활성화되는 정도에 차이가 있을 수 있다. 스위치가 켜지는 것에 대한 사람들의 반응은 각자의 건강 상태에 따라 달라진다. 훌륭한 에너지 공장을 갖추고 있는 건강한 운동선수는 이미 과체중이고 당뇨 전단계인 사람에 비해 프럭토스의 영향에 덜 민감하게 반응할 것이다. 이와 마찬가지로 특히 다른 기저 질환이 있는 노인들은 젊은 사람들에 비해서 더 큰 위험에 처하게 된다.

또한 지방 스위치 이외에도 비만을 유발하는 데 영향을 미치는 다른 요인들도 분명히 존재한다. 사회경제학적 요인, 교육, 문화적 관습, 유전학, '울타리enclosure 효과'(다음 장 참고), 심지어 장에 서식하는 박테리아(마이크로바이옴)가 여기에 포함된다. 그럼에도 불구하고 내가 수행하고 검토한 연구들을 바탕으로 할 때 지방 스위치가 비만, 대사증후군 및 다른 질병들을 일으키는 주요 원인으로 보인다.

그렇다면 어떻게 해야 생존 스위치가 활성화되는 것을 최소화할 수 있을까? 체중 증가를 예방하고 장기적인 건강을 극대화하려면 어떤 식단을 섭취해야 할까? (비교적 지키기 쉬운 식단이면 좋겠다.)

울타리 효과

체중이 증가하는 이유 가운데서 가장 간과하기 쉬운 것이 '울타리 효과'다. 한정된 공간에 갇혀 있고 쉽게 먹이를 얻을 수 있는 동물들은 쉽게 살이 찐다. 동물원에 비만 유행병이 존재하고 어떤 애완동물들은 비만 상태가 되는 이유도 바로 이 때문이다. 허기를 통해서 먹이 섭취를 촉진하는 생물학적 경로인 생존 스위치와는 달리, 울타리 효과의 경우에는 한정된 공간에 갇혀 있는 데서 오는 지루함 때문에 습관적으로 음식을 먹게 된다. (물론 생존 스위치를 활성화하는 음식까지 먹게 되면 생물학적인 식욕도 늘어날 것이다.) 우리 인간도 각자의 '울타리'에서 살아가는 경우가 많기 때문에 울타리 효과가 음식 섭취에 영향을 미칠 수 있다.

일단 3대 주요 영양소인 탄수화물, 지방, 단백질에서부터 시작해보자. 건강 식단을 유지하더라도 이 세 가지 중 어떤 것을 반드시 극도로 제한해야 하는 것은 아니다.

좋은 탄수화물과 나쁜 탄수화물

현재 서구 식단의 45~65퍼센트가 탄수화물로 이루어져 있다. 첨가당은 15~20퍼센트를 차지하며 나머지는 전분이 함유된 채소, 전분이 없는 채소, 곡식, 견과류 등 복합 탄수화물이다. 일반적으로 건강 식단을 추천하는 책들은 대개 탄수화물이 비만 유행병을 유발하는 주범이라고 주장한다. 따라서 어떤 형태로든 탄수화물의 제한이 포함된 식단이 많다. 특히 단 음식과 전분이 많은 음식을 제한해야 하며 단백질 또는 지방 섭취는 그만큼 늘려야 한다고 지적한다.

우리 팀도 이런 연구 결과들이 맞다는 것을 확인했는데, 이와 더불어 비탄수화물 음식이 생존 스위치를 활성화하는 원인이 된다는 사실도 알아냈다. 모든 탄수화물이 나쁜 것은 아니라는 게 중요하다. 우리가 신경 써서 주의해야 할 탄수화물은 수크로스와 액상과당처럼 프럭토스가 함유된 당류와 혈중 글루코스 수치의 급격한 상승을 유발하는 탄수화물이다. 그밖에 다른 탄수화물은 섭취해도 안전할 뿐 아니라 건강에도 많은 도움이 된다.

5장에서 살펴보았던 음식의 혈당지수를 참고하면 결과적으로 혈중 글루코스 수치를 크게 높이는 탄수화물과 그렇지 않은 탄수화물을 구분할 수 있다. 혈당지수가 높은 탄수화물에는 쌀, 감자, 빵, 시리얼, 감자튀김·칩 등이 있고 혈당지수가 낮은 탄수화물에는 대부분의 비전분성 채소(브로콜리, 아스파라거스), 샐러드 채소(양상추, 오이, 토마토), 콩류(렌틸콩), 씨앗과 견과류 등이 있다. 그런데 한 가지 더 확인해야 할 요인이 있다. 바로 해당 음식의 **혈당부하glycemic load***가 높은지 여부다. 혈당부하는 음식이 혈중 글루코스(즉 혈당지수)를 높일 가능성이 얼마나 되는지뿐만 아니라 일반적인 양의 음식에 탄수화물이 얼마나 많이 들어 있는지도 고려한 값이다. 예를 들어 수박은 혈당지수가 높지만 수박 한 조각을 먹는다고 해서 글루코스가 지나치게 높아지지는 않는다. 이 한 조각에 들어 있는 탄수화물의 양이 그리 많지 않기 때문이다. 그러면 혈당부하는 적당한 수준이라고 할 수 있다. 반면 스파게티는 혈당지수가 그다지 높지 않지만 사람들이 한 번에 많이 먹는 경우가 많으므로 글루코스 수치가 금세 높아져서 생존 스위치를 활성화할 수 있다.

다음 장에 혈당지수가 높은 주요 음식과 그 음식의 혈당부하를 표

* 혈당부하는 일반적인 1회 제공량에 들어 있는 탄수화물의 양(g)에 혈당지수를 곱해서 계산하며, 퍼센트로 나타낸다. 20 이상이면 혈당부하가 높은 것이며, 흰 빵을 20그램 섭취하는 것에 해당하는 수준이다. 예를 들어 스파게티는 혈당지수가 낮지만(42) 1회 제공량으로 섭취하는 분량이 많기 때문에(48그램) 혈당부하도 높다(48 × 0.42 = 20).

로 정리했다. 혈당지수가 높은 음식(70 이상) 또는 혈당부하가 높은 음식(20 이상)은 식단에서 제한할 필요가 있다. 혈당지수 및 혈당부하 관련 리스트는 온라인에서 더 찾아볼 수 있다.*

모든 탄수화물이 나쁜 것은 아니다.

탄수화물을 고를 때는 몇 가지 더 고려해야 할 사항이 있다. 예를 들어 먹기 전에 간단히 데우기만 하면 되는 인스턴트 오트밀이나 즉석 밥은 대개 오트밀이나 밥에 비해 혈당지수가 더 높다. 빨리 익도록 곡물을 전처리해두었기 때문에 식이섬유가 파괴되거나 제거되기 때문이다. 또한 전분에는 다양한 종류가 있다. 전분은 수많은 글루코스 분자로 이루어져 있고 장에서 분해된다. 주요 성분 중에서 아밀로펙틴은 아밀로오스에 비해 훨씬 더 쉽게 분해되므로 혈당지수가 더 높다. 대부분의 백미에는 주로 아밀로펙틴이 들어 있고 혈당지수가 높다. 그러나 바스마티 쌀처럼 길쭉한 모양의 쌀에는 아밀로오스 성분이 더 많이 들어 있기 때문에 비교적 혈당지수가 낮은 편이다.

아울러 사람마다 탄수화물을 분해하는 능력에 상당한 차이가 있다는 점을 기억하자. 여기에는 유전학적 이유가 있다. 예를 들어 어떤 사

* 일반적인 음식의 혈당지수와 혈당부하를 확인하고 싶다면 다음 사이트를 참고하기 바란다(https://www.health.harvard.edu/diseases-and-conditions/glycemic-index-and-glycemic-load-for-100-foods). 《당뇨병 치료》(2008년 12월)에 수록된 〈혈당지수 및 혈당부하 값 국제 기준표(2008)〉도 참고하자.

혈당지수 또는 혈당부하가 높은 탄수화물의 예

탄수화물	1회 제공량	혈당지수	혈당부하
구운 감자	중간 크기 1개	100	33
인스턴트 오트밀	1컵	83	30
콘플레이크	1컵	80	23
수박	1컵	76	8
백미	1컵	73	35
흰빵	2조각	71	20
팬케이크	1장	70	39
베이글	1개	69	24
단 옥수수	1개	60	20
스파게티	1컵	48	20

람들은 아밀라아제 효소를 많이 생산하기 때문에(5장 참고) 다른 사람들에 비해서 전분에 든 아밀로오스 성분을 훨씬 쉽게 분해할 수 있다. 또한 장에 어떤 박테리아가 서식하는지에 따라서 탄수화물을 분해하는 방식이 달라진다. 다양한 음식에 대한 자신의 혈중 글루코스 반응을 판단할 수 있도록 지속적인 글루코스 모니터를 사용할 것을 권장하는 사람들도 있다.

혈당지수가 높은 탄수화물과는 대조적으로, 대부분의 채소는 혈당지수가 낮으며 특히 녹색 채소는 건강에 이롭다. 채소에도 프럭토스

자신의 혈중 글루코스 반응을 모니터링 하기

탄수화물에 대한 반응으로 혈중 글루코스 수치가 변하는 정도가 사람마다 제각기 다르므로 지속적으로 글루코스를 모니터링하는 기기를 활용하면 맞춤형 분석 자료를 얻을 수 있다. 팔 위쪽의 뒤편에 기기를 착용하면 하루 일과 중에 혈중 글루코스 수치에 관한 정보를 분 단위로 받을 수 있다.

나도 이런 기기를 사용해보았는데 어떤 음식이 나의 혈중 글루코스 수치를 높이는지를 파악하는 데 유용했다. (그런 음식은 스위치를 활성화할 가능성이 있다.) 또한 내가 언제 낮은 혈중 글루코스 수치(60mg/dL 이하)에 민감한지를 알 수 있었다. 그럴 때는 약간 어지럽거나 혼란스러운 기분이 들기도 한다. (후자의 경우는 운동할 때, 공복 상태일 때, 탄수화물 섭취를 제한할 때 발생할 수 있다.)

하루 중 대부분을 글루코스 수치 70~110mg/dL 수준으로 유지하기를 목표로 삼는 것이 좋다. 식사 직후에는 글루코스 수치가 상승하지만 식후 1~2시간이 경과하면 140mg/dL 이하로 떨어져야 하며 가능하면 120mg/dL 이하가 더욱 바람직하다. 간이나 혈액의 글루코스 수치가 정확히 얼마일 때 생존 스위치가 활성화되는지는 알 수 없지만, 혈중 글루코스 수치를 위에서 제시한 범위 내로 유지한다면 탄수화물의 섭취에 대한 반응으로 프럭토스가 생산되는 것을 최소화할 수 있을 것이다.

가 약간 들어 있기는 하지만 소량이기 때문에 생존 스위치를 활성화하지는 않는 것으로 보인다. 또한 채소가 비만과 심장 질환의 위험을 낮추는 데 도움이 된다는 연구 결과도 많다.

좋은 지방과 나쁜 지방

다양한 종류의 지방을 소개하기에 앞서 일단 지방에 대한 전반적인 특성을 살펴보고 지방이 생존 스위치에 어떤 영향을 미치는지 알아보는 것이 중요하다.

예전에는 지방이 비만과 심혈관계 질환을 유발하는 주요 용의자로 지목되었다. 지방의 열량 밀도가 가장 높기 때문이다. 지방 한 스푼은 설탕 한 스푼에 비해 두 배 이상의 열량을 지닌다. 탄수화물과 단백질은 그램당 4칼로리인데 지방은 그램당 9칼로리의 열량을 낸다.

그러나 지방이 많이 함유된 음식을 먹는다고 해서 그 자체만으로 생존 스위치가 활성화되거나 체중 증가가 유발되지는 않는다. 실제로 우리 팀의 협력자인 생리학자 필 스카페이스는 실험실의 동물들에게 첨가당 없이 라드를 먹여보았는데 동물들은 살이 찌지 않았다. 렙틴 저항성이 유지되었고 필요한 만큼 칼로리 섭취량을 조정했기 때문이다. 그런데 만약 프럭토스가 함유된 당류나 짠 음식 때문에 생존 스위치가 이미 활성화되어 있는 상태라면, 지방이 많은 음식을 먹으면 고칼로리 성분 때문에 빠르게 살이 찌게 될 것이다. 우리 팀과 필은 일단 동물들에게 프럭토스를 먹여서 렙틴 저항성을 유발했고 그다음에는 프럭토스 공급을 중단한 뒤 라드가 포함된 식단을 지키게 했다. 이 동물들은 렙틴 저항성이 있었기 때문에 자신의 식욕을 통제하지 못하거나 평소보다 라드를 훨씬 더 많이 먹었고 체중이 급격히 증가했다.

다시 말해서 우리가 일단 불을 붙였다면, 즉 스위치가 켜졌다면 지방 때문에 불이 더 크고 밝게 타오르는 것이다. 따라서 당류와 지방이 둘 다 많이 들어 있는 식단은 실험실 동물들의 비만을 유발할 수 있는 가장 좋은 방법이 된다. 우리도 이런 점을 참고할 필요가 있다. 일반적인 서구 식단에는 대개 첨가당과 지방이 많이 들어 있기 때문이다.

저탄수 식단(프럭토스와 혈당지수가 높은 탄수화물이 적다)의 경우에는 생존 스위치의 강도가 줄어들기 때문에 허기를 덜 느끼게 된다. 그러므로 식단에 지방이 많이 포함되어 있더라도 체중이 늘어나지 않을 것이다. 저지방 식단으로 체중을 감량하려면 열량 제한도 해야 하는 이유이다. 저탄수 식단의 경우에는 지방을 피한다거나 하는 열량 제한을 하지 않아도 된다. 범인은 프럭토스다. 지방은 공범에 불과하다.

지방에는 여러 가지 종류가 있다. **포화지방**은 버터, 코코넛 오일, 팜유, 전유whole milk, 치즈, 튀긴 음식 및 적색육에 들어 있는 주요 지방이다. 포화지방이 생존 스위치와 어떤 상호작용을 하는지 확실하게 알 수는 없지만, 관상동맥 질환을 유발하는 위험요인으로 밝혀진 LDL콜레스테롤(나쁜 콜레스테롤)을 높이는 원인으로 작용한다. 따라서 나는 대다수 의학단체의 견해에 동의하며 포화지방을 하루 총 열량의 10퍼센트 이하로 제한할 것을 권장한다.

범인은 프럭토스다.
지방은 공범에 불과하다.

트랜스지방은 수소화hydrogenation라는 화학적 과정을 통해서 만들어낸 지방이다. 수소화 과정을 거치면 식물성 기름이 고체 형태로 바뀌어서 유통기한이 늘어난다. 예전에는 식물성 쇼트닝, 마가린, 상당수의 포장식품에 트랜스지방이 들어 있었다. 한때는 안전하다고 생각했지만 나중에 당뇨병과 심장 질환의 위험을 높이는 것으로 밝혀졌기 때문에 미국식품의약국이 사용을 금지했다. (하지만 지금도 몇몇 식당에서는 음식을 튀길 때 트랜스지방을 쓰기도 한다.)

특히 쇠고기, 양고기 및 유제품을 비롯한 식품에는 천연 트랜스지방이 소량 함유되어 있다. 하지만 그렇게 적은 양의 트랜스지방은 위험하지 않다는 것이 여러 연구를 통해서 밝혀졌다. 트랜스지방이 생존 스위치와 어떻게 상호작용하는지는 잘 모르겠지만, 다행히 미국에서는 트랜스지방이 사용 금지되었기 때문에 이 문제에 관해서는 고려할 필요가 별로 없다.

또다른 지방으로는 단일불포화지방과 다불포화지방이 있다. **단일불포화지방**은 아보카도와 해바라기씨, 올리브유, 카놀라유, 낙화생유

(땅콩기름)에 들어 있다. 지중해 지역에서 가장 사랑받는 올리브유는 심장 질환의 위험을 줄이는 것으로 알려져 있다.* **다불포화지방**에는 오메가3 지방산과 오메가6 지방산이 있다. **오메가3 지방산**은 주로 생선에 들어 있는데 특히 연어, 고등어, 참치 등 기름기가 많은 생선에 들어 있다. 아울러 호두, 아마씨, 수소가 첨가되지 않은 대두유에도 오메가3가 함유되어 있다. **오메가6 지방산**은 주로 옥수수유, 홍화유 및 모든 종류의 대두유에 들어 있다.

오메가3 지방산은 프럭토스의 영향을 상당 부분 차단할 수 있는, 건강에 매우 좋은 지방으로 알려져 있다. 수많은 연구 결과에 따르면 오메가3 지방산은 혈중 중성지방, 혈압, 심장 질환 및 신장병에 유익하며 건강에 도움이 된다. 또한 동물을 대상으로 한 연구에 따르면 오메가3 지방산은 프럭토스가 인지능력에 미치는 부정적인 영향을 어느 정도 차단하는 역할을 한다. 벌새는 근육에 오메가3 지방산이 많은데, 매일 수크로스 함량이 높은 넥타를 마시기 때문에 유발될 수 있는 산화 스트레스로부터 미토콘드리아를 보호해주는 역할을 하는지도 모른다. 오메가3 지방산은 우리의 뇌와 에너지 공장에 이로울 뿐 아니라 항염증 효과가 있다는 점도 중요하다.

* 카놀라유와 올리브유 둘 다 주로 단일불포화지방으로 이루어져 있지만 대개 올리브유를 선호한다. 카놀라유에 열을 가하면 더 쉽게 산화되므로 건강에 도움이 되는 효과가 줄어들기 때문이다. 또한 대부분의 카놀라유는 많은 정제 과정을 거치면서 보호 기능을 하는 미량영양소와 폴리페놀을 잃게 되고 항산화 성분이 크게 감소한다.

반면 오메가6 지방산에 대한 연구 결과는 엇갈린다. 몇몇 연구에 따르면 오메가6 지방산은 염증을 촉진하며, 이런 연유로 일부 건강 전문가들은 식단에서 오메가6 지방산 대비 오메가3 지방산의 비율을 늘리는 것이 염증을 관리하는 데 핵심적인 역할을 한다고 주장한다. 그러나 오메가6 지방산이 건강에 이로울 수도 있다는 연구도 있다. 오메가6 지방산에 대한 참고문헌을 살펴보면 견해가 엇갈리므로, 오메가6 지방산의 섭취량을 신경쓰기보다는 오메가3 지방산이 높은 음식을 섭취할 것을 권하고 싶다.

> 오메가3 지방산은 프럭토스의 영향을 상당 부분 차단한다.

좋은 단백질과 나쁜 단백질

단백질은 일반적으로 하루 총 열량의 15~20퍼센트를 차지하며, 근육 형성에 도움이 될 뿐 아니라 생존에 필요한 생물학적 과정을 관리하는 데 요구되는 다양한 단백질을 생성하는 데에도 중요하다. 또한 식단에서 단백질의 양을 늘리면 체중 감량에도 도움이 된다. 지방 및 탄수화물과 비교할 때 허기를 가라앉히는 효과가 탁월하기 때문이다. 단백질이 포만감을 촉진하는 특별한 능력을 지녔기 때문에 그런 것인지, 아니면 대개 단백질 섭취를 늘리면 동시에 탄수화물 섭취량이 감소하기 때문인지에 관해서는 논란의 여지가 있다.

단백질 섭취는 다양한 핵심적인 기능을 하므로 중요하지만, 좋은 단백질과 나쁜 단백질이 존재한다. 대부분의 연구 결과에 따르면 적색육(쇠고기, 돼지고기, 양고기 등)은 특히 해롭다. 비만, 당뇨병, 심장 질환, 신장병 및 암에 걸릴 수 있는 위험과 연관성이 있다고 알려져 있다. 다른 동물 단백질(가금류, 대부분의 생선 등), 유제품 단백질 및 채소 단백질 등의 경우에는 이러한 연관 관계가 흔히 관찰되지 않는 편이다.

적색육이 다른 단백질과 다른 점은 이노신1인산IMP이 풍부한 편이라는 것이다. 이노신1인산은 감칠맛을 내는 물질로, 요산으로 전환되어 생존 스위치를 활성화할 수 있다. 갑각류 및 참치를 비롯한 몇 가지 어류에도 이노신1인산이 다량 함유되어 있다. 반면에 가금류나 채소 단백질에는 이런 물질이 적은 편이다. 가금류 및 유제품, 채소 단백질과는 달리 적색육 섭취는 통풍의 발병과 관련이 있다.

또한 적색육을 섭취하면 유해물질이 생성되기도 한다. 그중 하나인 **트리메틸아민 N-산화물TMAO**은 심장 질환을 유발하는 위험 요인이다. 사람한테는 어떤 기능을 하는지 확실히 알려져 있지 않지만, 깊은 바다의 수압으로부터 세포조직을 보호해서 어류의 생존을 돕는 역할을 한다. 그러므로 어쩌면 생존 스위치와 관련이 있을지도 모른다.

> 적색육에는 생존 스위치를 활성화할 수 있는 감칠맛 성분이 많이 들어 있다.

이처럼 다양한 측면을 고려할 때, 적색육보다는 가금류, 유제품 및 채소 단백질을 섭취할 것을 권장한다. 나는 적색육보다 생선을 선호하는데, 생선은 감칠맛이 풍부하기도 하지만 오메가3 지방산도 많기 때문이다. 단백질이 다량 함유된 채소로는 아티초크, 아스파라거스, 모든 종류의 콩(두부 포함), 십자화과 채소(브로콜리, 콜리플라워, 방울양배추, 양배추, 청경채, 콜라드, 브로콜리), 모든 종류의 신선한 완두콩 및 건조 완두콩류, 버섯, 견과류와 씨앗, 땅콩, 오트밀, 감자, 퀴노아, 시금치 및 기장, 야생쌀 등 곡류가 있다.

성공적인 식단을 비교해보자

지금까지 3대 영양소에 관해서 살펴본 내용을 바탕으로, 현재 가장 널리 활용되는 인기 있고 성공적인 식단들을 서로 비교해보고 생존 스위치와 관련된 이점과 단점을 평가해보는 것도 유용하겠다는 생각이 든다. 그러면 이와 같은 정보를 참고해서 생존 스위치의 활성화를 차단할 수 있는 이상적인 식단을 개발할 수 있고, 체중 증가와 대사증후군을 예방할 수 있게 될 것이다.

시작하기 전에 한 가지 언급하고 싶은 점이 있다. 이상적인 식단은 칼로리 제한을 강제하는 것이 아니라 허기를 가라앉혀서 자연스럽게 칼로리 섭취량이 줄어들게 하는 식단이다. 생존 스위치를 차단하면 이런 현상이 나타난다. (생존 스위치가 초래하는 핵심적인 결과 중 하나가 갈망과 렙틴 저항성을 통해 허기를 유발하는 것이기 때문이다.) 그렇다고 칼로리 제한을 강요하는 식단이 체중 감량 효과가 없다는 뜻은 아니다. 칼로리를 제한하는 식단을 따르면 판지를 먹든 스테이크를 먹든 체중은 줄어들게 되어 있다.* 그런 식단은 체중 증가를 유발하는 근본적인 원인을 짚고 넘어가지 않는다는 것이 문제다.

지금부터 상당히 인기 있는 식단들을 생존 스위치 차단 능력이라는 관점에서 비교해보자. 평범한 저칼로리·저지방 식단에 관해서는 언급하지 않겠다. 이런 식단에는 생존 스위치를 활성화하는 혈당지수가 높은 탄수화물과 프럭토스가 함유된 당류가 포함되어 있기 때문이다. 또한 대사증후군과 관련된 증상을 예방하는 데 미흡하다. (나쁜 LDL콜레스테롤을 줄이더라도 심장 질환이 감소하지 않는 것도 이런 연유에서일 것이다.) 전통적인 저지방 식단은 고려하지 않기를 바란다.

저탄수 식단과 키토 식단

저탄수 식단의 목표는 총 탄수화물 섭취량을 줄이는 것이다. 탄수화물 섭취에 가벼운 제한만 두는 식단(총 열량 중 탄수화물 비중이 30~45퍼

* 대개 체중 변화의 원인은 칼로리 섭취량의 변화이지만, 시간이 흐름에 따라 대사 과정의 변화 역시 중요하다. 다음 장에서는 대사 과정을 향상시킬 수 있는 방안에 대해서 살펴볼 예정이다.

센트/하루에 130~180g), 전형적인 저탄수 식단(탄수화물 20~30퍼센트/하루에 80~130g), 키토제닉 식단(탄수화물 5~10퍼센트/하루에 25~50g) 등이 이에 해당한다. 가장 극단적인 키토 식단의 경우에는 탄수화물 섭취량이 줄어든 것을 보상하기 위해서 지방 섭취량을 상당히 늘려야 한다(65~70퍼센트). 단백질 섭취량을 총 열량의 20~25퍼센트 이상으로 늘리기가 매우 어렵기 때문이다.

저탄수 식단은 프럭토스가 함유된 당류와 혈당지수가 높은 탄수화물을 줄이는 데 중점을 둔다. 이 두 가지가 생존 스위치를 활성화하는 주요 원인이기 때문이다. 식욕이 자연히 줄어들기 때문에 칼로리 제한을 강제할 필요가 없고, 대사증후군의 모든 증상이 개선된다. 또한 저탄수 식단은 당뇨병 환자들에게 상당히 유익하며, 어떤 경우에는 2형 당뇨병을 역전하는 데 도움이 될 수도 있다.

내가 전형적인 저탄수 식단을 좋아하고 지지하기는 하지만 그렇다고 해서 단점이 없는 것은 아니다. 일단 저탄수 식단은 유지하기가 어렵다. 몇 년 동안이나 저탄수 식단을 성공적으로 유지해온 사람들도 있지만 중도하차 비율이 높다.

또한 저탄수 식단은 LDL콜레스테롤(나쁜 콜레스테롤)을 높이는 경향이 있다. 드물기는 하지만 저탄수 식단을 따르는 사람들의 콜레스테롤 수치가 600mg/dL 이상인 경우도 있었다.* 그러나 대다수의 경

* 1920년대 말에 북극을 탐험한 빌할뮈르 스테판손과 그의 친구는 탄수화물 1퍼센트, 단

우에는 LDL콜레스테롤의 변화가 크지 않고 LDL 입자 크기가 더 큰 편이기 때문에 심장 질환을 유발할 가능성이 더 낮다.

내가 가장 우려하는 것은 전형적인 저탄수 식단이 아니라 키토제닉 식단이다. 장기적인 관점에서 볼 때 키토제닉 식단이 좋은 식단인지 의심스럽다. 보통 우리 몸은 체내(특히 뇌와 근육 등)에 필요한 연료를 충분히 제공하기 위해 일정 수준의 글루코스 수치를 유지한다. 그렇게 혈중 글루코스 수치를 일정하게 유지하기 위해 우리는 간과 근육에 글리코겐 형태로 글루코스를 저장하며, 식사 사이에 필요할 때 글루코스를 내보낸다. 또한 단백질과 지방을 통해 필요한 글루코스를 만들어내기도 한다. 그런데 혹독한 저탄수 식단을 따르는 사람은 글리코겐 저장량을 거의 다 써버리게 된다. 단백질 및 지방 섭취를 통해 혈중 글루코스 수치를 유지할 수는 있지만 일반적으로 글루코스 가용량이 줄어들게 된다.

글루코스는 뇌가 선호하는 연료다. 따라서 글루코스 가용량이 줄어들면 뇌에 위험한 상황을 초래할 수 있다. 하지만 뇌는 다른 연료를 사용할 수 있다. 체내에서 지방이 연소될 때 생성되는 케톤이 바로 그 연료다. 키토제닉 식단은 글루코스가 부족한 상태를 유발해 지방을

백질 20퍼센트, 지방 80퍼센트로 이루어진 식단을 1년간 유지했다. 그 결과 혈액이 탁해졌고 콜레스테롤 수치가 800mg/dL 이상을 기록했다. 그들은 자신들이 이누이트족의 식단을 따랐다고 생각했지만 사실 이누이트족 식단의 지방 비율은 약 50퍼센트에 불과하다.

연소하게 만들고, 그 결과 혈중 케톤 농도가 높아지게 된다. 이런 상태를 키토시스ketosis라고 하는데 키토제닉 식단의 명칭이 여기서 유래한 것이다.

키토제닉 식단은 내성이 좋은 편이며 예전부터 뇌전증 치료에도 쓰이고 있다. 하지만 키토시스가 장기적으로 어떤 영향을 미치는지에 관해서는 아직까지 잘 알려져 있지 않다. 또한 키토시스는 운동 수행능력에 실제로 영향을 준다. 특히 글루코스와 근육 글리코겐이 고강도 스포츠에 꼭 필요하기 때문이다.

또한 키토시스 상태에서는 혈중 요산의 양도 증가한다. 앞에서 살펴본 것처럼 요산은 글루코스 생산을 촉진하는 효과가 있다. 따라서 이는 혈중 글루코스 수치를 유지하기 위한 보완적 메커니즘을 나타낼 수도 있다. 그러므로 키토제닉 식단을 유지하는 동안에는 통풍이 발생하는 상황이 아니라면 요산 수치를 낮추는 것을 권장하지 않는다. 다만 요산은 먹이탐색반응과 관련된 행동을 촉진하는 등 다른 효과를 유발할 수 있으므로 장기적으로는 바람직하지 않을 수도 있다.

아울러 키토제닉 식단에서는 통째로 먹는 과일과 채소의 섭취를 줄이는데 이 또한 장기적으로는 유익하지 않을 수 있다. 실제로 탄수화물 섭취량이 만성적으로 40퍼센트 미만인 사람들은 사망 위험이 더 높다는 연구 결과도 있다. 본격적인 저탄수 식단(탄수화물 비율 30퍼센트 미만)이나 키토제닉 식단(탄수화물 비율 10퍼센트 미만)을 따르는 사람들에 관한 연구는 아직 충분히 이루어지지 않은 실정이다.

팔레오 식단(고단백 식단의 일종)

팔레오 식단은 수렵·채집 생활을 하던 원시인들의 식단에 기반을 두고 있다. 약 180만 년 전 기온이 하강하던 시기에 호모에렉투스가 처음 등장했다. 호모에렉투스는 그 이름에서도 알 수 있듯이 직립 보행을 했다. 또한 도구를 사용했고 수렵 활동을 했고 불을 발견했다. 불은 포식자들로부터 스스로를 지키고 방어할 때도 쓰였고 조리할 때도 쓰였다. 불로 음식을 조리한 덕분에 고기와 식물을 소화시키기가 좀 더 수월해졌다. 조리가 도입되면서 고기 섭취량이 상당히 증가했기 때문에 예전에는 주로 채식을 했고 과일과 씨앗, 견과류를 많이 먹었던 인간의 식단에도 변화가 일어났다. 단백질과 지방의 비중이 더 늘어났고 소화에 필요한 에너지가 감소해서 장의 크기가 줄어들었다. 또한 뇌에 더 많은 에너지를 공급할 수 있게 되었기 때문에 뇌의 크기가 증가했다. 팔레오 식단은 살코기(야생 사냥감), 생선, 갑각류, 알류를 중심에 둔다. 잎채소, 과일, 베리류 및 견과류는 제한하지 않지만 당류, 빵(통곡물 포함), 감자, 콩류(완두콩, 콩, 렌틸콩), 유제품, 알코올, 커피는 허용하지 않는다. 결과적으로 단백질(열량의 30퍼센트)과 지방(열량의 40퍼센트)의 비율이 높고 탄수화물 섭취량(열량의 30퍼센트)은 조금 줄어들었다.

저탄수 식단과 마찬가지로 팔레오 식단도 이점이 많다. 단백질 비중이 높아지고 혈당지수가 높은 탄수화물과 당류는 제외하므로 자연스럽게 음식 섭취량이 줄어들게 된다. 따라서 인위적으로 칼로리 제한을 할 필요가 없다. 대사증후군의 증상도 상당히 향상된다. 그런데 한 가지 문제점은 단백질 섭취량이 많아 식단을 유지하기가 어렵다는 것이다. (비용도 많이 든다.) 앞에서 언급했듯이 갑각류 등 감칠맛이 나는 음식과 적색육을 많이 섭취하면 요산 수치가 올라가고 당뇨병 및 심장 질환의 위험이 높아질 수 있다. 또한 유제품 섭취를 줄이면 유단백질의 이점을 누릴 수 없게 되고 칼슘과 비타민D를 충분히 확보하기가 어려워진다. (이번 장 말미의 내용을 참고하기 바란다.) 고단백 식단은 만성 신장병 환자에게 좋지 않다. 시간이 흐르면 병을 더 악화시킨다.

지중해식 식단(채식 위주)

지중해식 식단은 채소, 과일, 견과류, 콩류, 통곡물을 강조한다. 또한 다양한 요리에 올리브유(단일불포화지방)를 사용할 것을 권장하며 오메가3 지방산이 풍부한 생선과 해산물을 주당 최소 2회 이상 섭취할 것을 권고한다. 가금류, 알류, 유제품은 적당히 섭취하고 적색육은 가끔 섭취한다. 전형적인 서구 식단과 비교하면 단백질 섭취량(열량의 20퍼센트) 및 지방 섭취량(열량의 35퍼센트)이 더 높고 탄수화물 섭취량(열량의 45퍼센트)은 더 낮다.

2020년에 과체중 상태의 성인들을 대상으로 지중해식 단식을 팔레오 식단 및 간헐적 단식과 비교하는 연구가 실시되었다. 연구 기간은 12개월이었고 체중 감량, 대사 관련 결과 및 지속성을 중점적으로 살펴보았다. 팔레오 식단과 지중해식 식단의 주요 차이점은 팔레오 식단의 경우에는 단백질 비중이 높고 특히 적색육의 섭취량이 많은데 지중해식 식단은 통곡물과 유제품을 많이 섭취한다는 점이었다. 간헐적 단식은 매주 이틀간 칼로리 섭취를 엄격하게 제한하고(하루에 약 500칼로리) 나머지 기간에는 음식의 성분이나 섭취량에 제한을 두지 않는 방식으로 진행했다.

6개월 차에는 세 가지 식단 모두 유익한 효과가 있는 것처럼 보였다. 체중이 감소했고 체지방률, 허리둘레, 혈압, 인슐린 저항성, 전신 염증 등 대사 관련 지표가 향상되었다. 1년차에는 간헐적 단식을 실시한 그룹의 체중 감량이 가장 컸고 그다음은 지중해식 식단이었다. 반면에 대사 관련 지표, 특히 인슐린 저항성 및 수축기 혈압의 경우 지중해식 식단을 실시한 그룹이 가장 많이 향상된 편이었다.

그런데 주목해야 할 점은 첫 1년이 끝나갈 무렵에 여전히 지중해식 식단 또는 간헐적 단식을 유지한 사람들의 수는 절반밖에 되지 않았다는 것이다. 심지어 팔레오 식단의 경우에는 절반이 아니라 3분의 1밖에 남지 않았다. 세 가지 식단 모두 유익한 면이 있었지만 이 연구에서는 팔레오 식단보다 지중해식 식단과 간헐적 단식이 더 낫다는 결론을 내렸다. 참가자들이 팔레오 식단을 유지하기가 더욱 어려웠다는 점도 반영된 것으로 보인다.

스위치 식단을 소개합니다

기존의 식단을 유지하는 것이 어렵다는 점과 여러 식단의 위험 요인을 고려할 때, 더욱 실천하기 쉬우면서도 생존 스위치와 관련된 지식을 반영해 건강에 더욱 도움이 될 수 있는 새로운 식단을 개발해볼 여지가 있다. 다시 강조하지만 우리의 목표는 현재의 체중을 반드시 감량하는 것이 아니라, 생존 스위치의 강도를 줄여서 체중 증가를 예방하고 대사 관련 건강을 유지하거나 향상하는 것이다. (다음 장에서는 체중 감량을 위한 생존 스위치 활용법 및 스위치 식단에 간헐적 단식을 적용하는 방법을 중점적으로 설명할 것이다.)

스위치 식단은 이렇다.

일반적인 서구 식단과 비교할 때 스위치 식단은 탄수화물 섭취량(열량의 45퍼센트)이 조금 적고 단백질 섭취량(열량의 20퍼센트) 및 지방 섭취량(열량의 35퍼센트)이 조금 많다. 대다수 사람들의 현재 식단과 더 가깝기 때문에 장기적으로 유지하기도 더 수월하다.

탄수화물부터 살펴보자. 초기 목표는 현재 식단의 15~20퍼센트를 차지하는 첨가당 섭취량을 미국식품안전국의 영양권고기준에 맞춰서 10퍼센트로 줄이는 것이다. (2000칼로리를 기준으로 할 때 약 200칼로리, 50그램, 티스푼 12개에 해당한다.) 초반에 무리해서 급격하게 줄이지 않기 때문에 달성 가능성이 더 높을 것이다. 단 첨가당이 함유된 음료는 허용하지 않는다. 장기 목표는 세계보건기구의 권고사항에 맞춰서 첨가당 섭취량을 약 5퍼센트까지 줄이는 것이다. 가능하면 1년 안에 이 목표를 달성할 수 있다면 좋겠다.

음식에 든 천연 당류 섭취량에 관해서는 하루에 과일 1회 제공량을 3~4번 섭취할 것을 권한다. 한꺼번에 먹지 말고 따로 먹는 편이 바람직하다. 1회 제공량당 프럭토스 함유량이 8그램 이상인 과일은 섭취를 제한하거나 1회 제공량의 절반 정도만 먹어야 한다. 건과일과 과일 주스는 되도록 먹지 않는 편이 좋다. 일반적으로 잼, 젤리, 애플소스 및 과일농축액이 함유된 음식은 피해야 하는데, 제품의 영양성분표에서 1회 제공량당 총 당분의 양*을 확인하는 것이 좋다. 1회 제공량의 총 당분 함량이 8그램 미만일 경우에는 프럭토스 함량이 4그램 또는 그 미만이므로 섭취해도 괜찮다. 무설탕 잼과 젤리는 허용된다.

쌀, 빵, 감자, 정제 시리얼, 많은 양의 파스타 등 혈당지수가 높은 탄수화물은 줄일 것을 권장한다. 지속적인 글루코스 모니터가 있으면 본인이 이런 음식에 어떻게 반응하는지를 확인하는 데 도움이 된다. 식후 혈중 글루코스 수치를 120mg/dL 이하로 유지하는 것이 목표다. 채소 및 섬유질이 많은 음식 등 혈당지수가 낮은 탄수화물의 섭취를 권고한다. 통곡물 빵 1~2조각과 칼날로 분쇄한 오트밀은 매일 먹어도

* 영양성분표를 확인할 때는 첨가당 항목에 주목해야 한다. 다만 과일 소스, 과일 주스, 꿀 등 천연 당류가 많이 들어 있는 음식의 경우에는 총 당분도 확인할 필요가 있다.

일반적인 식단

	최상의 건강 상태를 위해서 제한해야 할 음식					
식단(탄수화물/단백질/지방)	첨가당 및 혈당지수가 높은 음식	포화지방	적색육 및 감칠맛이 나는 음식	오메가3가 풍부한 음식	이로운 점	위험 요인
서구 식단 (55/15/30)	높음	높음	높음	낮음	없음	비만, 대사증후군, 심장 질환, 신장병
저지방·저열량 식단 (60/15/25)	높음	낮음	높음	낮음	체중 감소, 콜레스테롤 감소	대사증후군 증가, 심장 질환에 도움이 안 됨
저탄수 식단 (30/20/50)	낮음	중간	중간	중간	체중 감소, 혈압 하락, 대사증후군 감소	요산 증가, 고강도 운동 수행능력 저하
키토제닉 식단 (10/20/70)	낮음	높음	높음	중간	체중 감소, 혈압 하락, 대사증후군 감소	LDL 콜레스테롤 증가, 요산 증가, 고강도 운동수행능력 저하
팔레오 식단 (30/30/40)	낮음	낮음	높음	중간	체중 감소, 혈압 하락, 대사증후군 감소	요산 증가
지중해식 식단 (45/20/35)	낮음	낮음	낮음	높음	체중 감소, 혈압 하락, 대사증후군 감소	없음

된다.*

단백질의 경우 나라면 적색육과 새우, 랍스터 등 갑각류를 한데 묶어서 일주일에 2번 이하로 제한하고 생선, 유제품, 가금류, 채소 단백질이 풍부한 고단백 식단에 중점을 두겠다. 지방에 관해서는 (특히 올리브유 등) 단일불포화지방이나 오메가3 지방산이 풍부한 음식을 선호할 것이다. 예를 들어 올리브유나 호두기름이 함유된 샐러드 드레싱이 블루치즈가 든 드레싱보다 더 좋다. 포화지방은 총 열량 섭취량의 10퍼센트 이하로 제한해야 한다.

새로운 식단을 시작하기 전에 반드시 의사와 상의해야 한다는 점을 기억하자.

우연의 일치겠지만 우리 팀의 스위치 식단은 터프츠대학교의 다리우시 모자파리안 교수가 대사 및 심혈관계 건강을 위해 권장한 식이 지침과 일치한다. 그는 임상의학적 증거를 바탕으로 식이 지침을 개발했고, 우리 팀의 연구는 생존 스위치를 이해하는 데서 비롯되었다. 흥미롭게도 두 가지 접근 방식이 비슷한 결론에 도달했다. 마치 이와 같은 접근 방식이 맞는다는 것을 뒷받침해주는 것 같다.

* 통곡물은 글루타민:글루타민산염 비율이 높은 편이며 글루타민산염이 다량 함유된 감칠맛이 나는 음식의 영향을 상쇄하는 데 도움이 된다. 최근의 연구 결과에 따르면 글루타민산염 수치에 비해 순환 글루타민 수치가 높은 사람들은 심혈관계 사망률이 감소하는 경향이 있으며, 글루타민:글루타민산염 비율이 높은 식단을 따르는 사람들은 심장 질환에 덜 걸린다. 통곡물은 비율이 높고 적색육은 비율이 낮은 편이다.

지금까지 다량영양소를 중심으로 전반적인 식단 관련 지침을 살펴보았다. 그런데 생존 스위치에 대한 연구를 고려하면 이밖에도 권고사항이 필요한 분야가 몇 가지 더 있다.

물과 염분

기억하겠지만 비만은 탈수 상태다. 영양학자들과 영양사들은 비만이 탈수 상태이며 비만의 예방 및 치료 수단으로 수분 섭취가 중요하다는 점을 흔히 간과한다. 비만 환자들은 탈수 증상을 보이며 하루 물 섭취량이 0.5리터 미만인 경우가 많다. 따라서 충분한 수분 섭취는 스위치 식단의 핵심적인 구성 요소다.

충분한 양의 물을 마시고 있는지를 알아보는 가장 쉬운 방법은 소변의 색깔을 확인하는 것이다. 소변색이 진한 노란색이면 수분 섭취량이 부족하다는 뜻이다. 정상적인 소변량은 하루에 약 1.5리터이며 하루에 2.5~3리터의 물을 마시는 것을 목표로 삼는다면 완벽하다. 그러면 소변색이 연한 노란색을 띠게 된다. 의사는 보다 정확하고 정교하게 탈수 상태를 판단할 수 있다. 혈중 염분 농도나 소변 농축도를 측정할 수도 있다.* 또한 혈중 코펩틴을 측정해서 바소프레신 수치를 가늠할 수 있다.

* 소변의 삼투질 농도가 높거나(500mOsm/kg 이상) 비중이 높으면(1.020 이상) 탈수 증상이 있다고 판단할 수 있다.

유럽식품안전청이 권장하는 일일 물 섭취량은 남성의 경우 2.5리터, 여성의 경우 2.0리터다.* 우리는 음식을 통해서 대부분의 물을 섭취하므로 일반적인 사람이라면 하루에 물을 6~8잔 마실 것을 권고하고 싶다. 구체적으로, 식사 때마다 물을 한 잔 가득 채워서 마시고 식사 사이의 공복시에 물 한두 잔을 마시는 것도 좋다. 다시 말하자면 식사를 하거나 간식을 먹을 때마다 물 한 잔을 곁들이라는 것이다. 덥거나 건조한 환경에서 생활하는 사람이라면 이보다 더 많은 물을 마셔야 한다.

또한 염분 섭취도 제한할 필요가 있다. 당류가 포함된 음료를 마시는 것과 마찬가지로 염분도 탈수 현상을 유발할 수 있기 때문이다. 대다수의 사람들은 하루에 10~12그램의 염분을 섭취하는데 미국의학연구소의 권장량은 약 5~6그램이며 나도 이 의견에 동의한다.** 주요 염분 공급원은 가공식품, 포장식품, 수프 캔 및 패스트푸드다. 일례로 패스트푸드인 치즈버거와 감자튀김에는 염분이 3그램이나 들어 있는 반면 집에서 만든 치즈버거와 감자튀김은 염분이 0.5그램 이하일 수도 있다. 이와 마찬가지로 식료품점에서 구입한 즉석조리용 리조토

* 당연하겠지만 아동에 대한 권고량은 이보다 적다. 4~8세 아동은 하루에 1.6리터, 9~13세 아동은 1.9~2.1리터의 물을 섭취하는 것이 좋다. 14세 이상의 아동의 경우에는 성인과 동일한 권고량이 적용된다.

** 소금(염화나트륨)의 나트륨 함량은 약 40퍼센트다. 염분 섭취량 대신에 나트륨 섭취량으로 권고치를 표시하는 경우도 있다. 이때 염분 1g은 나트륨 400mg과 거의 동일하다.

는 염분 함량이 3그램 이상일 때도 있는 반면에 집에서 만든 리조토는 0.25그램 미만일 수도 있다.

육류, 생선 및 새우에 염분과 물을 주입해서 더 커보이게 하는 상술도 잊지 마시길. 언젠가 새우를 굽다가 염분은 남겨둔 채 수분이 빠져나오자 크기가 반으로 줄어든 것을 본 적 있다.

감자튀김, 감자칩과 팝콘 등의 음식에도 염분이 상당히 많이 들어 있다. 가족이랑 영화를 보러 갈 때면 팝콘을 먹곤 했는데 그러고 나면 다음 날에 항상 체중이 늘어 있었다. 나는 염분을 붙잡고 있는 수분 때문에 체중이 늘었으리라고 추측했는데, 우리 팀의 연구에 따르면 체중 증가량의 일부는 간의 글리코겐을 증가시키는 염분의 급성 효과 때문이다.

짠 음식을 꼭 먹어야 한다면 물을 많이 마셔라. 짠 음식을 먹기 전에 미리 물을 마시면 갈증 유발을 방지할 수 있고 생존 스위치가 활성화되는 것을 예방할 수 있다. 아니면 소금 대신 고수, 딜, 마늘, 생강, 레몬즙, 양파, 파프리카, 로즈마리, 세이지, 타라곤, 식초 등 다른 양념을 사용해보자. 그러면 생존 스위치가 활성화되지 않더라도 풍미를 즐길 수 있다.

마지막으로 언급하고 싶은 점은 물을 지나치게 많이 마시면 수분 중독에 걸릴 수도 있다는 것이다. 수분중독에 걸리면 혈중 염분 농도가 현저하게 떨어지고 두통, 지속적인 하품, 구역질이 생긴다. (이런 상태를 저나트륨혈증이라고 부른다.) 드문 경우이기는 하지만 발작이나 혼수상태(코마) 등 생명이 위태로운 상태로 진행될 수도 있다. 마라톤처럼 힘든 운동을 하는 동안, 그리고 특히 부인과 수술 등 수술을 받은 이후에 수분중독의 위험이 높아진다.* 심부전이나 신장병 등의 질환도 수분중독의 위험을 높일 수 있다. 이런 상황을 피하기 위해서 하루에 물을 225밀리리터씩 8잔 마시는 것을 일반적인 규칙으로 삼으면 좋다. 만약 마라톤이나 힘든 운동을 한다면 갈증이 해소될 때까지만 물을 마셔라. 마지막으로 건강과 관련된 심각한 질병이 있는 경우에는 의사와 상의하기를 바란다.

감칠맛이 나는 음식

우리 팀은 연구를 통해서 글루타민산염이나 AMP 및 IMP 뉴클레오티드가 함유된 감칠맛 나는 음식이 요산 생성을 직접적으로 촉진하기 때문에 생존 스위치를 활성화한다는 사실을 알게 되었다.** 나는 이런 결과가 실망스럽기도 했다. 사람들은 풍미가 넘치고 감칠맛이 나는 음식이 안전하며 심지어 건강에 좋다고까지 생각해왔기 때문이다.

하지만 우리 팀의 실험에서는 쥐에게 감칠맛이 나는 음식을 상당

* 부인과 수술이 수분중독의 위험을 높이는 이유가 무엇인지는 분명히 알 수 없지만, 특히 부인과 수술을 받는 젊은 여성은 수분중독에 걸리기 쉽다.

** 통풍 환자들은 퓨린 성분이 적은 음식을 먹어야 한다는 권고사항을 자주 듣는다. 퓨린이 체내에서 요산으로 전환되기 때문이다. 퓨린이 풍부한 음식은 대개 감칠맛도 풍부하다. 요산 생성 과정에서 AMP와 IMP가 퓨린으로 분해되기 때문이다.

감칠맛이 풍부한 음식

음료	육류	해산물	치즈	채소	조미료, 소스, 추출물
맥주*	내장육*	굴, 조개, 홍합*	블루치즈*	건토마토*	간장*
토마토 주스*	적색육*	새우, 게, 랍스터*	로크포르	해조류 (다시마)	피시소스
	오리고기*	오징어*	고르곤졸라*	버섯 (표고버섯)*	그레이비, 육류 추출물*
		앤초비, 정어리*	파르메산*	시금치*	이스트 추출물*
		가다랑어포 (가쓰오부시)*		브로콜리*	김치*
		고등어*		콩(대두)*	

* 표시가 된 칸의 음식은 글루타민산염과 AMP, IMP 성분이 더 높으므로 더 위험하다.

히 많이 먹여야만 체중 증가가 발생했다. 따라서 샐러드에 앤초비를 넣거나 굴 몇 개를 먹거나 블루치즈 드레싱을 살짝 뿌리거나 건토마토를 몇 개 먹는 것처럼 감칠맛이 나는 음식을 소량으로 섭취하는 것은 괜찮아 보인다.

하지만 맥주만은 예외다. 맥주 섭취량을 줄이거나 맥주를 아예 식단에서 제외할 것을 권한다. (많은 사람들에게 어려운 일이라는 것은 나도 잘 안다. 182쪽 참고.) 또한 정어리, 갑각류(새우, 게, 랍스터 등) 등 특히 감칠맛이 풍부한 요리는 제한하는 것이 좋다. 더 나아가 혈중 요산 수치가 높다면(여성은 6mg/dL 이상, 남성은 7mg/dL 이상) 감칠맛이 나는 음식을 더욱 엄격하게 제한할 필요가 있다.

유제품

유단백질은 요산 수치를 줄여서 생존 스위치를 상쇄하는 효과가 있는 것으로 보인다. 요산 수치가 감소하면 통풍과 당뇨병의 위험도 줄어든다. 따라서 유제품을 섭취하는 것은 일반적으로 바람직하다. 또한 무가당 유제품은 비만, 당뇨병 및 심장 질환의 위험을 줄이는 것으로 알려져 있다. 비타민D가 강화된 우유도 도움이 된다. 특히 요산이 비타민D의 대사를 저해하기 때문이다.

전유全乳 및 치즈에 함유된 포화지방으로 인해 콜레스테롤 수치가 더 높아질 위험이 커지므로 저지방 우유나 요거트 등 지방 함량을 줄인 유제품이 더 나을 수도 있다. 하지만 LDL콜레스테롤 수치가 건강 범위 이내(100mg/dL 이하)*인 경우에는 전유와 버터를 섭취해도 괜찮을 것 같다. 대부분의 치즈 역시 괜찮지만 이스트 성분이 가장 높은 치즈(블루치즈, 고르곤졸라, 로크포르 등)와 파르메산을 비롯한 숙성 치즈 등 감칠맛이 풍부한 치즈는 제한해야 한다. 탄수화물 함량이 적다면 아이스크림도 괜찮다(말티톨이 감미료로 첨가된 저탄수 아이스크림 등). 그러나 단 것에 대한 갈망을 부추길 수 있기 때문에 특별한 날에만 아이스크림을 먹는 것이 좋겠다.

* 이 수치는 일반인에게 적용된다. 본인의 전반적인 건강 상태에 따라서 LDL콜레스테롤을 더 낮춰야 하는 경우도 있으니 의사와 상의하기 바란다.

커피, 차, 초콜릿

커피는 직접적으로 생존 스위치를 상쇄하는 효과가 있다. 커피의 대사 산물이 요산의 형성을 차단할 수 있기 때문이다. 그래서인지 하루에 첨가당이 없는 커피 다섯 잔을 마시면 당뇨병이나 통풍에 걸릴 위험이 50퍼센트 감소한다는 연구 결과도 있다. 카페인은 각성제이기는 하지만 혈압에 심각한 영향을 미치지는 않는다. 여러 연구 결과를 고려할 때 커피를 섭취할 것을 권장하고 싶다. 물론 나한테는 하루 다섯 잔은 너무 많지만!

차도 일반적으로 건강에 좋다. (특히 녹차가 도움이 되고, 당류를 첨가하지 않는 경우를 말한다.) 차에는 플라보노이드 성분이 들어 있는데, 식물에서 유래한 플라보노이드는 다양한 생물학적 효과를 낸다. (대다수는 건강에 유익하다.) 예를 들어 생존 스위치를 약하게 차단하는 역할을 하는 플라보노이드도 있다. (대사증후군의 치료에 플라보노이드를 활용하는 방안에 관해서는 다음 장에서 살펴볼 것이다.)

마트에서 판매되는 코코아의 경우에는 당류가 첨가되어 있기 때문에 섭취를 권장하지 않는다. 하지만 구나족이 마시는 코코아처럼 쓴맛이 나는 코코아는 생존 스위치를 차단하는 데 도움이 될 수도 있다. 코코아 성분이 70퍼센트 이상인 다크 초콜릿을 추천한다. 다크 초콜릿 30그램에는 에피카테킨 30~40밀리그램 들어 있다. 에피카테킨은 초콜릿에 함유되어 있는 유효성분으로, 대사증후군을 방지하는 효과가 있다. 아니면 에피카테킨 보충제(30~300mg)를 매일 섭취하는 것도 괜찮다. 이러한 보충제의 순도와 효능은 각기 다르다는 점에 주의하기 바란다.

알코올

알코올은 당류의 일종으로 간주해야 한다. 글루코스와 마찬가지로 폴리올 경로를 촉진해 결과적으로 프럭토스를 생성할 수 있기 때문이다. 따라서 알코올은 직접적으로 생존 스위치를 활성화한다. 물론 모든 주류가 다 같은 것은 아니다. 앞에서 언급했듯이 맥주에는 생존 스위치를 활성화하는 감칠맛이 나는 음식인 맥주효모가 들어 있기 때문에 특히 더 안 좋다. 알코올에 주스나 청량음료를 혼합한 주류도 많다. 럼과 셰리주, 포트와인 등 스위트 와인은 수크로스 함량도 높다.

많은 사람들이 알코올을 끊는 것을 어려워한다. 어쩌면 당류를 끊는 것보다 더 어려울 수도 있다. 맥주 애호가들에게는 우선 한번에 1회 제공량 정도로 맥주 섭취량을 줄여볼 것을 권하고 싶다. 그러다가 점차 무가당 와인으로 맥주를 대체하는 것이다. 독한 술을 좋아하는 사람들에게도 똑같은 방법을 권하겠다. 어떤 종류의 알코올을 섭취하든 빨리 마시는 것보다는 조금씩 나눠서 마시는 것이 좋다. 그리고 중간에 물을 마셔라. 그러면 혈중 알코올 농도가 낮게 유지돼서 프럭토스의 생산이 최소화될 것이다.

식사를 하는 동안 반주로 와인 한 잔을 곁들이는 것은 즐거운 일이며 건강에도 도움이 될 수 있다. 콜레스테롤(특히 좋은 HDL콜레스테롤)에

스위치 식단

당류	• 당류 섭취량을 하루 총 열량의 10퍼센트로 제한한다(장기적으로는 5퍼센트를 목표로 한다). • 당류가 포함된 음료를 식단에서 완전히 제외한다.
탄수화물	• 혈당지수가 높은 탄수화물을 줄인다. • 통곡물, 혈당지수가 낮은 채소, 섬유질이 많은 음식에 중점을 둔다. • 과일을 1회 제공량 3~4번으로 제한하고 각각 따로 섭취한다. 혈당지수가 높은 과일은 1회 제공량의 절반을 섭취한다. • 건과일, 과일 주스, 과일 시럽, 과일 농축액을 피한다.
단백질	• 감칠맛이 강한 단백질을 제한한다(적색육, 내장육, 갑각류). • 생선, 가금류, 유제품, 채소 단백질에 중점을 둔다.
지방	• 단일불포화지방산과 오메가3 지방산에 중점을 둔다. • 포화지방은 총 칼로리 섭취량의 10퍼센트를 넘지 않도록 한다.
염분	• 염분 섭취량을 하루 5~6그램으로 제한한다. • 염분과 당류가 많은 가공식품을 제한한다.
물	• 225밀리리터의 물을 하루에 6~8회 마신다.
유제품	• 일반적으로 유제품, 특히 우유의 섭취를 권장한다. • LDL콜레스테롤 수치가 조절되면 버터와 치즈는 먹어도 괜찮다. • 감칠맛이 강한 치즈는 제한할 필요가 있다.
커피, 차, 초콜릿	• 커피와 차는 섭취를 권장한다. • 다크 초콜릿을 먹는 것도 괜찮다.
알코올	• 알코올을 줄이거나 식단에서 완전히 제외한다. • 꼭 음주를 해야 한다면 빨리 마시지 말고 조금씩 마시고 물과 번갈아서 마신다.
비타민C	• 매일 비타민C 보충제를 먹는다.

좋은 영향을 미치기 때문이다. 경우에 따라서 두 잔까지는 이해할 수 있다. 하지만 여기서 우리가 기억해야 할 교훈은 알코올이 당류와 같은 작용을 하므로 이에 맞춰서 당류처럼 대할 필요가 있다는 점이다.

비타민C

마지막으로 비타민C 보충제를 섭취할 것을 권장한다. 비타민C는 생존 스위치를 차단하는 데 기여한다. 소변을 통한 요산의 배설을 촉진하고 요산이 체내의 에너지 공장에 미치는 영향을 차단하기 때문이다. 하루 섭취량은 500~1000밀리그램으로 제한하는 것이 좋다. 이보다 더 많은 양을 섭취하면 신장결석이 생길 위험이 증가할 수 있다. 충분한 수분 공급이 이런 위험을 완화하므로 물을 많이 마시자.

여기서 소개한 식단은 체중 증가를 예방하고 전반적인 건강을 증진하는 것을 목표로 한다. 이러한 식이 관련 조언을 따르고 부수적으로 체중이 감량될 수도 있겠지만 체중 감량을 목표로 한 것은 아니다. 다음 장에서는 이 부분에 관해 살펴보도록 하자.

요산 수치 줄이기

요산은 프럭토스의 대사 과정에서 생성되며 대사증후군을 유발하는 데 중요한 역할을 담당한다. 높은 혈중 요산 수치(여성은 6mg/dL 이상, 남성은 7mg/dL 이상)는 비만, 당뇨병 및 고혈압과 상당히 높은 연관성을 나타낸다. 따라서 혈중 요산 수치를 측정해볼 것을 권하고 싶다. 그러면 위에서 언급한 질병에 걸릴 위험이 높아졌는지를 알 수 있다.

만약 요산 수치가 높다면 식단에 변화를 주는 것이 요산을 줄이기 위한 첫걸음이 되어야 한다. 이를 위해서는 생존 스위치를 활성화할 수 있는 모든 음식의 섭취를 줄여야 한다. 특히 그중에서도 당류가 포함된 음료 및 음식, 직접적으로 요산을 생산할 수 있는 감칠맛이 풍부한 음식을 줄여야 한다. 그러나 어떤 사람들은 식단을 바꾼 이후에도 혈중 요산 수치가 계속 높게 유지된다. 이런 경우라면 요산 수치를 낮추기 위해 약을 복용하는 방안을 고려해야 할까? 만약 과거에 통풍에 걸린 적이 있다면 당연히 알로푸리놀 등의 약을 복용해야 한다. 남성과 여성 모두 요산 수치를 6mg/dL 이하로 낮추는 것을 목표로 해야 한다. 6장에서 살펴본 것처럼 요산 결정은 관절뿐만 아니라 관상동맥, 대동맥, 신장 등 체내의 다양한 기관에도 생길 수 있다. 통풍은 관절에 요산 결정이 존재한다는 증거이기 때문에 요산 수치를 정상 범위 내로 낮추면 다른 기관에 결정이 형성되어 손상이 발생할 위험이 최소화된다.

반면에 이전에 통풍에 걸린 적이 없는데 요산 수치가 높은 경우에 치료를 받아야 하는지는 논란의 여지가 있다. 여러 임상 연구 결과에 따르면 혈청요산을 낮추는 것이 도움이 된다. 고혈압 환자의 혈압이 내려가고 인슐린 저항성이 제고되며 전신 염증이 줄어들고 지방간을 줄이는 데 도움이 되고 신장 기능이 향상되고 체중 증가가 줄어들고 때로는 체중 감소 효과까지 얻을 수 있다. 그러나 모든 실험 결과가 긍정적인 것은 아니다. 대다수의 경우에는 연구 설계에 결함이 있을 가능성이 다분하다. 이미 요산 수치가 정상인 사람들을 대상으로 요산을 줄이면 어떤 효과가 있는지 확인한다거나, 요산이 줄어들면 고혈압 증상이 없는 건강한 사람들의 혈압에 어떤 영향을 미치는지를 평가한다거나 하는 식이다. (두 가지 상황 모두 이점이 나타나지 않은 것은 충분히 예상할 수 있었던 일이다.) 그럼에도 불구하고 논란이 해소되려면 더 많은 임상 실험이 필요하다. 통풍이 없는 경우에 높은 요산 수치에 대한 치료는 현재로서는 FDA 승인을 받지 못한 상태다.

10

원래 체중을 회복하고 건강수명을 늘리는 법

마크 트웨인은 금연이 너무 쉬워서 수천 번이나 담배를 끊어봤다고 말한 적이 있다. 어쩌면 체중 감량도 마찬가지일 것이다.

살을 빼는 것은 상대적으로 쉽다. 누구나 다이어트를 해서 가족과 친구들이 알아볼 만큼 살을 빼는 데 성공해본 경험이 여러 번 있었을 것이다. 문헌을 찾아보면 체중 감량 달성에 성공한 다이어트 사례가 넘쳐난다. 하지만 문제는 감량이 아니라 체중이 다시 늘어난다는 것이다. 이런 다이어트 식단은 유지하기가 어렵기 때문에 결과적으로 예전의 습관이 돌아온다. 다시 점점 살이 찌고 다이어트를 시작했을 때의 체중으로 돌아와서, 다음번에 다시 다이어트를 결심할 때까지 그 상태가 유지된다.

이러한 현상은 우리의 건강에까지 영향을 미친다. 과체중이거나 비만이라도 다른 면에서는 건강해 보이는 사람들도 있기는 하지만, 여러 연구 결과에 따르면 과체중이거나 비만인 사람들은 당뇨병과 고혈압을 비롯한 질병에 걸릴 위험이 높아진다. 오랜 기간 과체중 상태가 유지되면 **건강수명**이 단축될 가능성이 있다. 건강수명은 우리의 생애 중에서 전반적인 건강 상태가 양호하고 인생을 즐길 에너지가 있는 기간을 가리킨다. 그렇기 때문에 과도하게 찐 살을 빼는 것뿐만 아니라 앞으로도 체중 증가를 예방하는 것이 무엇보다 중요하다.

영양학자들과 영양사들은 다시 살이 찌는 것을 방지하기 위해 집중 상담, 대면 및 온라인 모임의 활용, 전화 통화, 팟캐스트, 섭취한 열량을 계산하고 기록하고 보고할 수 있는 앱 등 갖가지 방법을 시도해 보았다. 이런 노력을 통해서 체중 감량을 유지할 수 있기를 바랐기 때문이다. 실제로 식사를 설계해주는 사람들도 있다. 어떤 다이어트는 칼로리 제한을 강제하고 허기를 느낄 때 생각을 다른 곳으로 돌리는 방법을 제시한다. 하지만 이 모든 방안들을 동원한다 해도 자신이 원하는 목표 체중에 도달하기가 어려울 뿐만 아니라 상당 기간 그 체중을 유지하기란 더더욱 어렵다.

자기가 이상적으로 생각하는 체중으로 돌아가서 그 체중을 유지하는 사람들 중에는 자기가 기억하는 에너지와 라이프스타일을 다시 회복할 수 있는 행운아들도 있다. 그러나 다른 사람들은 식단과 운동 계획을 유지하려면 끊임없이 경계 태세를 갖춰야 하며 어마어마한 감정적·정신적 추진력이 필요하다.

> 우리가 원래의 체중과 건강을 되찾지 못하는 까닭은 결단이 미흡하거나 정신력이 부족해서가 아니다. 문제는 생물학이다.

앞에서 논의한 것처럼 영양학자들과 영양사들은 감량한 체중을 유지하지 못하는 이유가 서구 사회의 생활 문제들 때문이라고 여겼다. 운동을 할 기회는 적은 반면 패스트푸드, 정크푸드 및 가공식품은 쉽게 구할 수 있어서 그렇다는 것이다. 하지만 이제 과학자들과 생물학자들은 이것이 단순히 서구 사회와 문화에서 비롯된 문제가 아니라는 사실을 깨닫고 있다. 우리가 원래의 체중과 건강을 되찾지 못하는 까닭은 결단이 미흡하거나 정신력이 부족해서가 아니다. 우리의 체중이 증가하는 이유도 생물학을 통해서 설명할 수 있듯이 감량한 체중을 유지하기가 힘든 이유도 생물학으로 설명할 수 있다. 가장 중요한 것은 생존 스위치에 대한 연구를 통해 이러한 생물학적 문제를 설명할 수 있고 더 나아가 필요한 해결책을 찾을 수 있다는 점이다.

수많은 사람들이 다이어트에 성공한 이후에 다시 살이 찌는 이유는 무엇일까?

다이어트에 성공한 이후에 다시 살이 찌는 생물학적 이유가 무엇인지를 알아내기 위해서 그동안 수없이 많은 연구가 진행되었다. 완전한 해답은 아직도 찾아내지 못했고 영양학 분야에서는 여전히 치열한 논의가 이루어지고 있다. 내 생각에는 우리가 생존 스위치를 이해하는 과정에서 얻은 지식을 활용한다면 이러한 미스터리에 대한 답을 찾아낼 수 있을 것 같다. 그러면 체중이 다시 증가하는 것을 예방할 수 있는 방안들을 마련할 수 있다. 따라서 언젠가는 비만 및 비만에 따른 건강 관련 위험들에 그저 대처하는 것이 아니라 근본적인 치료를 할 수 있게 될 것이다.

여기서 중요한 생물학적 문제는 과체중이나 비만인 상태가 한동안 지속되면 우리의 몸이 현재 체중을 정상 체중으로 인식하기 시작한다는 점이다. 그렇기 때문에 관성이 생겨서 그 체중에 머물게 된다. 다이어트에 돌입해 체중이 줄어들기 시작하면 우리의 몸은 에너지 소비량을 줄이려는 반응을 보인다. 그러면 대사활동이 감소해서 체중 감량이 최소화된다. 또한 허기가 더욱 심해질 수도 있다. 음식을 더 많이 먹어서 이미 줄어든 체중을 다시 늘리게 하려는 것이다.

이러한 현상 때문에 다이어트로 체중을 감량하는 사람들은 썩 유쾌하지 못한 결과를 얻게 될 수도 있다. 체중이 줄어들기 전에는 균형을 유지할 수 있었던 음식의 양이지만 이제는 그만큼 먹으면 체중이 늘어나게 된다. 예전보다 음식을 더 적게 먹지 않으면 살이 다시 찌게 된다. 또한 살이 더 많이 빠질수록 먹을 수 있는 음식의 양이 더 줄어든다. 세계 단식 기록 보유자들이 원래 체중으로 결코 돌아가지 못했던 것도 어쩌면 이런 이유 때문인지 모른다. 장기간에 걸쳐서 단식을 하게 되면 이에 대응해 에너지 필요량이 감소한다. 마치 동면중인 동물과 비슷하다고 할 수 있다. 몸이 제 기능을 하는 데 에너지를 점점 더 적게 쓰다 보면 시간이 흐르면서 체중 감량이 둔화된다. 단식과 관련된 장점이 많다 하더라도 여전히 충분하지는 않다.

다들 젊은 시절의 체중을 유지하고 싶어 한다. 하지만 옆에 있는 사람과 체중은 같은데 음식은 그 사람이 먹는 양의 절반만 먹어야 한다면 그렇게 살아가기는 힘들 것이다. 똑같은 양의 음식을 먹고 싶고 에너지도 넘쳤으면 좋겠는데 마치 몸은 내가 그만큼의 추가 지방을 보유하기를 바라는 것만 같다. 나는 이런 상황을 '고착' 현상이라고 부른다.

더 높은 체중에서 고착되는 원인

우리가 만들어내는 에너지의 대부분이 미토콘드리아라는 에너지 공장에서 나온다는 점을 떠올려보자. ATP 형태로 되어 있는 이 에너지는 생물학적 과정을 추진하고 신진대사 활동을 유지하는 데 쓰인다. 우리가 프럭토스를 섭취하면 요산이 생성되고 요산은 에너지 공장에 산화 스트레스를 유발한다. 그러면 ATP 생산이 감소하고 프럭토스에서 얻은 열량은 지방과 글리코겐으로 저장된다. 이러한 과정을 통해

식량을 구하기 어려운 상황이 닥쳤을 때 쓸 수 있는 에너지 저장분을 마련하려는 것이다.

생존 스위치가 활성화되면서 발생하는 산화 스트레스는 에너지 공장과 체내의 다른 기관에 손상을 입힐 수 있다. 그러나 대개 자연에서는 산화 스트레스가 오래 가지 못하고 에너지 공장은 손상에서 회복된다. 반면에 우리는 몇 년 동안이나 생존 스위치를 최대한으로 켜놓고 있다. 생존을 위한 목적으로 미토콘드리아의 에너지 생산이 일시적으로 침체되어야 하는데 이런 상태가 영구적으로 지속되면서 심각한 결과가 발생한다.

오랜 시간에 걸쳐서 만성적인 산화 스트레스에 노출되면 에너지 공장에 구조적인 변화가 일어난다. 에너지 공장이 작아지고 미토콘드리아의 기능이 감소한다. 생존 스위치가 활성화되지 않은 상황에서도 에너지 생산량이 줄어든다. 그러면 대사 과정이 초기화되고 체중이 증가할수록 에너지 생산 및 사용이 감소한다. 이제 우리의 몸은 더 늘어난 체중이 정상 체중이라고 생각하기 때문에, 체중 감소를 생존에 대한 위협으로 인식하고 대사 과정을 더 많이 바꾸는 방법을 통해서 이에 대응한다. 지금 이 순간에는 대사 과정이 우리의 적이다!

생존 스위치가 만성적으로 활성화되면 단지 체중이나 에너지에만 영향을 미치는 것이 아니다. 심지어 만성적이거나 반복적인 산화 스트레스가 노화 과정을 촉진한다는 연구 결과도 있다. 주름이 생길 뿐 아니라 내장 기관이 서서히 마모되는 것도 이 때문이라는 것이다. 모든 음식의 섭취는 에너지 공장에 대한 산화 스트레스와 관련되어 있다. (그래서 1장에서 언급한 것처럼 열량 섭취량을 줄이면 수명이 늘어날 수도 있는 것이다.) 그런데 그중에서도 프럭토스는 다른 영양소보다 미토콘드리아에 산화 스트레스를 훨씬 더 많이 유발한다. 미토콘드리아에 영구적인 손상이 가해지기 전에 조기에 비만을 발견한다면 가장 수월하게 비만을 치료할 수 있을 것이다. 나의 개인적 경험에 비추어보아도 어린이와 청소년의 비만을 치료하는 것이 훨씬 더 쉬웠다. 식단을 조정해서 생존 스위치를 활성화할 수 있는 음식의 섭취를 줄이기만 해도 효과가 있다. 나이가 더 어린 사람들은 제 기능을 하는 미토콘드리아의 수가 여전히 많기 때문이다. 반면 여러 해 동안 비만 상태였던 사람들을 치료하는 것은 매우 어렵다. 에너지 공장이 오랜 기간 만성적인 산화 스트레스를 받아왔기 때문이다. 하지만 불가능한 것은 아니다. 여기서 핵심적인 부분은 미토콘드리아의 재활이다.

비만을 치료하려면 미토콘드리아의 에너지 생산을 늘려야 한다

더 높은 체중과 더 낮은 에너지 수준에 고착 현상이 발생한다고 생각하면 울적한 기분이 들지만, 이런 상태가 반드시 영구적으로 지속되는 것은 아니다. 에너지 공장을 복원할 수 있기 때문이다. 여기에는 크게 두 가지 방안이 있다. 첫째, 에너지 공장의 손상을 최소화하여 자연적으로 회복할 수 있는 시간을 준다. 이 방법은 생존 스위치가 지속적으로 활성화되는 상황을 차단하는 데 중점을 둔다. 둘째, 에너지 공장의 수리를 적극적으로 촉진한다. 또한 미토콘드리아의 생산을 늘려서 그동안 잃어버린 미토콘드리아를 대체할 수 있다면 더욱 좋다.

에너지 공장은 복원할 수 있다.

어떻게 하면 이 두 가지 방안을 실행할 수 있는지를 알아보기 전에, 먼저 에너지 공장의 건강 상태를 쉽게 판단할 수 있는 방법을 소개하겠다. 바로 자연스러운 걸음걸이 또는 평상시의 보행 속도를 살펴보는 것이다. 걸음수를 셀 수 있는 만보계를 착용하고 동네를 한 바퀴 걷는 데 걸리는 시간을 기록한 다음, 초당 걸음수 및 이동거리를 계산하면 된다. 더 쉬운 방법은 동네 한 바퀴를 도는 데 걸리는 시간을 기록하고 그 후에도 산책할 때마다 시간을 재서 비교하는 것이다. 그러면 미토콘드리아의 건강 상태에 변화가 있는지를 알 수 있다. 중요한 점은 자연스러운 보행 속도를 측정해야 한다는 것이다. 다시 말해서 일부러 빨리 걸으면 안 된다.* 일반적인 보행 속도는 초당 1.2미터 정도

* 지체장애 또는 신경학적장애로 인해서 보행 능력이 제한되는 경우에는 이런 방법이 적합하지 않다.

인데 초당 0.6~1.8미터인 경우도 있다. 초당 1.2미터 이상을 목표로 삼는 것이 바람직하다. 오랜 기간 과체중 상태였던 사람들은 초당 0.9미터 정도로 보행 속도가 더 느린 편이다.

여러 연구 결과에 따르면 자연스러운 보행 속도는 미토콘드리아의 질과 밀접한 연관성이 있으며 보행 속도가 빠른 사람들이 더 오래 살고 전반적인 건강을 잘 유지한다. 보행 속도의 저하는 피로 증가 및 골격근의 ATP 수치 하락과 관련이 있다. 과체중인데 나이가 젊은 사람들은 다른 젊은 사람들과 비슷한 속도로 걷는 경향이 있는 반면에, 과체중인 사람과 정상 체중인 사람의 보행 속도 차이는 나이가 들수록 훨씬 더 차이가 뚜렷해진다.

산책하는 동안 자신의 자연스러운 보행 속도를 측정해보기를 바란다. 그러면 얼마나 수월하게 체중을 감량하고 이를 유지할 수 있을지를 가늠해볼 수 있다. 또한 자연스러운 보행 속도를 지속적으로 관찰하면 전반적인 진전 상황을 파악하는 데 도움이 된다.

지방 스위치를 차단하기

바로 앞장에서 우리는 생존 스위치의 활성화를 최소화하는 방법에 관해 논의했다. 설탕·액상과당 등 첨가당 섭취를 줄이고, 혈당지수가 높은 탄수화물 대신 혈당지수가 낮은 탄수화물을 택하고, 염분 섭취를 줄이고 물을 많이 마시는 것 등의 방법이 있었다. 이렇게 식이와 관련된 변화들은 에너지 공장에 어떤 영향을 미칠까?

우리는 멕시코시티에서 마그달레나 마데로와 개비 산체스 로사다가 실시한 임상실험을 통해 이 문제에 대해 알아보았다. 과체중인 참가자들에게 가벼운 저염 식단(하루에 염분 6그램 이하) 또는 저염·저프럭토스 식단(하루에 프럭토스 20그램)을 제공했다. 그러자 8주 뒤에는 저염 식단을 따른 그룹의 순환 백혈구에 들어 있는 미토콘드리아가 6배 증가했고, 저염·저프럭토스 식단을 따른 집단의 백혈구에 들어 있는 미토콘드리아는 무려 70배 증가했다. (뇌, 간, 근육 등 다른 주요 기관에서도 미토콘드리아가 증가했는지를 알 수 있다면 더욱 좋았겠지만 데이터를 구할 수 없었다.) 식단에 포함된 프럭토스와 염분을 줄이면 에너지 공장이 향상되는 것 같다는 고무적인 결과였다.

생존 스위치의 활성화를 줄일 수 있는 또다른 방법으로는 **간헐적 단식**이 있다. 간헐적 단식을 하는 방법에는 여러 가지가 있다. 하루 중 특정 시간 동안 단식을 할 수도 있고 일주일 중 특정 요일에 단식을 할 수도 있다. (예를 들어 16:8 플랜이라면 16시간 동안 단식하고 8시간 동안은 음식 섭취가 허용된다. 또한 5:2 플랜이라면 일주일 중 이틀은 단식하고 나머지 5일간은 정상적으로 음식을 섭취한다.) 간헐적 단식에는 특유의 매력이 있다. 야생에서의 삶과 닮아 있고 단식 기간에는 생존 스위치가 활성화되지 않는다. 간헐적 단식을 하면 전반적인 칼로리 섭취량을 줄이고 체중 감량 효과를 얻을 수 있을 뿐 아니라, 에너지 공장의 산화 스트레스가 줄어드는 등 생존 스위치의 활성화가 줄어드는 데 따른 이점도 제공한다.

심지어 간헐적 단식이 미토콘드리아의 성장을 촉진한다는 연구 결과도 있다. 또한 인슐린 저항성 및 당뇨병의 위험이 감소하고 전신 염증이 줄어들고 알츠하이머병의 위험이 감소한다.

미토콘드리아의 손상을 차단하는 것이 미토콘드리아를 지키는 데 중요하기는 하지만, 특히 오랜 기간 과체중인 상태가 유지된 경우에는 체중을 감량하고 그 체중을 유지하는 데는 이런 방법만으로는 부족하다. 염분 및 프럭토스 섭취를 줄이는 것 이외에 또 어떤 방법을 활용해야 할까? 사실상 거의 초인에 가까운 사람들, 즉 엘리트 운동선수들을 연구하는 과정에서 실마리를 발견할 수도 있다.

미토콘드리아의 성장을 촉진하기

내 친구인 이니고 산 밀란은 예전에 몇 년간 프로 운동선수(축구 및 사이클)로 활동했다. 나중에 생리학자가 된 그는 엘리트 운동선수들의 탁월한 성과를 집중적으로 연구하고 있다. 그의 연구에 따르면 '초인'이라고 불리는 세계 최정상 선수들은 상당히 훌륭한 에너지 공장을 가지고 있으며 그 결과 '대사 유연성'을 지닌다. 대사 유연성은 에너지를 만들어낼 때 지방과 탄수화물 사이를 오갈 수 있는 능력을 가리킨다. 예를 들어 낮은 강도 또는 중간 강도의 운동을 할 때는 선수들이 주로 지방을 태우는 반면 최대치의 힘을 쓰면서 운동을 할 때는 주로 탄수화물을 태운다. 이와는 대조적으로 비만인 사람들은 대사 과정에 유연성이 없다. 제대로 지방을 태우지 못하기 때문에 짧은 시간 동안에만 운동을 할 수 있고, 엘리트 운동선수들과 비교하면 최대 산소소비량이 3분의 1밖에 되지 않는다. 에너지 공장이 제 기능을 하려면 산소가 필요하기 때문에 이는 에너지 공장이 그만큼 열심히 일하지 않는다는 뜻이다.

이니고가 연구를 통해 발견해낸 것들 중에서 가장 놀라운 부분은 젖산염이 대사 유연성에 중요한 역할을 한다는 점이다. 젖산은 젖산염 형태로 바뀌어서 체내를 순환하는데, 젖산염은 근육의 피로를 유발한다. 글루코스 대사 과정 중에 근육에서 생성되며 예전부터 폐기물로 여겨져왔다. 그런데 엘리트 운동선수들처럼 미토콘드리아가 건강한 사람들은 젖산염을 추가적인 에너지원으로 활용할 수 있다는 사실이 밝혀졌다. 젖산염을 에너지 공장으로 보내면 더 많은 ATP를 만들어낼 수 있다. 따라서 이런 사람들은 젖산염이 쌓여서 운동을 중단하거나 운동 강도를 현격하게 낮춰야 하기 전까지 오랜 시간 동안 운동을 할 수 있다.

반면에 비만 환자들은 젖산염을 에너지원으로 활용하기가 어렵기 때문에 젖산염이 더 빨리 축적된다. 그러면 운동 시간과 운동 강도 역시 영향을 받는다. 따라서 젖산염이 축적되는 속도를 확인하면 미토콘드리아가 얼마나 건강한지, 대사 유연성이 어느 정도인지를 정확하게 측정할 수 있다.

또한 이니고는 젖산염 수치가 높으면 미토콘드리아의 기능이 저해된다는 사실을 밝혀냈다. 그런 면에서는 요산과 비슷한 셈이다. 따라서 프럭토스가 대사되면 글루코스에 비해 훨씬 더 많은 젖산염을 생성한다는 점이 흥미롭다. 결과적으로 프럭토스의 약 25퍼센트가 젖산염으로 전환된다. 젖산염의 생산을 촉진하는 것 역시 프럭토스가 에너지 공장에 부정적인 영향을 미치는 이유가 된다.

엘리트 운동선수들의 높은 에너지 생산량은 단지 국제경기에서 세계 기록을 깰 때만 도움이 되는 것이 아니라 비만, 당뇨, 심장 질환 및 암을 예방하는 기능도 한다. 그들은 이런 효과를 얻기 위해 저탄수 식단이나 고단백 식단 등 특별한 식단을 따를 필요가 없다. 실제로 선수들은 탄수화물을 선호하는 편이다. 강도가 높은 운동을 할 때 근육에 가장 중요한 에너지원으로 쓰이며 근육의 글리코겐 수치를 높게 유지하는 데도 도움이 되기 때문이다.

초인이라고 할 수 있는 엘리트 운동선수들은 세상에서 가장 생산적인 에너지 공장을 지니고 있다. 그렇다면 그들의 에너지 공장이 그렇게 효과적인 이유는 무엇일까?

유전을 포함해서 수많은 요인이 있겠지만 가장 흥미로운 이유 중 하나는 운동이 미토콘드리아의 성장을 촉진할 수 있다는 것이다. 하지만 그러려면 특정한 방식으로 운동을 해야 한다.*

에너지 공장을 늘리기

미토콘드리아의 기능을 향상할 수 있는 최고의 운동 방법은 무엇일까? 이에 관해서는 지금까지 다양한 연구가 이루어졌다. 첫째, 웨이트 리프팅처럼 비지구력 운동이 아니라 걷기, 러닝머신(트레드밀), 수영, 사이클링 등 지구력 운동을 해야 한다. 둘째, 공복 상태이거나 운동 시작 전에 탄수화물을 전혀 섭취하지 않는 것이 가장 효과적이다. 셋째, 최소한 1시간 이상, 일주일에 최소한 3~4회 이상 지속적으로 운동을 해야 한다. 미토콘드리아의 성장을 활성화하려면 시간이 좀 걸리는데 한번에 30분 이하로 운동을 하면 이런 효과를 얻을 수 없기 때문이다.

운동 강도 또한 중요하다. 이니고의 연구 결과처럼 일단 혈액에 젖산염이 쌓이기 시작하면 피로가 몰려올 뿐만 아니라 높은 젖산염 수치 때문에 미토콘드리아가 지방을 연소하는 능력이 차단되며 그 결과 운동을 지속할 수 없게 된다. 따라서 젖산염이 쌓이지 않는 선에서 1

* 걷기 또는 러닝머신에서 운동하는 것이 사이클링보다 더 낫다는 연구 결과도 있다. 하지만 모두 효과적인 방법이므로 본인이 선호하는 운동을 택하면 된다.

시간 동안 계속 운동할 수 있을 정도의 적절한 강도를 찾아내는 것이 중요하다. 적절한 운동 강도는 사람마다 상당히 다르다. 오랫동안 비만이나 대사증후군 환자였던 사람들은 미토콘드리아의 기능이 미흡하기 때문에 주말마다 운동을 하거나 운동 경기에 참여하는 사람들에 비해서 훨씬 더 느린 속도로 운동을 해야 한다.

적절한 운동 강도를 확인할 수 있는 가장 정확한 방법은 젖산염 키트를 구입해서 젖산염 수치를 측정하는 것이지만, 자신이 원하는 운동 강도에 도달할 수 있는 다른 방법도 있다. 가장 간단한 방법은 자신의 호흡 강도와 대화 능력을 고려하는 것이다. (이니고가 추천하는 방법이기도 하다.) 운동 강도가 적절하다면 운동을 하면서 대화를 지속할 수는 있지만 말하는 데 조금 어려움이 느껴질 것이다. 만약 운동을 할 때도 휴식을 취할 때와 거의 똑같이 말하고 호흡할 수 있다면 운동 강도가 너무 약한 것이다. 만약 대화를 지속할 수 없을 정도라면 운동 강도가 너무 센 것이다.

심박수를 기준으로 운동을 여러 구간으로 나누기도 한다. 미토콘드리아를 향상시키는 데 가장 적합한 운동 레벨은 2구간으로, 건강한 상태에서의 최대 심박수의 약 70퍼센트에 해당하는 강도다. 2구간 운동에서 목표로 삼아야 할 심박수를 표와 공식을 사용해서 계산하는 사람들도 있는데,* 이러한 방식은 정확히 입증하기가 어렵다. 사람마

* 일반적으로 2구간 운동의 심박수 목표치를 계산하는 공식은 다음과 같다. 최대 심박수는

다 최대 심박수가 많이 차이날 수도 있기 때문에 자신의 미토콘드리아를 극대화하는 운동 구간을 잘못 설정할 수도 있다. 또한 베타 차단제 등의 약 때문에 심박수 계산치에 도달하기가 어려워질 수도 있다.

따라서 운동하는 도중에 젖산염을 측정하거나 이니드가 소개한 대로 간단한 대화 테스트를 하는 편을 권장하고 싶다. 둘 중 어떤 방법을 활용하든 간에, 운동 프로그램을 시작하기 전에 자신에게 안전한 심박수에 대해 의사와 상의할 것을 추천한다.

운동의 힘은 단순히 열량을 소모하거나 몸이 튼튼해지는 것만이 아니다. 그저 만족감과 성취감, 기쁨('러너스 하이' 등)을 준다는 것만도 아니다. 운동의 주요 이점은 에너지 공장을 탄탄하게 유지하고 에너지 공장의 성장을 촉진한다는 것이다. 그러면 더 높은 체중에서 고착 현상이 발생하고 다이어트 이후에 체중 감량을 유지하지 못하는 상황을 예방하는 데 도움이 된다. 우리 팀의 협력자이자 비만 전문가인 폴 맥린의 연구 결과에 따르면, 비만 상태인 쥐를 다이어트로 체중 감량시킨 뒤 운동을 하게 했더니 지방이 다시 증가하는 것을 예방할 수 있었다.

운동 이외에도 생존 스위치의 만성적인 활성화 때문에 잃어버린 에너지 공장의 생산을 촉진할 수 있는 방법이 있다. 앞에서 소개한 간

220에서 자신의 나이를 뺀 숫자에 해당하며, 여기에 0.7을 곱하면 심박수 목표치를 얻을 수 있다.

혈적 단식도 그중 하나다. 또한 특정 보충제를 섭취하면 미토콘드리아의 성장을 촉진할 수 있다는 증거도 존재한다. (이러한 보충제를 가리켜 '병 안에 든 운동'이라고도 한다.)

에피카테킨 보충제를 복용하는 것도 미토콘드리아의 성장을 촉진하는 데 상당히 효과적인 방법이다. 에피카테킨은 다크 초콜릿에 함유되어 있고, 구나족이 비만에 걸리는 것을 막아준 쓴맛이 나는 코코아에도 들어 있다. 또한 브라질의 과일인 과라나의 씨앗에도 에피카테킨이 들어 있다. 하루 동안 400킬로미터가 넘는 먼 거리를 달려서 메시지를 전달한 것으로 유명한 아즈텍 사람들도 쓴맛이 나는 코코아를 많이 마셨다고 한다. 그래서 그렇게 먼 거리를 달릴 수 있었는지도 모른다. 녹차에는 에피카테킨과 유사하지만 상대적으로 효과가 적은 물질인 에피갈로카테킨이 들어 있다. 따라서 쓴맛이 나는 카카오 성분이 70퍼센트 이상을 차지하는 다크 초콜릿과 녹차 둘 다 미토콘드리아의 기능에 도움을 줄 수 있다.

카르티닌과 코엔자임Q 등 다른 보충제도 미토콘드리아의 기능 향상을 위해 쓰인다. 하지만 이러한 보충제가 미토콘드리아의 수를 늘리는 데 도움이 되는지는 아직 정확히 밝혀지지 않은 상태다.

아울러 에너지 공장의 재활을 위한 노력을 저해할 가능성이 있는 보충제는 피하는 것이 좋다. N-아세틸시스테인, 알파 리폭신, 비타민C 등 항산화물질 보충제는 미토콘드리아의 손상을 유발하는 산화 스트레스를 차단하는 데는 도움이 되는 반면 미토콘드리아를 재건하는 데는 방해가 될 수도 있다. 따라서 적정 체중을 유지하고 있는 사람들이 생존 스위치의 활성화를 차단하고 싶다면 비타민C 복용을 권장하지만, 체중 감량 중인 사람은 하루 섭취 용량을 500밀리그램 이하로 제한하는 것이 좋다. 비타민C를 하루에 1000밀리그램 복용하면 대사증후군에는 도움이 되겠지만 미토콘드리아를 늘리는 데는 오히려 방해가 될 수 있다.

전반적으로 생각할 때 에너지 공장을 개선하는 데 가장 효과가 확실한 방법은 역시 운동이다. 빨리 걷기, 사이클, 달리기 등의 운동을 대화 테스트를 통과할 정도의 강도로 매주 몇 차례씩 하는 방안을 권하고 싶다.

미토콘드리아의 기능이 향상되면 노화를 방지할 수 있다

만약 우리가 에너지 공장을 보호하고 재성장하게 할 수 있다면 노화를 지연하고 심혈관 및 뇌의 건강을 유지하는 데도 도움이 될 것이다. 노화의 발생 원인은 특히 미토콘드리아에 대한 산화 스트레스의 만성적 영향으로 추정된다. 그렇다면 만성적인 프럭토스 섭취는 노화를 가속화할 수도 있다. 미토콘드리아의 성장을 촉진하면 해독제를 제공하는 역할을 할 수 있다.

당류를 많이 섭취하면 심혈관계 질환으로 인한 사망 위험 및 치매에 걸릴 위험이 증가하며 수명이 짧아진다는 연구 결과가 있다. 과학자들이 의학 연구에 흔히 사용하는 초파리의 사례를 살펴보자. 눈이 적갈색인 이 작은 파리는 주방과 야외 식사 공간을 누비며 날아다니는 것을 즐긴다. 프럭토스가 많이 함유된 잘 익은 과일을 찾아다니는 것이다.

만약 초파리한테 수크로스가 들어 있는 액체를 제공한다면 어떻게 될까? 초파리는 이러한 액체를 정말 좋아한다! 초파리도 당류가 함유된 물을 마시면 사람의 경우와 마찬가지로 살이 찌고 당뇨병에 걸린다. 그러다가 탈수 및 신장병으로 일찍 죽는다. 그 원인은 요산과 관련이 있는 것으로 보인다. 초파리는 원래 과일의 프럭토스를 먹고 살지만 고농축 당류를 섭취하면 초파리의 수명이 짧아진다.

우리 팀은 체내에서 프럭토스가 만성적으로 생산되면 노화에도 영향을 미친다는 놀라운 증거를 확인했다. 앞에서 설명했듯이 우리 몸은 탄수화물에 프럭토스가 들어 있지 않다 하더라도 탄수화물에 함유된 글루코스를 통해 프럭토스를 만들어낼 수 있다. 이에 관해 알아보기 위해서 우리는 두 그룹의 생쥐들에게 프럭토스 함량이 5퍼센트 미만인 고탄수 식단을 제공했다. 한 그룹에는 일반적인 생쥐들이 있었고 다른 그룹에는 프럭토스를 대사하지 못하도록 유전자가 변형된 생쥐들이 있었다. 생쥐들이 나이가 들 때까지 약 2년 동안 실험을 진행했다. 일반적인 생쥐의 경우에는 노화와 관련된 가벼운 신장 손상, 나이를 감안할 때 예상 가능한 혈압 상승 등 노화에 따른 전형적인 변화가 나타났다. 그런데 프럭토스를 대사하지 못하는 생쥐들의 경우에는 신장, 혈관 기능, 혈압이 정상 수준으로 유지되었다.

여기서 알 수 있는 점은 생존 스위치가 가볍게 활성화되는 상태가 오랫동안 지속되면 노화가 유발될 수도 있다는 것이다. 만약 당류를 많이 섭취했다면 일반적인 생쥐의 노화에 따른 변화는 더욱 가속화되었을 것이다. 미토콘드리아를 개선하고 생존 스위치를 차단한다면 수명의 질이 높아지고 훨씬 더 오래 건강하게 살 수 있게 될 것이다.

체중 감량 및 유지를 위한 계획

바로 앞장에서는 생존 스위치에 관한 지식을 바탕으로 체중 증가를 예방할 뿐만 아니라 건강을 극대화하고 당뇨병, 심장 질환, 치매 및 암으로부터 우리를 보호해줄 수 있는 장기적인 식단에 관해서 알아보았다. 그런데 이번 장의 목표는 다르다. 여기서는 과체중인 사람들이 잉여 지방을 줄이고 감량 체중을 유지하는 데 도움이 되고, 젊은 시절의 에너지를 다시 얻을 수 있고, 전반적인 건강에 유익하고 안전한 식단을 개발하고 싶다. 생존 스위치에 대한 지식이 이러한 목표를 달성하는 데 어떤 도움을 줄 수 있는지가 관건이다.

효과적인 체중 감량 계획의 첫 단계는 지방의 연소를 촉진하는 것이다. 추가로 에너지가 필요할 때만 지방이 연소되므로, 식단을 통해서 얻는 에너지를 줄일 필요가 있다. 체중 감량을 목적으로 하는 식단에는 칼로리 제한이 포함되어 있다. 그러나 가장 성공적인 식단은 또한 스위치의 강도를 낮추는 것과도 관련이 있다. 그러면 스위치가 켜졌을 때 발생하는 허기와 먹이탐색반응을 최소화할 수 있기 때문이다. 그렇기 때문에 칼로리 제한을 중시하고 당류 및 혈당지수가 높은 탄수화물의 섭취를 허용하는 식단은 칼로리 제한이 끝나면 바로 실패하게 된다. 또한 당류 및 혈당지수가 높은 탄수화물을 제한하는 식단이 구체적으로 칼로리를 제한하지 않더라도 체중 감량으로 이어지는 이유도 바로 이 때문이다. 스위치의 강도가 낮아지면 허기가 줄어들고, 그러면 자연스럽게 칼로리 제한이 발생한다. 아울러 스위치의 강도를 낮추면 더욱 효과적으로 지방을 연소할 수 있다. 생존 스위치의 기능 중 하나는 지방의 연소를 차단하는 것이기 때문이다. (3장을 참고하기 바란다.)

두 번째 단계는 우리 몸이 체중 감량을 보상하고 현재 체중을 유지하기 위해 대사활동을 줄이려는 시도를 차단하는 것이다. 오랫동안 과체중 상태가 유지되면 에너지 공장의 가동력이 줄어든다. 우리 몸이 과체중 상태를 새로운 표준으로 인식하기 때문이다. 이런 현상이 발생하면 체중 감량에 대응해서 대사활동이 감소하므로, 예전이었다면 체중을 안정적으로 유지할 수 있었을 만큼의 음식만 먹어도 이제는 체중이 늘어나게 된다. 그러면 거의 모든 다이어트 계획이 실패할 수밖에 없다. 이러한 상황을 극복하기 위해서는 생존 스위치의 강도를 줄여서 에너지 공장이 더 이상 손상되지 않도록 예방하는 동시에 새로운 에너지 공장의 생산을 촉진하고 에너지 생산량을 늘려야 한다.

새로운 에너지 공장을 키워낼 수 있는 가장 좋은 방법은 앞에서 소개한 것처럼 특정한 방식으로 운동을 하는 것이다. 운동의 주요 이점은 칼로리를 소모하는 것이 아니라 에너지 공장을 촉진하는 것이다. 칼로리를 소모하는 것도 도움이 되기는 하지만 사용 가능한 칼로리를 줄이고 지방의 연소를 촉진할 수 있는 최선의 방법은 식이 조절이다. 실제로 생존 스위치가 활성화되면 칼로리 소모를 위해 운동을 하더라도 휴식 시의 대사활동이 더욱 감소하기 때문에 보상 효과가 발생한다. 굶주린 동물들이 먹이탐색 활동에 따른 에너지 손실을 보상하기 위해 사용하는 방법이다. 또한 이는 하즈다족이 하루 종일 걸으며 식량을 구하러 다니는데도 전체 에너지 소비량이 늘어나지 않는 이유이기도 하다. 다량의 꿀을 섭취해 생존 스위치가 활성화되면 운동으로 소모된 에너지를 보상하기 위해서 휴식 시의 에너지 소비량이 감소하기 때문이다.

체중 감량을 유지할 수 있는 주요 방법으로 저탄수 식단이나 키토 식단을 시작하는 것을 권장하고 싶다. 이 두 가지 식단은 음식 섭취를 통한 프럭토스의 주요 공급원인 첨가당을 엄격하게 제한하며, 체내에서 프럭토스로 전환될 수 있는 글루코스의 주요 공급원인 혈당지수가 높은 탄수화물 역시 엄격하게 제한하기 때문이다. 스위치의 강도가 줄어들면 자연스럽게 허기도 줄어들게 되고, 예전에는 스위치가 차단했던 지방 연소도 이제는 가능해질 것이다. 또한 체내의 시스템이 '리부팅'되어서, 꾸준하게 프럭토스 함량이 높은 식단을 따르는 경우처럼 프럭토스를 신속하게 흡수하고 대사할 수가 없게 된다. (8장을 참고하기를 바란다.) 그러면 가끔 당류를 섭취하게 되더라도 당류의 영향에 더 큰 저항성을 보이게 될 것이다.

생존 스위치가 활성화되면 칼로리 소비를 위해 운동을 하더라도 대사활동이 더욱 감소하기 때문에 보상 효과가 발생한다. 그러면 체중 감량 목표를 달성하기가 어려워진다.

또한 저탄수 식단과 키토 식단은 글리코겐 저장량을 줄인다. 우리 몸에는 지방과 탄수화물이 저장되는데 탄수화물의 경우에는 글리코겐 형태로 저장된다. 우리가 음식을 먹지 않으면 체내에서는 글리코겐이 먼저 연소된다. 글루코스를 연료로 선호하기 때문이다. 만약 우리가 하루종일 탄수화물이 들어 있는 간식을 먹는다면 복부 지방은 그대로 유지될 것이다. 하지만 탄수화물, 특히 혈당지수가 높거나 프럭토스가 함유된 탄수화물의 섭취를 줄이면 최소한의 글리코겐만 저장하기 때문에 지방 연소가 증가한다. 그래서 탄수화물 제한이 그렇게 효과적인 것이다.

또한 잠을 8시간 이상 자는 것이 큰 도움이 되고 저녁보다 아침식사 전에 운동하는 것이 체중 감량에 훨씬 효과적인 이유도 우리 몸이 글리코겐을 연료로 선호하기 때문이다. 우리가 자는 동안에 글리코겐 저장량의 대부분이 연소되므로 잠에서 깨서 일어날 때는 지방 연소 모드다. 저녁에 운동을 하면 그날 하루 동안 축적된 글리코겐이 주로 연소된다.

마지막으로, 저프럭토스 식단 및 저염 식단에 대한 연구를 통해 알 수 있듯이 저탄수 식단은 미토콘드리아의 성장을 촉진한다.

한편 저탄수 식단과 키토 식단에도 유의할 점이 있다. 첫째, 저혈당의 위험이 높아진다. 식은땀이 나거나 머리가 어지러운 기분이 들 때는 혈중 글루코스를 확인하거나 탄수화물이기는 하지만 과일 한 조각을 먹으면 도움이 된다.

둘째, 저탄수 식단에서 섭취 가능한 짠 음식과 감칠맛이 풍부한 음식(적색육, 갑각류 등)은 스위치를 활성화할 수 있다. 짠 음식은 글루코스가 프럭토스로 전환되는 것을 촉진하기 때문에 스위치를 활성화한다. 하지만 저탄수 식단에는 프럭토스로 전환될 수 있는 글루코스의 양이 비교적 적다. 따라서 저탄수 식단을 따르고 있다면 고염 식단이 프럭토스를 생성할 가능성이 적기 때문에 체중 증가를 유발할 가능성도 적다. 그러나 감칠맛이 풍부한 음식은 체중 증가를 유발할 수 있는 잠재적 가능성이 여전히 높다. 또한 알코올 섭취도 줄이거나 제외할 필요가 있다. 알코올도 생존 스위치를 활성화할 수 있기 때문이다.

또한 저탄수 식단을 따르면 스위치의 강도가 낮아지면서 결과적으로 혈압이 하강할 수 있다. 만약 혈압약을 복용하고 있다면 주의 깊게 혈압을 살펴볼 필요가 있다. 어쩌면 혈압약의 용량을 줄여야 할 수도 있다. 그리고 염분 섭취와 탄수화물 섭취를 동시에 줄이면 저혈압이 발생할 수 있으므로 머리가 어지러운 기분이 든다면 혈압과 혈중 글루코스를 확인해봐야 한다. 이런 이유를 감안할 때 저탄수 식단을 시작하고 나서 처음 몇 주 동안은 짠 음식을 비롯해 스위치를 활성화할 수 있는 음식의 일일 섭취량을 줄이지 않는 것이 바람직하다.

아울러 충분한 수분 섭취를 위해 하루에 물을 8잔 이상 마시고 나쁜 LDL콜레스테롤 수치와 혈중 요산 수치를 모니터링할 것을 권장한다.

저탄수 식단을 따르면 LDL콜레스테롤이 상당히 높아지는 경우도 종종 발생한다. 이럴 때는 포화지방 섭취량을 줄일 필요가 있다. 키토제닉 식단을 따르면 요산 수치가 상승할 수 있다. 요산 증가의 생물학적 영향은 알려져 있지 않지만, 혈중 글루코스 수치와 혈압을 유지하기 위한 보상 효과일 수도 있다. (요산이 인슐린 저항성을 촉진하기 때문이다.) 하지만 요산은 에너지 공장에 산화 스트레스를 유발하기도 한다. 요산 수치가 8mg/dL 이상으로 크게 상승한 경우에는 치료에 따른 이점과 위험에 관해 주치의와 상의하는 것이 바람직하다. (앞 장을 참고하기 바란다.)

몇 년씩 저탄수 식단을 유지하는 사람들도 있지만 대다수는 몇 개월 이상 버티기가 어렵다. 식단에서 탄수화물의 양을 늘리고 싶은 자연스러운 본능이 작용하기 때문이다. 그렇기 때문에 체중 감량을 위해서는 대안적인 접근법이 필요하다.

저탄수 식단을 따르고 싶지 않다면 그 대신에 지중해식 식단이나 내가 제안한 스위치 식단을 활용할 수 있다. 다만 스위치를 활성화할 수 있는 음식은 보다 엄격하게 제한할 필요가 있다. 특히 쌀, 감자, 빵, 감자튀김, 시리얼 등 혈당지수가 높은 탄수화물의 섭취를 강하게 제한해야 한다. 만약 이런 방법도 실천하기 어렵다면 식단을 조정해서 하루에 한 번은 혈당지수가 높은 탄수화물을 소량(1회 제공량의 절반 수준으로) 섭취하는 것을 허용해도 좋다. 식사 때 한 시간에 걸쳐서 천천히 먹는 것이다. 그 이외의 식사 시간에는 혈당지수가 낮은 탄수화물만 섭취 가능하며 짠 음식, 감칠맛이 풍부한 음식, 알코올 등 스위치를 활성화할 수 있는 음식은 전면 제한해야 한다.

때로는 16:8 플랜을 활용해서 낮에 간헐적 단식을 실시하면 칼로리 제한을 향상하고 에너지 공장의 성장을 촉진하는 데 도움이 된다. (어린이의 경우에는 단식이 성과를 저해할 수 있다는 증거가 어느 정도 존재하므로, 어린이에게는 간헐적 단식을 권장하지 않는다.) 이렇게 하면 체중 감량 속도는 더뎌지겠지만 많은 사람들이 실천할 수 있을 것이다.

어떤 방법을 택하든 최소한 한 시간 이상, 일주일에 3~4회는 운동을 하기를 바란다. 2구간 운동을 유지하는 것이 좋다. (세계보건기구를 비롯한 여러 단체에 따르면 저강도 운동에 덧붙여서 매주 75~150분간 고강도 운동을 하면 더욱 효과적이라고 한다. 하지만 목적에 따라 취사선택해도 무방하다. 에너지 공장을 늘리고 지방을 최대한 연소하는 데는 2구간 운동이

스위치를 고려한 체중 감량 계획

지방의 연소를 촉진하기	
식단	• 특히 처음 한 달 동안은 저탄수 식단이나 키토 식단이 바람직하다. • 스위치 식단이나 지중해식 식단을 대신 활용할 수 있다. (혈당지수가 높은 탄수화물, 짠 음식, 감칠맛이 풍부한 음식은 더욱 엄격하게 제한할 필요가 있다.) • 매일 물을 8잔 이상 마신다. • 염분 섭취를 하루에 5~6g으로 줄인다. (운동을 하다가 땀을 많이 흘리는 경우에는 염분 섭취를 약간 늘릴 수 있다. 저탄수 식단의 경우에는 염분 섭취가 좀 더 자유롭다.) • 일주일에 하루 또는 이틀은 16:8 플랜에 따른 간헐적 단식을 실시한다(선택사항). • 알코올 섭취를 최소화하거나 피한다.
보충제	• 비타민C 함량이 500mg 이하인 보충제를 매일 복용한다.
에너지 공장을 재건하기	
운동	• 한 시간, 일주일에 3~4회, 2구간
식단 및 보충제 (선택사항)	• 다크 초콜릿, 에피카테킨 • 녹차

가장 효과적이기 때문이다.) 또한 산책한 거리와 시간을 기록하고 자연스러운 보행 속도가 향상되고 있는지를 확인하는 것도 도움이 된다. 에너지 공장이 더욱 건강해지고 있음을 확인할 수 있다. 앞 장에서 스위치 식단을 소개할 때 언급한 것처럼 물을 많이 마시고 매일 30그램 분량의 다크 초콜릿을 섭취하는 것도 좋다.

마지막으로, 체중 감량을 위해 지속적으로 단식을 하는 것은 권장하지 않는다. (자연에서는 그런 일이 발생하기도 하므로 내 생각이 맞는다고 단정할 수 없기는 하다.) 앵거스 바비에리가 1년 이상 단식을 유지하기는 했지만 그가 단식을 시작하고 나서 몇 개월 뒤의 실험 결과를 보면 혈중 글루코스 수치가 너무 낮았다. 약 30mg/dL이었는데 때로는 20mg/dL까지 더 떨어지기도 했다. 이 정도의 글루코스 수치는 너무 낮아서, 만약 우리의 글루코스 수치가 갑자기 그렇게 떨어진다면 혼수상태에 빠져서 뇌에 영구적인 손상을 입거나 심지어 사망할 수도 있다. 바비에리를 진료한 의사들은 그의 사고 기능에 문제가 없다고 여겼지만 정식으로 검사를 실시하지는 않았다. 글루코스가 거의 없었기 때문에 그의 뇌와 다른 세포조직은 지방을 연소할 때 생성되는 케톤을 주요 에너지원으로 사용했을 가능성이 있다. 물론 여러 연구에 따르면 뇌가 케톤을 사용할 수도 있지만, 나는 인체가 글루코스를 선호하는 데는 이유가 있으리라고 생각한다. 그래서 혈중 글루코스 수치를 정상 범위 내로 유지하고 싶다. 이러한 문제에 관해 알아보기 위해서는 더 많은 연구가 필요하다.

맺음말

비만과 대사활동에 관한 연구를 시작하던 무렵에는 프럭토스가 그저 수크로스와 액상과당에 들어 있는 성분이고 당류의 단맛을 내는 역할을 한다고만 여겼다. 당류가 비만, 인슐린 저항성 및 중성지방 수치 증가와 관련이 있다는 증거가 있기는 했지만, 대다수의 사람들은 열량 과다 섭취가 이러한 증상의 주요 원인이며 당류는 여러 요인 중 하나에 불과하다고 생각했다.

그런데 지난 20년 동안 실시된 수많은 놀라운 연구 덕분에 프럭토스라는 단당류에 대한 관점이 완전히 달라지게 되었다. 우리는 자연 속에서 살아가는 동물들에게 프럭토스가 위대한 구세주 역할을 하며, 경보를 울려서 다양한 생존 반응을 활성화한다는 사실을 알게 되었다. 그런데 문제는 우리가 이러한 경보를 불필요하게 매일 울리고 있다는 것이다. 실제로 하늘이 무너지는 것처럼 심각한 상황이 일어나고 있다.

생존 스위치가 만성적으로 과도하게 활성화되면서 현대의 수많은 질병이 유발된다. 하지만 이렇게 엄청난 질병 발생 과정에 대한 우리의 이해도 높아지고 있으므로, 우리는 자연의 힘을 거스를 수 있는 방법을 개발할 수 있고 건강과 조화를 되찾을 수 있다.

이 책에는 우리 연구팀과 수많은 연구 협력자들이 생존 스위치의 발견에 관해서 지금까지 연구해온 내용이 수록되어 있다. 이러한 연구 과정에는 생명의 기원을 이해하고자 했던 뛰어난 과학자인 스티븐 베너가 제시한 혁신적인 생각이 반영되어 있다. 그에 따르면 과학적 문제를 해결하는 최고의 방법은 다양한 분야와 방법을 참고하고 활용하는 것이다. 베너는 이러한 접근법을 '행성 생물학'planetary biology이라고 불렀다.

폭넓은 접근법을 적용하면 일반적인 과학적 조사에서는 자칫 빠뜨릴 수도 있는 해결책을 찾아낼 수 있다. 물론 특정 주제를 파고드는 연구 과정에서도 상당한 통찰력을 얻을 수 있겠지만, 그 대신에 '사다리를 타고 올라가서' 보다 포괄적인 관점에서 연구 주제를 살펴보면 훨씬 더 많은 것을 얻을 수 있다.

우리의 경우에는 전통적인 실험연구 및 임상연구도 실시했지만 이와 더불어 비만에 대한 자연의 관점을 이해하는 데 많은 노력을 기울였다. 또한 진화와 역사에 대한 통찰도 반영했다. 생존 스위치는 과학적 연구를 바탕으로 한 가설이라는 점을 인식하는 것이 중요하다. 가설은 제안에 해당하며, 여러 가지 실험을 고안해서 이러한 제안을 검증하는 것이다. 실험을 실시하면 결과를 얻게 되는데, 만약 실험 결과가 가설을 뒷받침하지 않는다면 가설을 조정하고 다시 이 과정을 반복한다. 우리 또는 다른 과학자들의 연구에서 도출된 결과가 생존 스위치 가설과 충돌할 수도 있다. 그런 상황이 발생한다면 우리는 가설을 수정하고 다시 연구를 진행할 것이다. 현재로서는 생존 스위치가 지금까지 나온 연구 자료를 가장 잘 설명할 수 있는 가설이라고 생각한다. 하지만 그렇다 하더라도 우리 과학자들은 항상 열린 태도를 견지해야 한다.

우리 팀의 연구에도 한계는 존재한다. 실험실의 동물들을 대상으로 한 연구가 많은데 특히 체내에서 프럭토스가 생성될 수 있는지를 보여주는 연구의 경우에는 더욱 그렇다. 실험실의 동물들은 사람이 아니다. 동물들에게 적용한 가설을 사람한테도 적용할 수 있지만, 사람을 대상으로 반복 연구를 수행하기는 어렵다. 생쥐의 경우처럼 인간의 유전자를 제거하거나 변형시킬 수는 없기 때문이다. 사람을 대상으로 이러한 가설을 검증하려면 다른 연구 방법을 고안해내야 한다. 그런데 청량음료를 섭취하면 그 안에 들어 있는 프럭토스가 체내에 공급될 뿐만 아니라 인간의 프럭토스 생산이 세 배로 증가한다는 연구 결과가 이미 나온 바 있다. 이처럼 인간에 대한 연구 자료도 점차 느는 중이다. 이와 마찬가지로 요산이 대사 관련 질환에 미치는 영향에 관한 지속적인 논란을 해결하는 데 도움이 될 만한 연구가 더 많이 이루어져야 한다.

향후에 프럭토스 대사를 임상적으로 강력하고 안전하게 억제할 수 있는 약이 출시된다면 생존 스위치의 중요성을 궁극적으로 검증할 수 있을 것이다. 현재 여러 제약사가 프럭토스 대사를 차단할 수 있는 약을 개발하고 있다. 또한 우리는 망고스틴, 오스톨 등 프럭토스 대사를 차단할 수 있는 영양 보조 물질도 찾아냈다. 하지만 인간에게 안전하고 효과가 있는지에 관해서는 더 많은 연구가 필요하다.

비만과 대사증후군, 2형 당뇨병이 과거의 질병이 될 때까지는 앞으로 갈 길이 멀고, 더 많은 과학적 사실을 찾아내야 한다. 이런 면을 생각하면 철학자 버트런드 러셀의 일화로 널리 알려진 이야기가 떠오른다. 인도를 여행하던 중에 러셀은 어느 점쟁이를 만났는데, 그 여자는 자기가 세계를 떠받치고 있는 것이 무엇인지 안다고 했다. 호기심을 느낀 그는 그 비밀을 알려달라고 청했다.

"버트런드, 답은 간단해요. 지구는 거대한 거북이 등 위에 올려져 있답니다."

점쟁이의 논리가 허술하다고 생각한 러셀은 이렇게 물어보았다. "그 거북이가 등으로 지구를 받치고 있다면 그 거북이는요? 무엇이 거북이를 받치고 있는 거죠?"

"소용없는 질문이군요." 점쟁이가 미소를 지으며 대답했다. "그 아래로 계속 거북이들이 있거든요."

이 이야기는 특정한 대답을 찾으려는 행동이 무의미하다는 것을 보여주기 위해 주로 언급되지만 과학 연구의 공통적인 어려움과도 관련이 있다. 근본 원인에 도달하기 위해서는 여러 겹의 단계를 거쳐야 한다는 어려움이다. 탐정 소설이나 고고학 발굴과도 상당히 닮았다. 뭔가 중요한 것을 찾으면 이것이 또다른 통찰로 연결되고… 이런 과정이 끝없이 반복된다.

비만의 과학에 대해서는 아직도 수많은 거북이들을 찾아야 하는 상황이라고 표현할 수도 있겠다. 여러 가지 미스터리와 도전과제를 풀어내려면 새로운 가설을 세우고 더 많은 증거를 모아야 한다. 셜록 홈스도 이렇게 말하지 않았던가. "불가능한 것을 제거하고 나면 마지막에 남은 것이 진실이라네. 아무리 그럴 법하지 않더라도 말일세."

마지막으로 자작시를 들려주면서 이 책을 끝맺고 싶다. 어느 날 공원에 나가서 자전거를 타다가 문득 시상이 떠올랐다. 이 시에는 당류에 대해 내가 아는 것들이 담겨 있다.

설탕을 위한 송가

사탕수수를 으깼더니 달고 투명한 액체가 흘러나오네
순수해질 때까지 끓이고 거르니
부드럽고 새하얀 가루가 되었네
눈꽃 같은 결정은 밤하늘의 별과도 같구나
설탕은 음식을 천상계로 올려주지
폭신한 파이, 초콜릿 케이크, 맛있는 캐러멜

반짝이는 날개로 춤추는 요정처럼
설탕은 우리에게 기쁨과 행복과 꿈을 선사하지
하지만 욕심이 지나친 자는 걱정하게 되리
마이더스처럼 골치 아픈 문제가 생길 테니
결핍에서 시작된 것이 이제 필요로 바뀌고
사랑으로 주어진 것을 이제 탐욕으로 쌓아두네
한때 마음에 흡족했던 것이 이제 영혼에서 사라지고
한때 사랑을 주었던 것이 이제 마음을 싸늘하게 하네
몸은 분노로 이 어두운 힘에 맞서네
허나 저주받은 길에서 피할 길은 없네
끝없는 설탕이 담긴 피가 흐르고
심장은 붓고 간은 크림색을 띠고
한때 희던 이는 썩고 얼룩졌네
신장은 탁하고 시들고 염증을 얻고
핏줄은 기름져서 언젠가 막히거나 터지고
쇠약, 마비, 치매가 나타나며 이보다 더한 일도 생긴다네
사랑과 애정을 전하던 큐피드의 꿀 바른 화살이
이제 설탕 발린 창이 되어 심장을 찌르네
오, 내 사랑 설탕, 그만 나를 놓아줘
내 심장과 영혼이 나을 수 있게
너로 인한 달콤한 고통은 더는 머물 수 없어

부디 너에게서 등을 돌릴 힘을 다오

네 달콤한 입술은 영원히 잊지 않으리

하지만 살기 위해서 내게는 건강이 필요하네

감사의 말

나의 출판 에이전트인 제니터 헤레라와 레아 윌슨, 낸시 홀, 메리 앤 티메이어스를 비롯한 편집자들께 감사의 인사를 전하고 싶다. 이 분들의 도움이 없었다면 이 책은 세상에 나오지 못했을 것이다.

이 책에 수록된 연구에는 수없이 많은 협력자들의 오랜 노력이 담겨 있다. 모든 분들을 거명하지 못함을 양해해주기를 바란다. 특히 중요한 과학적 발견에 크게 기여한 미겔 A. 라나스파, 개비 산체스 로사다, 다카히코 나카가와, 강덕희, 유리 사우틴, 다쿠지 이시모토, 베르나르도 로드리게스 이투르베, 하이메 헤레라 아코스타, 조지 슈라이너, 마릴다 마잘리에게 감사한다. 또한 우리 연구팀의 애나 안드레스 에르난도, 웨이 무, 카를로스 론칼 히메네스, 크리스토퍼 리바르드, 데이비드 올리키, 가브리엘라 가르시아, 올레나 글루샤코바, 샤오센 오우양, 타마라 밀라그레스, 캐서린 고든, 크리스티나 치체르키, 난싱 리, 즈린 송에게 감사한다. 아울러 존 카넬리스, 크리스틴 거시와 마이클

거시, 피에트로 키릴로, 마르셀로 하이닉, 데이비드 롱, 캐런 프라이스, 우데이 코슬라, 와이치 사토, 웨이 첸, 후미히코 사사이, 페데리카 피아니, 요시후라 다무라, 와타루 기타가와, 가츠유키 다나베, 도모키 고스기, 모하메드 샤피우, 다카히로 나카야마, 토머스 젠슨, 유카 사토, 마사나리 구와바라를 비롯한 교환 학자 및 연구 펠로들께 감사의 인사를 전한다.

또한 임상 연구에 도움을 주신 마날 압델말렉, 림 아사드, 아산 에하즈, 페터 비욘스타드, 클라우디오 보르기, 다이애너 자랄, 메흐메트 캔베이, 아다 쿠마르, 데이비드 마스, 마그달레나 마데로, 로버트 폰트레몰리, 재닛 스넬 베르겐, 엔리케 페레스 포소, 야체크 마니티우스, 에바 알 오자이리, 질리언 설리번, 시카 선다람, 기예르모 세바요스, 미프엉 레, 슈에칭 위, 크리스 킹에게 감사 드린다. 기본 연구를 도와주신 폴 맥린, 메흐디 피니, 페르난도 가르시아 아로요, 조슈아 라비노위츠, 데이비드 본스론, 레오 유스턴스, 토머스 핑거, 수전 키나몬에게도 감사를 전한다. 또한 뉴질랜드(토니 메리먼, 게르하르드 선본, 사이먼 손리)와 플로리다(마크 시걸, 필 스카페이스, 라제시 모핸더스, 버그완 다스, 세르게이 자리코프)의 연구 협력자들께 감사한다. 요산 관련 화학 연구에 도움을 주신 알렉산더 앵거호퍼, 크리스틴 거시, 위차 이마람, 조지 헨더슨, 프럭토스 억제제 개발 관련 연구에 도움을 주신 딘 R. 톨런, 선딥 두가르, 폴 마후이드, 윌리엄 그린리, 카이 한, 비제이 쿠마르, 배소영, 체이스 니덤, 마이클 웸페, 팀 반 다이크, 그리고 나의 동생인 토드 존슨에게 감사를 전한다. 알코올 의존성 관련 연구에 도움을 주신 손드라 블랜드, 리처드 벨, 에스테번 로에츠, 리처드 몬토야에게도 감사한다.

진화생물학과 인류학에 관한 전문 지식을 제공해준 나의 친구들, 특히 피터 앤드루스, 스티븐 베너, 데이비드 칸, 존 W. 폭스, 에릭 가우처에게 진심으로 감사한다. 아울러 신경학과 행동과학 분야를 연구하는 동료들, 특히 페르난도 고메즈 피니야, 나의 동생인 데이비드 존슨, 윌리엄 윌슨에게 감사 인사를 전한다.

그리고 자연 및 비교생리학 관련 연구에 협력해주신 피터 스텐빈켈, 브루스 라이다웃, 조애너 페이너, 폴 실스, 리즈 반커, 바버라 내터슨 호로위츠, 타냐 헤스, 샌드라 마틴, 그렉 플로런트에게 감사한다.

아울러 어린이들에게 당류와 당류가 비만과 당뇨병에 미치는 영향에 대해 교육하는 리빙클로서재단의 노력에 감사를 표한다. 특히 운동을 통한 미토콘드리아의 기능 향상에 관한 연구를 수록할 수 있게 해준 이니고 산 밀란에게 감사 인사를 전한다.

끝으로 피터 아티아, 마이클 고란, 로버트 러스틱, 조셉 메르콜라, 데이비드 펄머터, 개리 타브스에게 진심으로 감사드린다. 이 분들의 중요한 저서와 팟캐스트 덕분에 당류가 건강에 미치는 영향에 관한 대중의 인식이 한층 제고되었다.

용어 정리

- **1형 당뇨병** 췌장에서 인슐린을 생성하지 못해서 혈중 글루코스 수치가 극도로 높게 올라가는 질병. 췌장에서 인슐린을 만들어내는 베타 세포가 파괴되는 것이 그 원인임.
- **2형 당뇨병** 혈중 글루코스 수치가 극도로 높아지는 질병. 초기에는 인슐린 저항성으로 인해서 발생하며 나중에는 인슐린 생산이 부족해진다. 당류 섭취가 주요 위험 요인으로 작용한다.
- **간헐적 단식** 하루 중 특정 시간 동안(16시간) 또는 일주일 중 특정 요일(보통 일주일에 이틀)에 단식이나 극도의 식이 제한을 실시하는 다이어트 요법.
- **감칠맛** 제5의 맛. 풍미가 있다고 표현하기도 함. 토마토 페이스트, 시저 샐러드 드레싱, 간장, 해조류, 맥주 등과 관련이 있음.
- **건강수명** 수명과 비슷한 개념이지만 건강 상태가 양호한 기간을 가리킴.

- **경도 염증** 감염이 발생하지 않았는데도 체내의 면역체계가 부분적으로 활성화되는 상태를 가리킴. 혈중 C-반응성 단백질 등 표지자의 상승으로 측정할 수 있음. 면역체계가 가벼운 수준으로 활성화되면 단기적으로는 감염으로부터 동물을 보호하는 기능을 한다. 그러나 비만 및 대사증후군 환자의 경우에는 면역체계가 지속적으로 활성화되면 신장병과 심장 질환의 위험이 높아진다.
- **고요산혈증**(Hyperuricemia) 대개 혈청 요산 수치가 남성의 경우에는 7mg/dL, 여성의 경우에는 6mg/dL 이상인 상태를 가리킴.
- **글루코스**(Glucose) 체내에서 연료로 사용되는 주요 당류. 혈중 글루코스는 혈당이라고 부르기도 한다. 혈중 글루코스 수치가 너무 낮으면(저혈당증) 머리가 어지럽거나 혼란스러운 기분이 들 수 있다. 혈중 글루코스 수치가 너무 높으면(고혈당증) 특히 만성적으로 수치가 높은 경우에는 인슐린 저항성이나 당뇨병의 징후일 수도 있다. 음식에는 글루코스 분자가 서로 결합한 상태로 존재하기도 한다. 식물에서는 전분이 형성되고 동물에서는 글리코겐이 생성된다.
- **글루타민산염**(MSG) 풍미나 감칠맛을 높이기 위해 흔히 식품에 첨가하는 아미노산. (감칠맛은 단맛, 짠맛, 쓴맛, 신맛 다음으로 제5의 맛이다.)
- **글리코겐**(Glycogen) 동물의 체내에 탄수화물이 주로 저장되는 형태. 식물의 전분과 유사함.
- **뉴클레오티드**(Nucleotide) DNA 및 RNA의 기본 구성요소. ATP는

뉴클레오티드의 일종이다. 뉴클레오티드를 분해하면 요산이 생성된다.

- **다불포화지방** 다양한 음식에 들어 있는 식이지방의 일종. 특히 옥수수 기름, 홍화유 등 식물성 기름과 연어, 견과류 등에 다량 함유되어 있다. 다불포화지방은 주로 오메가3 지방산과 오메가6 지방산으로 이루어져 있다.
- **단일불포화지방** 올리브유, 카놀라유(유채씨유), 땅콩 기름 등 식물성 기름에 들어 있는 식이지방의 일종. 포화지방에 비해 안전한 것으로 여겨진다.
- **대사수**(Metabolic water) 지방 1그램을 연소하면 약 1그램의 물이 생성되는데 이 물을 '대사'수라고 부른다.
- **대사증후군**(Metabolic syndrome) 지방 저장과 관련된 증후군. 일반적인 증상으로는 혈중 중성지방 증가, 복부 둘레 증가, 혈압 및 인슐린 저항성 상승 등이 있다. HDL콜레스테롤(좋은 콜레스테롤)이 낮은 사람들도 많다. 프럭토스가 대사증후군을 유발하기도 한다. 별칭으로는 지방 저장 증후군 및 X 증후군이 있다.
- **도파민**(Dopamine) 뇌에서 생성되는 물질로 쾌락 반응을 유발한다. 열량이 있는 당류 및 인공 당류 모두 도파민 분비를 촉진한다.
- **동면** 동물들이 지방을 비축한 후에 깊은 수면 상태에 들어가서 겨울을 나는 과정. 동면을 하는 동물은 신진대사를 줄인다.
- **렙틴 저항성** 생존 스위치가 활성화된 동물들은 보통 렙틴의 영향

에 저항성을 보인다. 비만인 사람들도 마찬가지다. 렙틴은 계속 생성되지만 뇌가 반응하지 않기 때문에 허기가 지속된다.

- **렙틴**(Leptin) 지방 조직에서 생성되는 호르몬으로, 포만감을 유발해서 음식 섭취를 중단하게 하는 기능을 함.
- **먹이탐색반응**(Foraging response) 동물들이 먹이를 구하는 활동과 관련된 행동 반응. 낯선 지역에 들어가서 위험을 감수하려는 마음, 신속한 판단력 등을 포함한다.
- **미토콘드리아**(Mitochondria) 세포의 구성요소이며 여기에서 ATP가 다량으로 생산된다. 세포의 에너지 공장이라고 부르기도 한다. 미토콘드리아에서 ATP를 생성하려면 산소가 필요하다. 반면에 원시적인 시스템인 해당 과정은 산소가 없어도 에너지를 만들어낼 수 있다.
- **바소프레신 수용체** 바소프레신은 수용체에 결합해서 작용하는데, 신장의 V2 수용체에 결합하면 그 결과로 소변이 농축된다. 바소프레신이 대사증후군을 유발하는 과정과 관련이 있는 것은 V1b 수용체다. 구체적인 과정에 관해서는 연구가 더 필요하다.
- **바소프레신**(Vasopressin) 뇌하수체에서 분비되는 호르몬. 최근의 연구 결과에 따르면 당류에 반응해서 비만을 유발하는 것으로 알려짐.
- **복합 탄수화물** 길고 복잡한 사슬로 연결된 여러 당류로 구성된 탄수화물. 글루코스로 분해됨. 그 예가 전분임.

- **본태성 과당뇨증**(Essential fructosuria) 프럭토스를 분해하는 효소가 없는 희귀병. 본태성 과당뇨증 환자들은 비만이나 대사증후군에 걸릴 위험 없이 프럭토스를 섭취할 수 있다.
- **산화 스트레스**(Oxidative Stress) 반응성이 높은 산소 분자가 체내에서 화학적 반응을 일으킴에 따라 발생하는 스트레스. 산화 스트레스는 염증 및 세포조직의 손상과 관련이 있고 심장 질환, 고혈압, 당뇨병 및 노화의 위험을 높인다. 프럭토스의 대사 과정에서 산화 스트레스가 발생하며 이는 생존 스위치를 활성화한다. 시간이 흐르면 미토콘드리아에 손상이 발생할 수 있다.
- **생존 스위치**(Survival switch) 프럭토스에 의해 활성화되는 비非칼로리 대사 경로. 지방 비축, 인슐린 저항성, 지방간, 고혈압 등 동물의 대사증후군을 유발하는 원인이다. 알코올중독, 암, 치매 등 다른 질환에도 영향을 미칠 수 있다.
- **소르비톨**(Sorbitol) 폴리올 경로의 일부에 해당하는 당류의 일종이며 체내에서 프럭토스로 전환된다. 인공감미료로 쓰이기도 한다.
- **수크로스**(Sucrose) 설탕. 수크로스는 프럭토스 분자 한 개와 글루코스 분자 한 개의 결합으로 이루어져 있다.
- **아데노신1인산**(Adenosine monophosphate, AMP) ATP의 분해 산물로 생성된 뉴클레오티드. AMP는 에너지 고갈 경로를 통해서 IMP와 요산으로 분해되는데, 에너지 고갈 경로는 생존 스위치를 켜는 역할을 한다. IMP와 마찬가지로 감칠맛을 높여주는 식품 첨가제로 쓰

인다.

- **아데노신3인산**(Adenosine triphosphate, ATP) 우리 몸을 가동하는 데 즉시 사용할 수 있는 에너지.
- **아밀라아제**(Amylase) 전분을 분해하는 데 도움이 되는 효소. 침샘과 췌장에서 분비된다. 농경사회에 사는 사람들의 경우에 타액의 아밀라아제 수치가 다른 인구 집단에 비해서 더 높다.
- **알로푸리놀**(Allopurinol) 요산 수치를 낮추는 데 흔히 쓰이는 약. 통풍 환자에게 알로푸리놀을 처방한다.
- **액상과당**(High-fructose corn syrup, HFCS) 프럭토스와 글루코스가 혼합되어 있는 옥수수로 만든 감미료. 액상 제형이라서 음식에 넣어서 쉽게 혼합할 수 있고 냉동해도 결정이 형성되지 않으며 가격이 저렴한 편이라는 것이 액상과당의 장점이다.
- **양극성 장애** 조증 삽화와 울증 삽화가 교차하는 특징이 있는 질병.
- **에너지 고갈 경로** 프럭토스의 대사 과정으로 인해서 세포 내 ATP 수치가 떨어진 이후에 발생하는 일련의 화학 반응을 가리킨다. AMP가 IMP로 전환되고 결과적으로 요산이 생성되면서 반응이 시작된다. 아데닌 뉴클레오티드 전환 경로라고 부르기도 함.
- **에피카테킨**(Epicatechin) 다크 초콜릿에 함유되어 있는 플라보노이드의 일종이며 미토콘드리아의 성장을 촉진해 프럭토스의 영향을 상쇄한다. 다크 초콜릿 이외에는 과일인 과라나에 들어 있다. 녹차에 들어 있는 에피갈로카테킨과 관련이 있다.

- **오메가3 지방산** 생선, 아마씨, 호두 등 음식에 다량으로 함유되어 있는 다불포화지방의 일종.
- **오메가6 지방산** 옥수수유 등 식물성 기름에 들어 있는 다불포화지방의 일종. 오메가6 지방산이 건강에 유익한지에 관해서는 연구 결과가 엇갈린다. 염증을 유발할 가능성이 있기 때문이다.
- **요산**(Uric acid) 퓨린의 분해 산물. 프럭토스 및 감칠맛이 풍부한 음식의 대사 과정에서 생성된다. 용해도가 낮고 특히 관절 부위에 결정을 형성하므로 통풍을 유발하는 원인으로 작용한다. 또한 생존 스위치에도 영향을 미친다.
- **우리카아제**(Uricase) 고대에 존재했던 효소로 요산 수치를 낮추는 역할을 함. 현대인에게는 우리카아제가 없음.
- **유전자 제거**(Knockout) 특정 유전자가 결핍된 동물을 뜻하는 용어로, 일반적으로 분자생물학 기술을 활용해서 고의로 유전자를 제거한 경우를 가리킴. 예를 들어 우리카아제 유전자 제거 생쥐는 우리카아제가 결핍되어 있다.
- **이노신1인산**(Inosine monophosphate, IMP) 에너지 고갈 경로를 통한 AMP의 분해 산물로 생성된 뉴클레오티드. AMP와 마찬가지로 감칠맛을 높여주는 식품 첨가제로 쓰인다.
- **인슐린 저항성** 근육이나 간보다 뇌에 우선적으로 글루코스를 공급하기 위한 동물들의 생존 반응.
- **인슐린**(Insulin) 췌장에서 분비되는 호르몬. 주요 작용은 근육과 간,

지방의 글루코스 흡수를 촉진하는 것임.

- **전분** 식물에 저장된 탄수화물. 동물의 글리코겐과 유사하다. 주요 종류로는 아밀로스(천천히 소화됨)와 아밀로펙틴(빠르게 소화됨)이 있다.
- **절약 유전자** 절약 유전자는 어떤 환경에서는 생존에 대한 이점을 제공하지만 다른 환경에서는 부적응을 초래할 수 있다. 일반적으로 이 용어는 굶주리는 상황에서는 생존 가능성을 높였지만 음식을 구하기가 쉬워진 상황에서는 비만의 위험을 높일 수 있는 유전자를 가리킨다.
- **주의력결핍과잉행동장애**(ADHD) 아동이나 성인이 과잉행동, 주의력 부족, 충동성 등을 나타내는 행동 장애의 일종.
- **중성지방** 지방 세포, 간, 혈액에 들어 있는 주요 지방 성분. 과체중인 사람들은 대개 혈중 중성지방 수치가 높다. 대사증후군을 판단하는 기준에 포함된다.
- **지방 스위치**(Fat switch) 생존 스위치와 똑같은데 프럭토스 섭취량이 너무 많아서 비만과 당뇨병을 비롯한 수많은 질병이 유발된다는 점만 다르다.
- **지방질**(Adipose) 체지방을 뜻하는 의학 용어. 대사증후군 환자들은 특히 복부에 지방질이 축적되는 경우가 많다.
- **첨가당** 식품에 첨가되는 당류. 수크로스(설탕)과 액상과당이 가장 흔함.

- **체질량지수**(BMI) 체중과 키를 바탕으로 계산해서 상대적 비만도를 판단하는 데 쓰이는 측정 지수. BMI 20~25가 정상 범위에 해당하며 BMI 25~30은 과체중, BMI 30 이상은 비만으로 정의한다. 근육이 발달한 사람의 경우에는 BMI로 진정한 비만도를 가늠하기가 어렵다.
- **총 당분** 음식 1회 제공량에 들어 있는 당 성분. 음식에 첨가된 당류 및 (우유에 함유된 락토오스나 사과에 함유된 프럭토스 등) 원래부터 그 음식에 들어 있는 당류를 모두 포함한다.
- **칼로리**(Calories) 식품에 들어 있는 에너지의 양을 표현하는 데 쓰이는 에너지 단위. 1칼로리는 물 1그램의 온도를 섭씨 1도만큼 올리는 데 필요한 에너지의 양을 뜻한다.
- **케톤**(Ketones) 지방 연소 과정에서 생성되는 분해 산물. 글루코스를 구할 수 없을 때 뇌와 기타 세포조직에서 연료로 사용됨.
- **통풍** 특히 엄지발가락 등 흔히 관절 부위에 형성된 요산 결정으로 인해서 유발되는 관절염의 일종. 통풍은 비만 및 대사증후군과 연관이 있다. 당류, 감칠맛이 나는 음식, (특히 맥주 등) 알코올 섭취가 통풍을 유발할 수 있다.
- **트랜스지방** 불포화지방의 일종. 보통 마가린이나 식물성 기름의 수소화(수소첨가) 과정을 통해서 만들어낸다. 이 과정을 거치면 버터나 라드처럼 고체 제형이 된다.
- **트리메틸아민 N-산화물**(Trimethylamine N-oxide, TMAO) 심장 질환의

발생 위험을 높이는 물질. 장에 서식하는 박테리아가 적색육을 분해하는 과정에서 주로 발생함.

- **포만감** 배부른 느낌.
- **포화지방** 버터, 코코넛 오일, 기름진 육류에 들어 있는 식이지방의 일종이며 혈중 콜레스테롤 수치를 높인다. 포화지방은 수소가 풍부하며('포화상태') 상온에서 고체 또는 고체에 가까운 형태를 유지한다.
- **폴리올 경로**(Polyol pathway) 글루코스에서 프럭토스가 생성되는 두 가지 화학 반응을 가리킴. 우선 글루코스가 소르비톨로 전환되고, 그 다음에는 소르비톨이 프럭토스로 전환된다.
- **퓨린**(Purines) DNA, ATP, 요산을 만들 때 쓰이는 물질. 그중에서 요산은 통풍과 대사증후군의 위험을 높인다. 감칠맛이 나는 음식은 대개 퓨린 함유량이 높다.
- **프럭탄**(Fructan) 일부 식물에 들어 있는 프럭토스 분자 사슬. 인간은 프럭탄을 분해할 수 없지만 장에 서식하는 박테리아가 프럭탄을 프럭토스로 전환할 수 있다. 따라서 비밀리에 프럭토스를 공급하는 역할을 한다. 입 안에 서식하는 박테리아가 프럭탄을 분해하면 충치가 생긴다.
- **프럭토스**(Fructose) 과일과 꿀의 주요 당류. 생존 스위치를 활성화함.
- **프럭토키나아제**(Fructokinase) 프럭토스 대사 과정의 첫 번째 효소.

생존 스위치를 촉진하는 ATP의 초기 고갈을 유발한다.

- **플라보노이드**(Flavonoid)　이로운 역할을 하는 식물 화합물. 과일과 채소에 많이 들어 있다.
- **하면**(夏眠, Estivation)　날씨가 더운 시기(주로 여름)에 발생하는 일종의 동면 현상.
- **해당 과정**(解糖, Glycolysis)　대다수의 에너지는 세포의 에너지 공장(미토콘드리아)에서 만들어지지만 어떤 경우에는 해당 과정이라는 원시적인 시스템을 통해서 에너지가 생성되기도 한다. 해당 과정에는 ATP를 만들어낼 때 산소가 필요하지 않다.
- **혈당부하**(Glycemic load)　혈당지수와 비슷하지만 음식 섭취량을 고려한 수치다. 예를 들어 스파게티의 혈당지수는 중간 정도일 수도 있지만 한번에 많은 양의 스파게티를 섭취하면 결과적으로 혈중 글루코스가 훨씬 더 많이 올라간다. 따라서 혈당부하가 높다.
- **혈당지수**(Glycemic index)　순수한 글루코스와 비교할 때 어떤 음식이 혈중 글루코스를 얼마나 높이는지를 측정하는 지수. 순수한 글루코스의 혈당지수는 100이며, 값이 70 이상인 경우에 혈당지수가 높은 음식이라고 부른다.
- **혈당지수가 높은 음식**　신속하게 글루코스로 분해되기 때문에 식후에 혈중 글루코스 수치가 올라가게 만드는 음식. 전분이 많은 음식(감자, 쌀, 크래커, 빵 등)이나 당류가 많은 음식(수크로스, 액상과당 등)이 이에 해당함.

참고문헌

서문 유행병의 탄생

인용

Dr. Seuss quote from *Oh, the Thinks You Can Think!* by Dr. Seuss. New York, Random House, 1975.

Sherlock Holmes quote from "The Adventure of the Priory School" by Sir Arthur Conan Doyle, *Strand Magazine*, February 1904.

과거에는 드물었던 비만과 당뇨

Johnson, R.J., Sanchez-Lozada, L.G., Andrews, P. and Lanaspa, M.A. (2017) Perspective: Ahistorical and scientific perspective of sugar and its relation with obesity and diabetes. *AdvNutr* 8: 412~422.

Helmchen, L.A. and Henderson, R.M. (2004) Changes in the distribution of body mass index of white US men, 1890~2000. *Ann Hum Biol* 31: 174~181.

Osler, W. (1893). *The Principles and Practice of Medicine*. New York, D. Appleton and Co. Janeway, T.C. (1907). *The Clinical Study of Blood Pressure*. New York, D. Appleton and Co. Emerson, H. and Larimore, L.D. (1924) Diabetes mellitus: A contribution to its epidemiology based chiefly on mortality statistics. *Arch*

Intern Med 34: 585~630.

Johnson, R.J. (2012). *The Fat Switch*. Hoffman Estates, mercola.com.

20세기 비만의 부상

Johnson, R.J., Perez-Pozo, S.E., Sautin, Y.Y., Manitius, J., Sanchez-Lozada, L.G., Feig, D.I., Shafiu, M., Segal, M., Glassock, R.J., Shimada, M., Roncal, C. and Nakagawa, T. (2009) Hypothesis: could excessive fructose intake and uric acid cause type 2 diabetes? *Endocr Rev* 30: 96~116.

Johnson, R.J., Sanchez-Lozada, L.G., Andrews, P. and Lanaspa, M.A. (2017) Perspective: A historical and scientific perspective of sugar and its relation with obesity and diabetes. *AdvNutr* 8: 412~422.

Johnson, R.J., Segal, M.S., Sautin, Y., Nakagawa, T., Feig, D.I., Kang, D.H., Gersch, M.S., Benner, S. and Sanchez-Lozada, L.G. (2007) Potential role of sugar (fructose) in the epidemic of hypertension, obesity and the metabolic syndrome, diabetes, kidney disease, and cardiovascular disease. *Am J Clin Nutr* 86: 899~906.

Johnson, R.J., Titte, S., Cade, J.R., Rideout, B.A. and Oliver, W.J. (2005) Uric acid, evolution and primitive cultures. *Semin Nephrol* 25: 3~8.

Mozaffarian D., Benjamin, E.J., Go, A.S., et al. (2016) Heart disease and stroke statistics—2016 update: a report from the American Heart Association. *Circulation* 133: e38~360.

1부 자연이 우리가 살찌기를 바라는 이유

1장 지방의 힘

동물의 에너지원이 되는 지방

Johnson, R.J., Stenvinkel, P., Martin, S.L., Jani, A., Sanchez-Lozada, L.G., Hill, J.O. and Lanaspa, M.A. (2013) Redefining metabolic syndrome as a fat storage condition based on studies of comparative physiology. *Obesity (Silver Spring)* 21: 659~664.

Bairlein, F. (2002) How to get fat: nutritional mechanisms of seasonal fat accumulation in migratory songbirds. *Naturwissenschaften* 89: 1~10.

Junk, W.J. (1985) Temporary fat storage, an adaptation of some fish species to the waterlevel fluctuations and related environmental changes of the Amazon river. *Amazoniana* 9: 315~351.

Stenvinkel, P., Jani, A.H. and Johnson, R.J. (2013) Hibernating bears (Ursidae): metabolic magicians of define interest for the nephrologist. *Kidney Int* 83: 207~212.

Stenvinkel, P., Frobert, O., Anderstam, B., Palm, F., Eriksson, M., Bragfors-Helin, A.C., Qureshi, A.R., Larsson, T., Friebe, A., Zedrosser, A., Josefsson, J., Svensson, M., Sahdo, B., Bankir, L. and Johnson, R.J. (2013) Metabolic changes in summer active and anuric hibernating free-ranging brown bears (Ursus arctos). *PLoS One* 8: e72934.

Nelson, R.A. (1973) Winter sleep in the black bear. A physiologic and metabolic marvel. *Mayo Clin Proc* 48: 733~737.

Landys, M.M., Piersma, T., Guglielmo, C.G., Jukema, J., Ramenofsky, M. and Wingfield, J.C. (2005) Metabolic profile of long-distance migratory flight and stopover in a shorebird. *Proc Biol Sci* 272: 295~302.

Johnson, R.J. (2012). *The Fat Switch*. Hoffman Estates, mercola.com.

단식에 관한 연구

Stewart, W.K. and Fleming, L.W. (1973) Features of a successful therapeutic fast of 382 days' duration. *Postgrad Med J* 49: 203~209.

Thomson, T.J., Runcie, J. and Miller, V. (1966) Treatment of obesity by total fasting for up to 249 days. *Lancet* 2: 992~996.

Drenick, E.J., Swendseid, M.E., Blahd, W.H. and Tuttle, S.G. (1964) Prolonged starvation as treatment for severe obesity. *JAMA* 187: 100~105.

적당히 과체중인 사람이 더 오래 산다

Afzal, S., Tybjaerg-Hansen, A., Jensen, G.B. and Nordestgaard, B.G. (2016) Change in body mass index associated with lowest mortality in Denmark, 1976~2013. *JAMA* 315: 1989~1996.

Strulov Shachar, S. and Williams, G.R. (2017) The obesity paradox in cancer—moving beyond BMI. *Cancer Epidemiol Biomarkers Prev* 26: 13~16.

Flicker, L., McCaul, K.A., Hankey, G.J., Jamrozik, K., Brown, W.J., Byles, J.E. and Almeida, O.P. (2010) Body mass index and survival in men and women aged 70 to 75. *J Am Geriatr Soc* 58: 234~241.

지방과 임신

Frisch, R.E. (1997) Critical fatness hypothesis. *Am J Physiol* 273: E231~232.

Frisch, R.E., Wyshak, G. and Vincent, L. (1980) Delayed menarche and amenorrhea in ballet dancers. *N Engl J Med* 303: 17~19.

Frisch, R.E. (1978) Menarche and fatness: reexamination of the critical body composition hypothesis. *Science* 200: 1509~1513.

Stein, Z. and Susser, M. (1975) Fertility, fecundity, famine: food rations in the Dutch famine 1944/5 have a causal relation to fertility, and probably to fecundity. *Hum Biol* 47: 131~154.

Stein, Z. and Susser, M. (1975) The Dutch famine, 1944~1945, and the reproductive process. I. Effects on six indices at birth. *Pediatr Res* 9: 70~76.

열량 제한과 수명

Sohal, R.S. and Weindruch, R. (1996) Oxidative stress, caloric restriction, and aging. *Science* 273: 59~63.

Nisoli, E., Tonello, C., Cardile, A., Cozzi, V., Bracale, R., Tedesco, L., Falcone, S., Valerio, A., Cantoni, O., Clementi, E., Moncada, S. and Carruba, M.O. (2005) Calorie restriction promotes mitochondrial biogenesis by inducing the expression of eNOS. *Science* 310: 314~317.

Kagawa, Y. (1978) Impact of Westernization on the nutrition of Japanese: changes in physique, cancer, longevity and centenarians. *Prev Med*. 7:205~217.

Heilbronn, L.K. and Ravussin, E. (2003) Calorie restriction and aging: review of the literature and implications for studies in humans. *Am J Clin Nutr*. Sep;78:361~369.

여성 조각상과 비만

Johnson, R.J., Lanaspa-Garcia, M.A. and Fox, J.W. (2021) Perspective: Upper Paleolithic figurines showing women with obesity may represent survival symbols of climatic change. *Obesity (Silver Spring)* 29:11~15.

Holt, B.M. and Formicola, V. (2008) Hunters of the Ice Age: The biology of Upper Paleolithic people. *Am J Phys Anthropol* Suppl 47: 70~99.

Maier, A. and Zimmermann, A. (2017) Populations headed south? The Gravettian from a palaeodemographic point of view. *Antiquity* 91: 573~588.

비만과 아름다움

Speke, J.H. (1864) *Journal of Discovery of the Source of the Nile*. London, Blackwood and Sons.

Darwin, C. (1871) *The Descent of Man, and Selection in Relation to Sex*. London, John Murray. Wadd, W. (1816) *Cursory Remarks on Corpulence or Obesity Considered as a Disease with Critical Examination of Ancient and Modern Opinions Relative to the Causes and Cure*. London, Smith and Davy.

2장 비만의 유익함

물 부족과 기후변화

Kummu, M., Ward, P.J., de Moel, H. and Varis, O. (2010) Is physical water scarcity a newphenomenon? Global assessment of water shortage over the last two millennia. *Environ Res Lett* 5: 034006 (034010pp).

Fischer, E. and Knutti, R. (2015) Anthropogenic contribution to global occurrence of heavy-precipitation and high-temperature extremes. *Nature Clim Change* 5: 560~564.

대사수 공급원으로서의 지방

Johnson, R.J., Stenvinkel, P., Jensen, T., Lanaspa, M.A., Roncal, C., Song, Z., Bankir, L. and Sanchez-Lozada, L.G. (2016) Metabolic and kidney diseases in the setting of climate change, water shortage, and survival factors. *J Am Soc Nephrol* 27: 2247~2256.

Ortiz, R.M. (2001) Osmoregulation in marine mammals. *J Exp Biol* 204: 1831~1844.

Schmidt-Nielsen, K. (1959) The physiology of the camel. *Sci Am* 201: 140~151.

Williams, J.B., Ostrowski, S., Bedin, E., Ismail, K. (2001) Seasonal variation in energy expenditure, water flux and food consumption of Arabian oryx Oryx leucoryx. *J Exp Biol*. 204 (Pt 13): 2301~2311.

체중은 보통 엄격하게 조절된다

Keesey, R.E. and Hirvonen, M.D. (1997) Body weight set-points: determination and adjustment. *J Nutr* 127: 1875S~1883S.

Bessesen, D.H. (2011) Regulation of body weight: what is the regulated parameter?

Physiol Behav. 104: 599~607.

지방을 저장하는 것은 동물의 대사증후군과 관련이 있고 스위치처럼 작용한다

Johnson, R.J., Stenvinkel, P., Martin, S.L., Jani, A., Sanchez-Lozada, L.G., Hill, J.O. and Lanaspa, M.A. (2013) Redefining metabolic syndrome as a fat storage condition based on studies of comparative physiology. *Obesity (Silver Spring)* 21: 659~664.

Rigano, K.S., Gehring, J.L., Evans Hutzenbiler, B.D., Chen, A.V., Nelson, O.L., Vella, C.A., Robbins, C.T. and Jansen, H.T. (2017) Life in the fat lane: seasonal regulation of insulin sensitivity, food intake, and adipose biology in brown bears. *J Comp Physiol B* 187: 649~676.

Reaven, G.M. (1999) Insulin resistance, the key to survival: a rose by any other name. *Diabetologia* 42: 384~385.

Sprengell, M., Kubera, B., Peters, A. (2021) Brain more resistant to energy restriction than body: a systematic review. *Front Neurosci*. 15: 639617.

영양과잉 가설

Joslin, E.P., Dublin, L.I. and Marks, H.H. (1934) Studies in Diabetes mellitus. II. Its incidence and the factors underlying its variations. *Am J Med Sci* 187: 433~457.

Gortmaker, S.L., Must, A., Sobol, A.M., Peterson, K., Colditz, G.A. and Dietz, W.H. (1996) Television viewing as a cause of increasing obesity among children in the United States, 1986~1990. *Arch Pediatr Adolesc Med* 150: 356~362.

Austin, G.I., Ogden, L.G. and Hill, J.O. (2010) Trends in carbohydrate, fat, and protein intake and association with energy intake in normal-weight, overweight, and obese individuals: 1971~2006. *Am J Clin Nutr* 93: 836~843.

생물학적 스위치의 증거

Friedman, J.M. (2000) Obesity in the new millennium. *Nature* 404: 632~634.

Sahu, A. (2003) Leptin signaling in the hypothalamus: emphasis on energy homeostasis and leptin resistance. *Front Neuroendocrinol* 24: 225~253.

Robinson, T.N. (1999) Reducing children's television viewing to prevent obesity: a randomized controlled trial. *JAMA* 282: 1561~1567.

Mrosovsky, N. and Sherry, D.F. (1980) Animal anorexias. *Science* 207: 837~842.

동물들은 프럭토스를 이용해서 체중을 늘린다

Johnson, R.J. (2012). *The Fat Switch*. Hoffman Estates, mercola.com.

Davis, D.E. (1976) Hibernation and circannual rhythms of food consumption in marmots and ground squirrels. *Q Rev Biol* 51: 477~514.

Hargrove, J.L. (2005) Adipose energy stores, physical work, and the metabolic syndrome: lessons from hummingbirds. *Nutr J* 4: 36.

Hartman, F.A. and Brownell, K.A. (1959) Liver lipids in hummingbirds. *The Condor* 61: 270~277.

Knott, C.D. (1998) Changes in orangutan caloric intake, energy balance, and ketones in response to fluctuating fruit availability. *Int J Primatol* 19: 1061~1079.

프럭토스에 관한 초기 연구

Hill, R., Baker, N., Chaikoff, I.L. (1954) Altered metabolic patterns induced in the normal rat by feeding an adequate diet containing fructose as sole carbohydrate. *J Biol Chem*. 209(2): 705~716.

Bray, G.A., Nielsen, S.J. and Popkin, B.M. (2004) Consumption of high-fructose corn syrup in beverages may play a role in the epidemic of obesity. *Am J Clin Nutr* 79: 537~543.

Atkins, R. (1998). *Dr. Atkins' New Diet Revolution*. New York, Avon Books.

Elliott, S.S., Keim, N.L., Stern, J.S., Teff, K. and Havel, P.J. (2002) Fructose, weight gain, and the insulin resistance syndrome. *Am J Clin Nutr*. 76: 911~922.

Ackerman, Z., Oron-Herman, M., Grozovski, M., Rosenthal, T., Pappo, O., Link, G. and Sela, B.A. (2005) Fructose-induced fatty liver disease: hepatic effects of blood pressure and plasma triglyceride reduction. *Hypertension* 45: 1012~1018.

당류와 액상과당

Ventura, E.E., Davis, J.N., Goran, M.I. (2011) Sugar content of popular sweetened beverages based on objective laboratory analysis: focus on fructose content. *Obesity (Silver Spring)* 19(4): 868~874.

인간에 관한 주요 연구

Stanhope, K.L., Schwarz, J.M., Keim, N.L., Griffen, S.C., Bremer, A.A., Graham, J.L.,

Hatcher, B., Cox, C.L., Dyachenko, A., Zhang, W., McGahan, J.P., Seibert, A., Krauss, R.M., Chiu, S., Schaefer, E.J., Ai, M., Otokozawa, S., Nakajima, K., Nakano, T., Beysen, C., Hellerstein, M.K., Berglund, L. and Havel, P.J. (2009) Consuming fructose-sweetened, not glucose-sweetened, beverages increases visceral adiposity and lipids and decreases insulin sensitivity in overweight/obese humans. *J Clin Invest* 119: 1322~1334.

Perez-Pozo, S.E., Schold, J., Nakagawa, T., Sanchez-Lozada, L.G., Johnson, R.J. and Lillo, J.L. (2010) Excessive fructose intake induces the features of metabolic syndrome in healthy adult men: role of uric acid in the hypertensive response. *Int J Obes (Lond)* 34: 454~461.

Cox, C.L., Stanhope, K.L., Schwarz, J.M., Graham, J.L., Hatcher, B., Griffen, S.C., Bremer, A.A., Berglund, L., McGahan, J.P., Havel, P.J. and Keim, N.L. (2012) Consumption of fructose-sweetened beverages for 10 weeks reduces net fat oxidation and energy expenditure in overweight/obese men and women. *Eur J Clin Nutr* 66: 201~208.

프럭토스가 동물의 대사증후군을 유발하는 메커니즘

• 요산의 역할

Nakagawa, T., Tuttle, K.R., Short, R.A. and Johnson, R.J. (2005) Hypothesis: fructose-induced hyperuricemia as a causal mechanism for the epidemic of the metabolic syndrome. *Nat Clin Pract Nephrol* 1: 80~86.

Nakagawa, T., Hu, H., Zharikov, S., Tuttle, K.R., Short, R.A., Glushakova, O., Ouyang, X., Feig, D.I., Block, E.R., Herrera-Acosta, J., Patel, J.M. and Johnson, R.J. (2006) A causal role for uric acid in fructose-induced metabolic syndrome. *Am J Physiol Renal Physiol* 290: F625~631.

• 열량의 역할

Roncal-Jimenez, C.A., Lanaspa, M.A., Rivard, C.J., Nakagawa, T., Sanchez-Lozada, L.G., Jalal, D., Andres-Hernando, A., Tanabe, K., Madero, M., Li, N., Cicerchi, C., McFann, K., Sautin, Y.Y. and Johnson, R.J. (2011) Sucrose induces fatty liver and pancreatic inflammation in male breeder rats independent of excess energy intake. *Metabolism* 60: 1259~1270.

Reungjui S., Roncal C.A., Mu W., Srinivas T.R., Sirivongs D., Johnson R.J., and Nakagawa T. (2007) Thiazide diuretics exacerbate fructose-induced metabolic syndrome. *J Am Soc Nephrol*. 18: 2724~2731.

• 렙틴의 역할

Shapiro, A., Mu, W., Roncal, C., Cheng, K.Y., Johnson, R.J. and Scarpace, P. J. (2008) Fructose-induced leptin resistance exacerbates weight gain in response to subsequent high-fat feeding. *Am J Physiol Regul Integr Comp Physiol* 295: R1370~1375.

Shapiro, A., Tumer, N., Gao, Y., Cheng, K.Y. and Scarpace, P.J. (2011) Prevention and reversal of diet-induced leptin resistance with a sugar-free diet despite high fat content. *Br J Nutr* 106: 390~397.

• 미각의 역할

De Araujo, I.E., Oliveira-Maia, A.J., Sotnikova, T.D., Gainetdinov, R.R., Caron, M.G., Nicolelis, M.A., and Simon, S.A. (2008) Food reward in the absence of taste receptor signaling. *Neuron* 57(6): 930~941.

Andres-Hernando, A., Kuwabara, M., Orlicky, D.J., Vandenbeuch, A., Cicerchi, C., Kinnamon, S.C., Finger, T.E., Johnson, R.J. and Lanaspa, M.A. (2020) Sugar causes obesity and metabolic syndrome in mice independently of sweet taste. *Am J Physiol Endocrinol Metab* 319: E276~E290.

• 신진대사의 역할

Ishimoto, T., Lanaspa, M.A., Le, M.T., Garcia, G.E., Diggle, C.P., Maclean, P.S., Jackman, M.R., Asipu, A., Roncal-Jimenez, C.A., Kosugi, T., Rivard, C.J., Maruyama, S., Rodriguez-Iturbe, B., Sanchez-Lozada, L.G., Bonthron, D.T., Sautin, Y.Y. and Johnson, R.J. (2012) Opposing effects of fructokinase C and A isoforms on fructose-induced metabolic syndrome in mice. *Proc Natl Acad Sci U S A* 109: 4320~4325.

Softic, S., Gupta, M.K., Wang, G.X., Fujisaka, S., O'Neill, B.T., Rao, T.N., Willoughby, J., Harbison, C., Fitzgerald, K., Ilkayeva, O., Newgard, C.B., Cohen, D.E. and Kahn, C.R. (2018) Divergent effects of glucose and fructose on hepatic lipogenesis and insulin signaling. *J Clin Invest* 128: 1199.

Miller, C.O., Yang, X., Lu, K., Cao, J., Herath, K., Rosahl, T.W., Askew, R., Pavlovic, G., Zhou, G., Li, C. and Akiyama, T.E. (2018) Ketohexokinase knockout mice, a model for essential fructosuria, exhibit altered fructose metabolism and are protected from diet-induced metabolic defects. *Am J Physiol* Endocrinol Metab 315(3): E386~E393.

• 갈망과 대사증후군

Andres-Hernando, A., Orlicky, D.J., Kuwabara, M., Ishimoto, T., Nakagawa, T., Johnson, R.J. and Lanaspa, M.A. (2020) Deletion of fructokinase in the liver or in the intestine reveals differential effects on sugar-induced metabolic dysfunction. *Cell Metab* 32(1): 117~127

스위치의 작동 원리

• ATP 고갈, 산화 스트레스 및 미토콘드리아 기능 변화

Maenpaa, P.H., Raivio, K.O. and Kekomaki, M.P. (1968) Liver adenine nucleotides: fructose-induced depletion and its effect on protein synthesis. *Science* 161: 1253~1254.

Bawden, S.J., Stephenson, M.C., Ciampi, E., Hunter, K., Marciani, L., Macdonald, I.A., Aithal, G.P., Morris, P.G. and Gowland, P.A. (2016) Investigating the effects of an oral fructose challenge on hepatic ATP reserves in healthy volunteers: A (31) P MRS study. *Clin Nutr* 35: 645~649.

Lanaspa, M.A., Cicerchi, C., Garcia, G., Li, N., Roncal-Jimenez, C.A., Rivard, C.J., Hunter, B., Andres-Hernando, A., Ishimoto, T., Sanchez-Lozada, L.G., Thomas, J., Hodges, R.S., Mant, C.T. and Johnson, R.J. (2012) Counteracting Roles of AMP Deaminase and AMP Kinase in the Development of Fatty Liver. *PLoS One* 7: e48801.

Lanaspa, M.A., Sanchez-Lozada, L.G., Choi, Y.J., Cicerchi, C., Kanbay, M., Roncal-Jimenez, C.A., Ishimoto, T., Li, N., Marek, G., Duranay, M., Schreiner, G., Rodriguez-Iturbe, B., Nakagawa, T., Kang, D.H., Sautin, Y.Y. and Johnson, R.J. (2012) Uric acid induces hepatic steatosis by generation of mitochondrial oxidative stress: potential role in fructose-dependent and-independent fatty liver. *J Biol Chem* 287: 40732~40744.

Softic, S., Meyer, J.G., Wang, G.X., Gupta, M.K., Batista, T.M., Lauritzen, H., Fujisaka, S., Serra, D., Herrero, L., Willoughby, J., Fitzgerald, K., Ilkayeva, O., Newgard, C.B., Gibson, B.W., Schilling, B., Cohen, D.E. and Kahn, C.R. (2019) Dietary sugars alter hepatic fatty acid oxidation via transcriptional and post-translational modifications of mitochondrial proteins. *Cell Metab* 30: 735~753 e734.

Softic, S., Stanhope, K.L., Boucher, J., Divanovic, S., Lanaspa, M.A., Johnson, R.J. and Kahn, C.R. (2020) Fructose and hepatic insulin resistance. *Crit Rev Clin Lab Sci* 57: 1~15.

Johnson, R.J., Nakagawa, T., Sanchez-Lozada, L.G., Shafiu, M., Sundaram, S., Le, M., Ishimoto, T., Sautin, Y.Y. and Lanaspa, M.A. (2013) Sugar, uric acid, and the etiology of diabetes and obesity. *Diabetes* 62: 3307~3315.

Johnson, R.J. (2012) *The Fat Switch*. Hoffman Estates, mercola.com.

4장 우리가 살찌는 이유

과일로 살을 찌우는 오랑우탄

Knott, C.D. (1998) Changes in orangutan caloric intake, energy balance, and ketones in response to fluctuating fruit availability. *Int J Primatol* 19: 1061~1079.

비타민C 돌연변이와 공룡의 멸종

Tavare, S., Marshall, C.R., Will, O., Soligo, C. and Martin, R.D. (2002) Using the fossil record to estimate the age of the last common ancestor of extant primates. *Nature* 416: 726~729.

Pozzi, L., Hodgson, J.A., Burrell, A.S., Sterner, K.N., Raaum, R.L. and Disotell, T.R. (2014) Primate phylogenetic relationships and divergence dates inferred from complete mitochondrial genomes. *Mol Phylogenet Evol* 75: 165~183.

Schulte, P., Alegret, L., Arenillas, I., et al. (2010) The Chicxulub asteroid impact and mass extinction at the Cretaceous-Paleogene boundary. *Science* 327: 1214~1218.

Vellekoop, J., Sluijs, A., Smit, J., Schouten, S., Weijers, J.W., Sinninghe Damste, J.S. and Brinkhuis, H. (2014) Rapid short-term cooling following the Chicxulub impact at the Cretaceous-Paleogene boundary. *Proc Natl Acad Sci U S A* 111: 7537~7541.

Johnson, R.J., Gaucher, E.A., Sautin, Y.Y., Henderson, G.N., Angerhofer, A.J. and Benner, S.A. (2008) The planetary biology of ascorbate and uric acid and their relationship with the epidemic of obesity and cardiovascular disease. *Med*

Hypotheses 71: 22~31.

우리카아제 변이와 절약유전자 가설

Neel, J.V. (1962) Diabetes mellitus: a "thrifty" genotype rendered detrimental by "progress"? *Am J Hum Genet* 14: 353~362.

Andrews, P. (2015) *An Ape's View of Human Evolution*. Cambridge, Cambridge University Press.

Cohen, R. (August 2013) Sugar love: a not so sweet story. *National Geographic*. 79~97.

Johnson, R.J. and Andrews, P. (2015) The fat gene: A genetic mutation in prehistoric apes may underlie today's pandemic of obesity and diabetes. *Scientific American* 313: 64~69.

Andrews, P. and Kelley, J. (2007) Middle Miocene dispersals of apes. *Folia Primatol (Basel)* 78: 328~343.

Begun, D.R. (2000) Middle Miocene hominoid origins. *Science* 287: 2375.

Johnson, R.J. and Andrews, P. (2010) Fructose, uricase, and the back-to-Africa hypothesis. *Evol Anthropol* 19: 250~257.

Kratzer, J.T., Lanaspa, M.A., Murphy, M.N., Cicerchi, C., Graves, C.L., Tipton, P.A., rtlund, E.A., Johnson, R.J. and Gaucher, E.A. (2014) Evolutionary history and metabolic insights of ancient mammalian uricases. *Proc Natl Acad Sci U S A* 111: 3763~3768.

Johnson, R.J., Titte, S., Cade, J.R., Rideout, B.A. and Oliver, W.J. (2005) Uric acid, evolution and primitive cultures. *Semin Nephrol* 25: 3~8.

Johnson, R.J., Stenvinkel, P., Andrews, P., Sanchez-Lozada, L.G., Nakagawa, T., Gaucher, E., Andres-Hernando, A., Rodriguez-Iturbe, B., Jimenez, C.R., Garcia, G., Kang, D.H., Tolan, D.R. and Lanaspa, M.A. (2020) Fructose metabolism as a common evolutionary pathway of survival associated with climate change, food shortage and droughts. *J Intern Med* 287: 252~262.

프럭토스에 노출되었다는 증거인 충치

Hujoel, P. (2009) Dietary carbohydrates and dental-systemic diseases. *J Dent Res* 88: 490~502.

Burne, R.A., Chen, Y.Y., Wexler, D.L., Kuramitsu, H. and Bowen, W.H. (1996) Cariogenicity of Streptococcus mutans strains with defects in fructan metabolism assessed in a program-fed specific-pathogen-free rat model. *J Dent Res* 75: 1572~1577.

고대 이집트의 비만

Saleem, S.N. and Hawass, Z. (2014) Ankylosing spondylitis or diffuse idiopathic skeletal hyperostosis in royal Egyptian mummies of 18th~20th Dynasties? CT and archaeology studies. *Arthritis Rheumatol* 66: 3311~3316.

Breasted, J.H. (1906) *Ancient Records of Egypt: The Eighteenth Dynasty*. Chicago, University of Chicago Press.

설탕의 역사

Mintz, S. (1986) *Sweetness and Power*. New York: Penguin Books.

Deer N. (1949~50) *The History of Sugar*. London: Chapman and Hall.

Bhishagranta, K.K.L. (1907) *An English Translation of the Sushruta Samhita*. Calcutta, Mihir Press.

Rosner, F. (2002) The Life of Moses Maimonides, a Prominent Medieval Physician. *Einstein Quart J Biol Med* 19: 125~128.

Austen, R.A. and Smith, W.D. (1990) Private tooth decay as public economic virtue: The slave: sugar triangle, consumerism, and European industrialization. *Social Science History* 14: 95~115.

Smith, W.D. (1992) Complications of the commonplace: Tea, sugar and imperialism. *J Interdisciplinary History* 23: 259~278.

Rivard, C., Thomas, J., Lanaspa, M.A. and Johnson, R.J. (2013) Sack and sugar, and the aetiology of gout in England between 1650 and 1900. *Rheumatology (Oxford)* 52: 421~426.

Sugar. *The Penny Cyclopaedia of the Society for the Diffusion of Useful Knowledge*, Lord Brougham, ed. Charles Knight and Co, London, 1842, vol 23, pp.224~238.

Watts, W. (1848) On the symptoms, varieties, and remote causes of diabetes. *The Lancet* 51: 439~441 and 661~663.

Wadd, W. (1816) *Cursory remarks on corpulence or obesity considered as a disease with critical examination of ancient and modern opinions relative to the causes and cure*. Smith and Davy, London.

설탕이 소수 인종에게 미치는 영향

Diamond, J. (2003) The double puzzle of diabetes. *Nature* 423: 599~602.

Christie, T. (1811) Notes on diabetes mellitus, as it occurs in Ceylon. *Edinb Med Surg J.* 7: 285~299.

Saab, K.R., Kendrick, J., Yracheta, J.M., Lanaspa, M.A., Pollard, M. and Johnson, R.J. (2015) New insights on the risk for cardiovascular disease in African Americans: the role of added sugars. *J Am Soc Nephrol* 26: 247~257.

Johnson, R.J., Lanaspa, M.A., Sanchez-Lozada, L.G., Rivard, C.J., Rodriguez-Iturbe, B., Merriman, T.R. and Sundborn, G. (2014) Fat storage syndrome in Pacific peoples: a combination of environment and genetics? *Public Health Dialogue* 20: 11~16.

Yracheta, J.M., Alfonso, J., Lanaspa, M.A., Roncal-Jimenez, C., Johnson, S.B., Sanchez-Lozada, L.G. and Johnson, R.J. (2015) Hispanic Americans living in the United States and their risk for obesity, diabetes and kidney disease: Genetic and environmental considerations. *Postgrad Med* 127: 503~510.

Yracheta, J.M., Lanaspa, M.A., Le, M.T., Abdelmalak, M.F., Alfonso, J., Sanchez-Lozada, L.G. and Johnson, R.J. (2015) Diabetes and kidney disease in American Indians: potential role of sugar-sweetened beverages. *Mayo Clin Proc* 90: 813~823.

설탕 소비 감소 및 이에 따른 비만과 당뇨병의 확산 둔화

Statistical Abstract of the United States, 2011. Table 217. United States Census Bureau, https://www.census.gov/library/publications/2011/compendia/statab/131ed.html.

Geiss, L.S., Wang, J., Cheng, Y.J., Thompson, T.J., Barker, L., Li, Y., Albright, A.L. and Gregg, E.W. (2014) Prevalence and incidence trends for diagnosed diabetes among adults aged 20 to 79 years, United States, 1980~2012. *JAMA* 312: 1218~1226.

Flegal, K.M., Carroll, M.D., Kit, B.K. and Ogden C.L. (2012) Prevalence of obesity and trends in the distribution of body mass index among US adults, 1999~2010. *JAMA* 307: 491~497.

프럭토스 또는 수크로스가 인간의 대사증후군에 미치는 영향

Stanhope, K.L., Schwarz, J.M., Keim, N.L., Griffen, S.C., Bremer, A.A., Graham, J.L.,

Hatcher, B., Cox, C.L., Dyachenko, A., Zhang, W., McGahan, J.P., Seibert, A., Krauss, R.M., Chiu, S., Schaefer, E.J., Ai, M., Otokozawa, S., Nakajima, K., Nakano, T., Beysen, C., Hellerstein, M.K., Berglund, L. and Havel, P.J. (2009) Consuming fructose-sweetened, not glucose-sweetened, beverages increases visceral adiposity and lipids and decreases insulin sensitivity in overweight/obese humans. *J Clin Invest* 119: 1322~1334.

Perez-Pozo, S.E., Schold, J., Nakagawa, T., Sanchez-Lozada, L.G., Johnson, R.J. and Lillo, J.L. (2010) Excessive fructose intake induces the features of metabolic syndrome in healthy adult men: role of uric acid in the hypertensive response. *Int J Obes (Lond)* 34: 454~461.

Maersk, M., Belza, A., Stodkilde-Jorgensen, H., Ringgaard, S., Chabanova, E., Thomsen, H., Pedersen, S.B., Astrup, A. and Richelsen, B. (2012) Sucrose-sweetened beverages increase fat storage in the liver, muscle, and visceral fat depot: a 6-mo randomized intervention study. *Am J Clin Nutr* 95: 283~289.

Lustig, R.H., Mulligan, K., Noworolski, S.M., Tai, V.W., Wen, M.J., Erkin-Cakmak, A., Gugliucci, A. and Schwarz, J.M. (2016) Isocaloric fructose restriction and metabolic improvement in children with obesity and metabolic syndrome. *Obesity (Silver Spring)* 24: 453~460.

Schwimmer, J.B., Ugalde-Nicalo, P., Welsh, J.A., Angeles, J.E., Cordero, M., Harlow, K.E., Alazraki, A., Durelle, J., Knight-Scott, J., Newton, K.P., Cleeton, R., Knott, C., Konomi, J., Middleton, M.S., Travers, C., Sirlin, C.B., Hernandez, A., Sekkarie, A., McCracken, C. and Vos, M.B. (2019) Effect of a low free sugar diet vs usual diet on nonalcoholic fatty liver disease in adolescent boys: a randomized clinical trial. *JAMA* 321: 256~265.

5장 문제는 프럭토스만이 아니다

비만 치료를 위한 저프럭토스 식단

Johnson, R.J. (with Tim Gower). (2008) *The Sugar Fix. The High-Fructose Fallout That Is Making You Fat and Sick*. New York, Rodale Press.

폴리올 경로 및 글루코스로를 통한 프럭토스 생산

Andres-Hernando, A., Johnson, R.J. and Lanaspa, M.A. (2019) Endogenous fructose production: what do we know and how relevant is it? *Curr Opin Clin Nutr Metab Care* 22: 289~294.

Lanaspa, M.A., Ishimoto, T., Li, N., Cicerchi, C., Orlicky, D.J., Ruzycki, P., Rivard, C., Inaba, S., Roncal-Jimenez, C.A., Bales, E.S., Diggle, C.P., Asipu, A., Petrash, J.M., Kosugi, T., Maruyama, S., Sanchez-Lozada, L.G., McManaman, J.L., Bonthron, D.T., Sautin, Y.Y. and Johnson, R.J. (2013) Endogenous fructose production and metabolism in the liver contributes to the development of metabolic syndrome. *Nat Commun* 4: 2434.

Andres-Hernando, A., Orlicky, D.J., Kuwabara, M., Ishimoto, T., Nakagawa, T., Johnson, R.J. and Lanaspa, M.A. (2020) Deletion of fructokinase in the liver or in the intestine reveals differential effects on sugar-induced metabolic dysfunction. *Cell Metab* 32(1): 117~127.

Francey, C., Cros, J., Rosset, R., Creze, C., Rey, V., Stefanoni, N., Schneiter, P., Tappy, L. and Seyssel, K. (2019) The extra-splanchnic fructose escape after ingestion of a fructose-glucose drink: An exploratory study in healthy humans using a dual fructose isotope method. *Clin Nutr ESPEN* 29: 125~132.

혈당지수가 높은 탄수화물과 비만

Taubes, G. (2007) *Good Calories, Bad Calories*. New York, Alfred A. Knopf.

Ludwig, D.S. and Ebbeling, C.B. (2018) The carbohydrate-insulin model of obesity: beyond "calories in, calories out." *JAMA Intern Med* 178: 1098~1103.

아밀라아제와 유전학

Patin, E. and Quintana-Murci, L. (2008) Demeter's legacy: rapid changes to our genome imposed by diet. *Trends Ecol Evol* 23: 56~59.

Perry, G.H., Dominy, N.J., Claw, K.G., Lee, A.S., Fiegler, H., Redon, R., Werner, J., Villanea, F.A., Mountain, J.L., Misra, R., Carter, N.P., Lee, C. and Stone, A.C. (2007) Diet and the evolution of human amylase gene copy number variation. *Nat Genet* 39: 1256~1260.

탈수와 염분

Joyce, J.P. and Brunswick, C.F. (1975) Sodium supplementation of sheep and cattle fed lucerne. *New Zealand Journal of Experimental Agriculture* 3: 299~304.

Lanaspa, M.A., Kuwabara, M., Andres-Hernando, A., Li, N., Cicerchi, C., Jensen, T., Orlicky, D.J., Roncal-Jimenez, C.A., Ishimoto, T., Nakagawa, T., Rodriguez-Iturbe, B., MacLean, P.S. and Johnson, R.J. (2018) High salt intake causes leptin resistance and obesity in mice by stimulating endogenous fructose production and metabolism. *Proc Natl Acad Sci U S A* 115: 3138~3143.

Donovan, D.S., Solomon, C.G., Seely, E.W., Williams, G.H. and Simonson, D.C. (1993) Effect of sodium intake on insulin sensitivity. *Am J Physiol*. 264(5 Pt 1): E730~734.

Libuda, L., Kersting, M. and Alexy, U. (2012) Consumption of dietary salt measured by urinary sodium excretion and its association with body weight status in healthy children and adolescents. *Public Health Nutr* 15: 433~441.

Larsen, S.C., Angquist, L., Sorensen, T.I. and Heitmann, B.L. (2013) 24h urinary sodium excretion and subsequent change in weight, waist circumference and body composition. *PLoS One* 8(7): e69689.

Hu, G., Jousilahti, P., Peltonen, M., Lindstrom, J. and Tuomilehto, J. (2005) Urinary sodium and potassium excretion and the risk of type 2 diabetes: a prospective study in Finland. *Diabetologia* 48: 1477~1483

Stookey, J.D., Barclay, D., Arieff, A. and Popkin, B.M. (2007) The altered fluid distribution in obesity may reflect plasma hypertonicity. *Eur J Clin Nutr* 61: 190~199.

Stookey, J.D., Kavouras, S., Suh, H. and Lang, F. (2020) Underhydration is associated with obesity, chronic diseases, and death within 3 to 6 years in the U.S. population aged 51~70 Years. *Nutrients* 12 (6): 905.

지방 호르몬 바소프레신과 물의 힘

Andres-Hernando, A., Jensen, T.J., Kuwabara, M., Orlicky, D.J., Cicerchi, C,. Li, N., Roncal-Jimenez, C.A., Garcia, G.E., Ishimoto, T., Maclean, P.S., Bjornstad, P., Sanchez-Lozada, L.G., Kanbay, M., Nakagawa, T., Johnson, R.J. and Lanaspa, M.A. (2021) Vasopressin mediates fructose-induced metabolic syndrome by activating the V1b receptor. *JCI Insight* 6: e140848.

Enhorning, S., Bankir, L., Bouby, N., Struck, J., Hedblad, B., Persson, M., Morgenthaler, N.G., Nilsson, P.M. and Melander, O. (2013) Copeptin, a marker of vasopressin, in abdominal obesity, diabetes and microalbuminuria: the prospective Malmo Diet and Cancer Study cardiovascular cohort. *Int J Obes (Lond)* 37: 598~603.

Enhorning, S., Struck, J., Wirfalt, E., Hedblad, B., Morgenthaler, N.G. and Melander, O. (2011) Plasma copeptin, a unifying factor behind the metabolic syndrome. *J*

Clin Endocrinol Metab 96: E1065~1072.

Song, Z., Roncal-Jimenez, C.A., Lanaspa-Garcia, M.A., Oppelt, S.A., Kuwabara, M., Jensen, T., Milagres, T., Andres-Hernando, A., Ishimoto, T., Garcia, G.E., Johnson, G., MacLean, P.S., Sanchez-Lozada, L.G., Tolan, D.R. and Johnson, R.J. (2017) Role of fructose and fructokinase in acute dehydration-induced vasopressin gene expression and secretion in mice. *J Neurophysiol* 117: 646~654.

Chapman, C.L., Johnson, B.D., Sackett, J.R., Parker, M.D. and Schlader, Z.J. (2019) Soft drink consumption during and following exercise in the heat elevates biomarkers of acute kidney injury. *Am J Physiol Regul Integr Comp Physiol* 316: R189~R198.

Kanbay, M., Guler, B., Ertgulu, L.A., Dagel, T., Afsar, B., Incir, S., Baygul, A., Covic, A., Andres-Hernando, A., Sanchez-Lozada, L.G., Lanaspa, M.A. and Johnson, R.J. (2021) The speed of ingestion of a sugary beverage has an effect on the acute metabolic response to fructose. *Nutrients* 3: 1916.

Bouby, N., Bachmann, S., Bichet, D. and Bankir, L. (1990) Effect of water intake on the progression of chronic renal failure in the 5/6 nephrectomized rat. *Am J Physiol* 258(4 Pt 2): F973~979.

Taveau, C., Chollet, C., Waeckel, L., Desposito, D., Bichet, D.G., Arthus, M.F., Magnan, C., Philippe, E., Paradis, V., Foufelle, F., Hainault, I., Enhorning, S., Velho, G., Roussel, R., Bankir, L., Melander, O. and Bouby, N. (2015) Vasopressin and hydration play a major role in the development of glucose intolerance and hepatic steatosis in obese rats. *Diabetologia* 58: 1081~1090.

Stookey, J.D., Constant, F., Popkin, B.M. and Gardner, C.D. (2008) Drinking water is associated with weight loss in overweight dieting women independent of diet and activity. *Obesity (Silver Spring)* 16: 2481~2488.

Enhorning, S., Brunkwall, L., Tasevska, I., Ericson, U., Persson Tholin, J., Persson, M., Lemetais, G., Vanhaecke, T., Dolci, A., Perrier, E.T. and Melander, O. (2019) Water supplementation reduces copeptin and plasma glucose in adults with high copeptin: the H2O metabolism pilot study. *J Clin Endocrinol Metab* 104: 1917~1925.

Patel, A.I. and Hampton, K.E. (2011) Encouraging consumption of water in school and child care settings: access, challenges, and strategies for improvement. *Am J Public Health* 101: 1370~1379.

Schwartz, A.E., Leardo, M., Aneja, S. and Elbel, B. (2016) Effect of a school-based water intervention on child body mass index and obesity. *JAMA Pediatr* 170: 220~226.

Jones, S.J., Gonzalez, W. and Frongillo, E.A. (2010) Policies that restrict sweetened beverage availability may reduce consumption in elementary-school children. *Public Health Nutr* 13: 589~595.

Muckelbauer, R., Libuda, L., Clausen, K., Toschke, A.M., Reinehr, T. and Kersting, M. (2009) Promotion and provision of drinking water in schools for overweight prevention: randomized, controlled cluster trial. *Pediatrics* 123: e661~667.

비만의 위험 요인인 감칠맛

Andres-Hernando, A., Cicerchi, C., Kuwabara, M., Orlicky, D.J., Sanchez Lozada, L.G., Nakagawa, T., Johnson, R.J. and Lanaspa-Garcia, M.A. (2021) Umami-induced obesity and metabolic syndrome is mediated by nucleotide degradation and uric acid generation. *Nature Metabolism* 3: 1189~1201.

Johnson, R.J., Nakagawa, T., Sanchez-Lozada, L.G., Lanaspa, M.A., Tamura, Y., Tanabe, K., Ishimoto, T., Thomas, J., Inaba, S., Kitagawa, W. and Rivard, C.J. (2013) Umami: the taste that drives purine intake. *J Rheumatol* 40: 1794~1796.

Ninomiya, K. (1998) Natural occurrence. *Food Rev Int* 14: 177~211.

He, K., Du, S., Xun, P., Sharma, S., Wang, H., Zhai, F. and Popkin, B. (2011) Consumption of monosodium glutamate in relation to incidence of overweight in Chinese adults: China Health and Nutrition Survey (CHNS). *Am J Clin Nutr* 93: 1328~1336.

2부 지방 스위치와 질병

6장 인류의 가장 기본적이고 중요한 질병들

통풍

Singh, G., Lingala, B. and Mithal A. (2019) Gout and hyperuricaemia in the USA: prevalence and trends. *Rheumatology (Oxford)* 58(12): 2177~2180.

Johnson, R.J., Bakris, G.L., Borghi, C., Chonchol, M.B., Feldman, D., Lanaspa, M.A., Merriman, T.R., Moe, O.W., Mount, D.B., Sanchez Lozada, L.G., Stahl, E., Weiner, D.E. and Chertow, G.M. (2018) Hyperuricemia, acute and chronic kidney disease, hypertension, and cardiovascular disease: report of a scientific workshop organized by the National Kidney Foundation. *Am J Kidney Dis* 71: 851~865.

Feig, D.I., Soletsky, B. and Johnson, R.J. (2008) Effect of allopurinol on blood pressure of adolescents with newly diagnosed essential hypertension: a randomized trial. *JAMA* 300(8): 924~932.

Soletsky, B. and Feig, D.I. (2012) Uric acid reduction rectifies prehypertension in obese adolescents. *Hypertension* 60: 1148~1156.

Takir, M., Kostek, O., Ozkok, A., Elcioglu, O.C., Bakan, A., Erek, A., Mutlu, H.H., Telci, O., Semerci, A., Odabas, A.R., Afsar, B., Smits, G.A., Lanaspa, M., Sharma, S., Johnson, R.J. and Kanbay, M. (2015) Lowering uric acid with allopurinol improves insulin resistance and systemic inflammation in asymptomatic hyperuricemia. *J Investig Med* 63(8): 924~929.

King, C., Lanaspa, M.A., Jensen, T., Tolan, D.R., Sanchez-Lozada, L.G. and Johnson, R.J. (2018) Uric acid as a cause of the metabolic syndrome. *Contrib Nephrol* 192: 88~102.

Kanbay, M., Ozkara, A., Selcoki, Y., Isik, B., Turgut, F., Bavbek, N., Uz, E., Akcay, A., Yigitoglu, R. and Covic, A. (2007) Effect of treatment of hyperuricemia with allopurinol on blood pressure, creatinine clearence, and proteinuria in patients with normal renal functions. *Int Urol Nephrol* 39: 1227~1233.

Kuwabara, M., Niwa, K., Hisatome, I., Nakagawa, T., Roncal-Jimenez, C.A., Andres-Hernando, A., Bjornstad, P., Jensen, T., Sato, Y., Milagres, T., Garcia, G., Ohno, M., Lanaspa, M.A. and Johnson, R.J. (2017) Asymptomatic hyperuricemia without comorbidities predicts cardiometabolic diseases: five-year Japanese cohort study. *Hypertension*. 69: 1036~1044.

Madero, M., Rodriguez Castellanos, F.E., Jalal, D., Villalobos-Martin, M., Salazar, J., Vazquez-Rangel, A., Johnson, R.J. and Sanchez-Lozada, L.G. (2015) A pilot study on the impact of a low fructose diet and allopurinol on clinic blood pressure among overweight and prehypertensive subjects: a randomized placebo controlled trial. *J Am Soc Hypertens*. 9: 837~844.

McMullan, C.J., Borgi, L., Fisher, N., Curhan, G. and Forman, J. (2017) Effect of uric acid lowering on renin-angiotensin-system activation and ambulatory BP: a randomized controlled trial. Clin *J Am Soc Nephrol* 12: 807~816.

Klauser, A.S., Halpern, E.J., Strobl, S., Gruber, J., Feuchtner, G., Bellmann-Weiler, R., Weiss, G., Stofferin, H. and Jaschke, W. (2019) Dual-energy computed tomography detection of cardiovascular monosodium urate deposits in patients with gout. *JAMA* Cardiol 4: 1019~1028.

Khanna, P., Johnson, R.J., Marder, B., LaMoreaux, B. and Kumar, A. (2020) Systemic urate deposition: an unrecognized complication of gout? *J Clin Med* 9:(10): 3204.

당뇨병

Lancereaux, E. (1880) Le Diabete maigre et le Diabete gras. *L'Union Mid*.

Wadd, W. (1816) *Cursory Remarks on Corpulence or Obesity Considered as a Disease with Critical Examination of Ancient and Modern Opinions Relative to the Causes and Cure*. London, Smith and Davy.

Charles, R. (1907) Diabetes in the tropics. *Br Med J* 19: 1051~1064.

Emerson, H. and Larimore, L.D. (1924) Diabetes mellitus: a contribution to its epidemiology based chiefly on mortality statistics. *Arch Intern Med* 34: 585~630.

Banting, F. (1929) The history of insulin. *Edin Med J* 36: 2~6.

Mills, C.A. (1930) Diabetes mellitus: Sugar consumption in its etiology. *Arch Int Med* 30: 582~584.

Spiegelman M. and Marks H.H. (1946) Age and sex variations in the prevalence and onset of diabetes mellitus. *Am J Public Health Nation's Health* 36(1): 26~33.

Joslin, E.P., Dubin, L.I. and Marks, H.H. (1934) Studies in diabetes mellitus II. Its incidene and the factors underling its variations. *Am J Med Sci* 187: 433~457.

Malik, V.S., Popkin, B.M., Bray, G.A., Despres, J.P., Willett, W.C. and Hu, F.B. (2010) Sugar-sweetened beverages and risk of metabolic syndrome and type 2 diabetes: a meta-analysis. *Diabetes Care* 33: 2477~2483.

Willett, W., Manson, J. and Liu, S. (2002) Glycemic index, glycemic load, and risk of type 2 diabetes. *Am J Clin Nutr* 76: 274S~280S.

Aeberli, I., Hochuli, M., Gerber, P.A., Sze, L., Murer, S.B., Tappy, L., Spinas, G.A. and Berneis, K. (2013) Moderate amounts of fructose consumption impair insulin sensitivity in healthy young men: a randomized controlled trial. *Diabetes Care* 36: 150~156.

Stanhope, K.L., Schwarz, J.M., Keim, N.L. et al. (2009) Consuming fructose-sweetened, not glucose-sweetened, beverages increases visceral adiposity and lipids and decreases insulin sensitivity in overweight/obese humans. *J Clin Invest* 119: 1322~1334.

Lustig, R.H., Mulligan, K., Noworolski, S.M., Tai, V.W., Wen, M.J., Erkin-Cakmak, A., Gugliucci, A. and Schwarz, J.M. (2016) Isocaloric fructose restriction and metabolic improvement in children with obesity and metabolic syndrome. *Obesity (Silver Spring)* 24: 453~460.

Hu, E.A., Pan, A., Malik, V. and Sun, Q. (2012) White rice consumption and risk of type 2 diabetes: meta-analysis and systematic review. *BMJ* 344: e1454.

Muraki, I., Rimm, E.B., Willett, W.C., Manson, J.E., Hu, F.B. and Sun, Q. (2016) Potato consumption and risk of type 2 diabetes: results from three prospective cohort studies. *Diabetes Care* 39: 376~384.

Song, Y., Manson, J.E., Buring, J.E. and Liu, S. (2004) A prospective study of red meat consumption and type 2 diabetes in middle-aged and elderly women: the Women's Health Study. *Diabetes Care* 27(9): 2108~2115.

고혈압

Brown, C.M., Dulloo, A.G., Yepuri, G. and Montani, J.P. (2008) Fructose ingestion acutely elevates blood pressure in healthy young humans. *Am J Physiol Regul Integr Comp Physiol* 294: R730~737.

Jalal, D.I., Smits, G., Johnson, R.J. and Chonchol, M. (2010) Increased fructose associates with elevated blood pressure. *J Am Soc Nephrol* 21: 1543~1549.

Kanbay, M., Aslan, G., Afsar, B., Dagel, T., Siriopol, D., Kuwabara, M., Incir, S., Camkiran, V., Rodriguez-Iturbe, B., Lanaspa, M.A., Covic, A. and Johnson, R.J. (2018) Acute effects of salt on blood pressure are mediated by serum osmolality. *J Clin Hypertens (Greenwich)* 20: 1447~1454.

Kuwabara, M., Kanbay, M., Niwa, K., Ae, R., Andres-Hernando, A., Roncal-Jimenez, C.A., Garcia, G., Sanchez-Lozada, L.G., Rodriguez-Iturbe, B., Hisatome, I., Lanaspa, M.A. and Johnson, R.J. (2020) Hyperosmolarity and increased serum sodium concentration are risks for developing hypertension regardless of salt intake: a five-year cohort study in Japan. *Nutrients* 12: 1422.

Perez-Pozo, S.E., Schold, J., Nakagawa, T., Sanchez-Lozada, L.G., Johnson, R.J. and Lillo, L. (2010) Excessive fructose intake induces the features of metabolic syndrome in healthy adult men: role of uric acid in the hypertensive response. *Int J Obes (Lond)* 34: 454~461.

Brymora, A., Flisiński, M., Johnson, R.J., Goszka, G., Stefańska, A. and Manitius, J. (2012) Low-fructose diet lowers blood pressure and inflammation in patients with chronic kidney disease. *Nephrol Dial Transplant* 27: 608~612.

Rodriguez-Iturbe, B., Pons, H. and Johnson, R.J. (2017) Role of the immune system in hypertension. *Physiol Rev* 97: 1127~1164.

지방간

Jensen, T., Abdelmalek, M.F., Sullivan, S., Nadeau, K.J., Green, M., Roncal, C., Nakagawa, T., Kuwabara, M., Sato, Y., Kang, D.H., Tolan, D.R., Sanchez-Lozada, L.G., Rosen, H.R., Lanaspa, M.A., Diehl, A.M. and Johnson, R.J. (2018) Fructose and sugar: A major mediator of non-alcoholic fatty liver disease. *J Hepatol* 68: 1063~1075.

Schwimmer, J.B., Ugalde-Nicalo, P., Welsh, J.A., Angeles, J.E., Cordero, M., Harlow, K.E., Alazraki, A., Durelle, J., Knight-Scott, J., Newton, K.P., Cleeton, R., Knott, C., Konomi, J., Middleton, M.S., Travers, C., Sirlin, C.B., Hernandez, A., Sekkarie, A., McCracken, C. and Vos, M.B. (2019) Effect of a low free sugar diet vs usual diet on nonalcoholic fatty liver disease in adolescent boys: a randomized clinical trial. *JAMA* 321: 256~265.

Ouyang, X., Cirillo, P., Sautin, Y., McCall, S., Bruchette, J.L., Diehl, A.M., Johnson, R.J. and Abdelmalek, M.F. (2008) Fructose consumption as a risk factor for non-alcoholic fatty liver disease. *J Hepatol* 48: 993~999.

Sanchez-Lozada, L.G., Mu, W., Roncal, C., Sautin, Y.Y., Abdelmalek, M., Reungjui, S., Le, M., Nakagawa, T., Lan, H.Y., Yu, X. and Johnson, R.J. (2010) Comparison of free fructose and glucose to sucrose in the ability to cause fatty liver. *Eur J Nutr* 49: 1~9.

Abdelmalek, M.F., Lazo, M., Horska, A., Bonekamp, S., Lipkin, E.W., Balasubramanyam, A., Bantle, J.P., Johnson, R.J., Diehl, A.M. and Clark, J.M. (2012) Higher dietary fructose is associated with impaired hepatic adenosine triphosphate homeostasis in obese individuals with type 2 diabetes. *Hepatology* 56: 952~960.

Maersk, M., Belza, A., Stodkilde-Jorgensen, H., Ringgaard, S., Chabanova, E., Thomsen, H., Pedersen, S.B., Astrup, A. and Richelsen, B. (2012) Sucrose-sweetened beverages increase fat storage in the liver, muscle, and visceral fat depot: a 6-mo randomized intervention study. *Am J Clin Nutr* 95: 283~289.

Gersch, M.S., Mu, W., Cirillo, P., Reungjui, S., Zhang, L., Roncal, C., Sautin, Y.Y., Johnson, R.J. and Nakagawa, T. (2007) Fructose, but not dextrose, accelerates the progression of chronic kidney disease. *Am J Physiol Renal Physiol* 293: F1256~1261.

Nakayama, T., Kosugi, T., Gersch, M., Connor, T., Sanchez-Lozada, L.G., Lanaspa, M.A., Roncal, C., Perez-Pozo, S.E., Johnson, R.J. and Nakagawa, T. (2010) Dietary fructose causes tubulointerstitial injury in the normal rat kidney. *Am J Physiol Renal Physiol* 298(3): F712~F720.

Cirillo, P., Gersch, M.S., Mu, W., Scherer, P.M., Kim, K.M., Gesualdo, L., Henderson, G.N., Johnson, R.J. and Sautin, Y.Y. (2009) Ketohexokinase-dependent metabolism of fructose induces proinflammatory mediators in proximal tubular cells. *J Am Soc Nephrol* 20(3): 545~553.

Sato, Y., Feig, D.I., Stack, A.G., Kang, D.H., Lanaspa, M.A., Ejaz, A.A., Sanchez-Lozada, L.G., Kuwabara, M., Borghi, C. and Johnson, R.J. (2019) The case for uric acid-lowering treatment in patients with hyperuricaemia and CKD. *Nat Rev Nephrol* 15(12): 767~775.

Badve, S.V., Pascoe, E.M., Tiku, A., Boudville, N., Brown, F.G., Cass, A., Clarke, P., Dalbeth, N., Day, R.O., de Zoysa, J.R., Douglas, B., Faull, R., Harris, D.C., Hawley, C.M., Jones, G.R.D., Kanellis, J., Palmer, S.C., Perkovic, V., Rangan, G.K., Reidlinger, D., Robison, L., Walker, R.J., Walters, G., Johnson, D.W. and CKD-FIX Study Investigators. (2020) Effects of allopurinol on the progression of chronic kidney disease. *N Engl J Med* 382: 2504~2513.

Doria, A., Galecki, A.T., Spino, C., et al. (2020) Serum urate lowering with allopurinol and kidney function in type 1 diabetes. *N Engl J Med* 382: 2493~2503.

Lanaspa, M.A., Ishimoto, T., Cicerchi, C., Tamura, Y., Roncal-Jimenez, C.A., Chen, W., Tanabe, K., Andres-Hernando, A., Orlicky, D.J., Finol, E., Inaba, S., Li, N., Rivard, C.J., Kosugi, T., Sanchez-Lozada, L.G., Petrash, J.M., Sautin, Y.Y., Ejaz, A.A., Kitagawa, W., Garcia, G.E., Bonthron, D.T., Asipu, A., Diggle, C.P., Rodriguez-Iturbe, B., Nakagawa, T. and Johnson, R.J. (2014) Endogenous fructose production and fructokinase activation mediate renal injury in diabetic nephropathy. *J Am Soc Nephrol* 25: 2526~2538.

심장 질환

Yang, Q., Zhang, Z., Gregg, E.W., Flanders, W.D., Merritt, R. and Hu, F.B. (2014) Added sugar intake and cardiovascular diseases mortality among US adults. *JAMA Intern Med*. 174(4): 516~524.

Patetsios, P., Song, M., Shutze, W.P., Pappas, C., Rodino, W., Ramirez, J.A. and Panetta T.F. (2001) Identification of uric acid and xanthine oxidase in atherosclerotic plaque. *Am J Cardiol* 88: 188~191.

암

Nakagawa, T., Lanaspa, M.A., Millan, I.S., Fini, M., Rivard, C.J., Sanchez-Lozada, L.G., Andres-Hernando, A., Tolan, D.R. and Johnson, R.J. (2020) Fructose contributes to the Warburg effect for cancer growth. *Cancer Metab* 8: 16.

Goncalves, M.D., Lu, C., Tutnauer, J., Hartman, T.E., Hwang, S.K., Murphy, C.J., Pauli, C., Morris, R., Taylor, S., Bosch, K., Yang, S., Wang, Y., Van Riper, J., Lekaye, H.C., Roper, J., Kim, Y., Chen, Q., Gross, S.S., Rhee, K.Y., Cantley, L.C. and Yun, J. (2019) High-fructose corn syrup enhances intestinal tumor growth in mice. *Science* 363: 1345~1349.

Park, T.J., Reznick, J., Peterson, B.L., Blass, G., Omerbasic, D., Bennett, N.C., Kuich, P., Zasada, C., Browe, B.M., Hamann, W., Applegate, D.T., Radke, M.H., Kosten, T., Lutermann, H., Gavaghan, V., Eigenbrod, O., Begay, V., Amoroso, V.G., Govind, V., Minshall, R.D., Smith, E.S.J., Larson, J., Gotthardt, M., Kempa, S. and Lewin, G.R. (2017) Fructose-driven glycolysis supports anoxia resistance in the naked mole-rat. *Science* 356: 307~311.

San Millan, I. and Brooks, G.A. (2017) Reexamining cancer metabolism: lactate production for carcinogenesis could be the purpose and explanation of the Warburg Effect. *Carcinogenesis* 38: 119~133.

Fini, M.A., Lanaspa, M.A., Gaucher, E.A., Boutwell, B., Nakagawa. T., Wright, R.M., Sanchez-Lozada, L.G., Andrews, P., Stenmark, K. and Johnson, R.J. (2021) Brief report: The uricase mutation in humans increases our risk for cancer growth. *Cancer Metab*. 15;9(1): 32.

알코올

Avena, N.M., Rada, P. and Hoebel, B.G. (2008) Evidence for sugar addiction: behavioral and neurochemical effects of intermittent, excessive sugar intake. *Neurosci Biobehav Rev* 32: 20~39.

Lustig, R.H. (2013) Fructose: it's "alcohol without the buzz." *Adv Nutr* 4: 226~235.

Bouhlal, S., Farokhnia, M., Lee, M.R., Akhlaghi, F. and Leggio, L. (2018) Identifying and characterizing subpopulations of heavy alcohol drinkers via a sucrose preference test: a sweet road to a better phenotypic characterization? *Alcohol* 53: 560~569.

Fortuna, J.L. (2010) Sweet preference, sugar addiction and the familial history of alcohol dependence: shared neural pathways and genes. *J Psychoactive Drugs* 42: 147~151.

Andres-Hernando, A., Garcia, G.E., Orlicky, D.J., Loetz, E.C., Kumar, V., Effinger, D., Kuwabara, M., Bae, S.Y., Bell, R.L., Grahame, N.J., Kim, H., Dugar, S., Maffuid, P., Nakagawa, T., Wempe, M.F., Tolan, D.R., Bland, S.T., Johnson, R.J. and Lanaspa-Garcia, M.A. (2021) Alcohol preference and liver disease are dependent on sugar (fructose) metabolism. *Cell Metab* (submitted).

Wang, M., Chen, W.Y., Zhang, J., Gobejishvili, L., Barve, S.S., McClain, C.J. and Joshi-Barve, S. (2020) Elevated fructose and uric acid through aldose reductase contribute to experimental and human alcoholic liver disease. *Hepatology* 72: 1617~1637.

Barrio-Lopez, M.T., Bes-Rastrollo, M., Sayon-Orea, C., Garcia-Lopez, M., Fernandez-Montero, A., Gea, A. and Martinez-Gonzalez, M.A. (2013) Different types of alcoholic beverages and incidence of metabolic syndrome and its components in a Mediterranean cohort. *Clin Nutr* 32: 797~804.

Kotronen, A., Yki-Jarvinen, H., Mannisto, S., Saarikoski, L., Korpi-Hyovalti, E., Oksa, H., Saltevo, J., Saaristo, T., Sundvall, J., Tuomilehto, J. and Peltonen, M. (2010) Non-alcoholic and alcoholic fatty liver disease—two diseases of affluence associated with the metabolic syndrome and type 2 diabetes: the FIN-D2D survey. *BMC Public Health* 10: 237.

Shi, C., Wang, Y., Gao, J., Chen, S., Zhao, X., Cai, C., Guo, C. and Qiu, L. (2017) Inhibition of aldose reductase ameliorates alcoholic liver disease by activating

AMPK and modulating oxidative stress and inflammatory cytokines. *Mol Med Rep* 16: 2767~2772.

Carn, D., Lanaspa, M., Benner, S., Andrews, P., Dudley, R., Andres-Hernando, A., Tolan, D.R. and Johnson, R.J. (2021) The role of thrifty genes in the origin of alcoholism: a narrative review and hypothesis. *Alcoholism: Clinical and Experimental Research* 45(8): 1519~1526.

Carrigan, M.A., Uryasev, O., Frye, C.B., Eckman, B.L., Myers, C.R., Hurley, T.D. and Benner, S.A. (2015) Hominids adapted to metabolize ethanol long before human-directed fermentation. *Proc Natl Acad Sci U S A* 112: 458~463.

Duncan, B.B., Chambless, L.E., Schmidt, M.I., Folsom, A.R., Szklo, M., Crouse, J.R., 3rd and Carpenter, M.A. (1995) Association of the waist-to-hip ratio is different with wine than with beer or hard liquor consumption. Atherosclerosis Risk in Communities Study Investigators. *Am J Epidemiol* 142: 1034~1038.

프럭토스, 요산, 먹이탐색

Johnson, R.J., Wilson, W.H., Bland, S.T. and Lanaspa, M.A. (2021) Fructose and uric acid as drivers of a hyperactive foraging response: A clue to behavioral disorders associated with impulsivity or mania? *Evolution and Human Behavior* 42: 194~203.

Luo, S., Monterosso, J.R., Sarpelleh, K. and Page, K.A. (2015) Differential effects of fructose versus glucose on brain and appetitive responses to food cues and decisions for food rewards. *Proc Natl Acad Sci U S A* 112: 6509~6514.

Purnell, J.Q., Klopfenstein, B.A., Stevens, A.A., Havel, P.J., Adams, S.H., Dunn, T.N., Krisky, C. and Rooney, W.D. (2011) Brain functional magnetic resonance imaging response to glucose and fructose infusions in humans. *Diabetes Obes Metab* 13: 229~234.

Sutin, A.R., Cutler, R.G., Camandola, S., Uda, M., Feldman, N.H., Cucca, F., Zonderman, A.B., Mattson, M.P., Ferrucci, L., Schlessinger, D. and Terracciano, A. (2014) Impulsivity is associated with uric acid: evidence from humans and mice. *Biol Psychiatry* 75: 31~37.

Cutler, R.G., Camandola, S., Feldman, N.H., Yoon, J.S., Haran, J.B., Arguelles, S. and Mattson, M.P. (2019) Uric acid enhances longevity and endurance and protects the brain against ischemia. *Neurobiol Aging* 75: 159~168.

Lane, M.D. and Cha, S.H. (2009) Effect of glucose and fructose on food intake via malonyl-CoA signaling in the brain. *Biochem Biophys Res Commun* 382: 1~5.

Barrera, C.M., Ruiz, Z.R. and Dunlap, W.P. (1988) Uric acid: a participating factor in the symptoms of hyperactivity. *Biol Psychiatry* 24: 344~347.

Lorenzi, T.M., Borba, D.L., Dutra, G. and Lara, D.R. (2010) Association of serum uric acid levels with emotional and affective temperaments. *J Affect Disord* 121: 161~164.

Robin, J.P., Boucontet, L., Chillet, P. and Groscolas, R. (1998) Behavioral changes in fasting emperor penguins: evidence for a "refeeding signal" linked to a metabolic shift. *Am J Physiol* 274(3): R746~753.

과잉행동과 ADHD

Johnson, R.J., Gold, M.S., Johnson, D.R., Ishimoto, T., Lanaspa, M.A., Zahniser, N.R. and Avena, N.M. (2011) Attention-deficit/hyperactivity disorder: is it time to reappraise the role of sugar consumption? *Postgrad Med*. 123(5): 39~49.

Visser, S.N., Danielson, M.L., Bitsko, R.H., Holbrook, J.R., Kogan, M.D., Ghandour, R.M., Perou, R. and Blumberg, S.J. (2014) Trends in the parent-report of health care provider-diagnosed and medicated attention-deficit/hyperactivity disorder: United States, 2003~2011. *J Am Acad Child Adolesc Psychiatry* 53: 34~46 e32.

Hoerr, J., Fogel, J. and Van Voorhees, B. (2017) Ecological correlations of dietary food intake and mental health disorders. *J Epidemiol Glob Health* 7: 81~89.

Lien, L., Lien, N., Heyerdahl, S., Thoresen, M. and Bjertness, E. (2006) Consumption of soft drinks and hyperactivity, mental distress, and conduct problems among adolescents in Oslo, Norway. *Am J Public Health* 96: 1815~1820.

Barrera, C.M., Ruiz, Z.R. and Dunlap, W.P. (1988) Uric acid: a participating factor in the symptoms of hyperactivity. *Biol Psychiatry* 24: 344~347.

Van den Driessche, C., Chevrier, F., Cleeremans, A. and Sackur, J. (2019) Lower attentional skills predict increased exploratory foraging patterns. *Sci Rep* 9: 10948.

DiBattista, D. and Shepherd, M.L. (1993) Primary school teachers' beliefs and advice to parents concerning sugar consumption and activity in children. *Psychol Rep* 72(1): 47~55.

O'Reilly, G.A., Belcher, B.R., Davis, J.N., Martinez, L.T., Huh, J., Antunez-Castillo, L., Weigensberg, M., Goran, M.I. and Spruijt-Metz, D. (2015) Effects of high-sugar and high-fiber meals on physical activity behaviors in Latino and African American adolescents. *Obesity (Silver Spring)* 23: 1886~1894.

Wolraich, M.L., Lindgren, S.D., Stumbo, P.J., Stegink, L.D., Appelbaum, M.I. and Kiritsy, M.C. (1994) Effects of diets high in sucrose or aspartame on the behavior and cognitive performance of children. *N Engl J Med* 330: 301~307.

Franco-Perez, J., Manjarrez-Marmolejo, J., Ballesteros-Zebadua, P., Neri-Santos, A., Montes, S., Suarez-Rivera, N., Hernandez-Ceron, M. and Perez-Koldenkova, V. (2018) Chronic consumption of fructose induces behavioral alterations by increasing orexin and dopamine levels in the rat brain. *Nutrients* 10: 1722.

Hill, S.E., Prokosch, M.L., Morin, A. and Rodeheffer, C.D. (2014) The effect of non-caloric sweeteners on cognition, choice, and post-consumption satisfaction. *Appetite* 83: 82~88.

Ptacek, R., Kuzelova, H., Stefano, G.B., Raboch, J., Sadkova, T., Goetz, M. and Kream, R.M. (2014) Disruptive patterns of eating behaviors and associated lifestyles in males with ADHD. *Med Sci Monit* 20: 608~613.

Pagoto, S.L., Curtin, C., Lemon, S.C., Bandini, L.G., Schneider, K.L., Bodenlos, J.S. and Ma, Y. (2009) Association between adult attention deficit/hyperactivity disorder and obesity in the US population. *Obesity (Silver Spring)* 17: 539~544.

Agranat-Meged, A.N., Deitcher, C., Goldzweig, G., Leibenson, L., Stein, M. and Galili-Weisstub, E. (2005) Childhood obesity and attention deficit/hyperactivity disorder: a newly described comorbidity in obese hospitalized children. *Int J Eat Disord* 37: 357~359.

Altfas, J.R. (2002) Prevalence of attention deficit/hyperactivity disorder among adults in obesity treatment. *BMC Psychiatry* 2: 9.

양극성 장애와 우울증

Blader, J.C. and Carlson, G.A. (2007) Increased rates of bipolar disorder diagnoses among U.S. child, adolescent, and adult inpatients, 1996~2004. *Biol Psychiatry* 62: 107~114.

Kessing, L.V., Vradi, E. and Andersen, P.K. (2014) Are rates of pediatric bipolar disorder increasing? Results from a nationwide register study. *Int J Bipolar Disord* 2: 10.

Elmslie, J.L., Mann, J.I., Silverstone, J.T., Williams, S.M. and Romans, S.E. (2001) Determinants of overweight and obesity in patients with bipolar disorder. *J Clin Psychiatry* 62: 486~491; quiz 492~483.

Kesebir, S., Tatlıdil Yaylacı, E., Suner. O. and Gultekin, B.K. (2014) Uric acid levels may be a biological marker for the differentiation of unipolar and bipolar disorder: the role of affective temperament. *J Affect Disord* 165: 131~134.

Shorter, E. (2009) The history of lithium therapy. *Bipolar Disord* 11 Suppl 2: 4~9.

Akhondzadeh, S., Milajerdi, M.R., Amini, H. and Tehrani-Doost, M. (2006) Allopurinol as an adjunct to lithium and haloperidol for treatment of patients with acute mania: a double-blind, randomized, placebo-controlled trial. *Bipolar Disord* 8: 485~489.

Fan, A., Berg, A., Bresee, C., Glassman, L.H. and Rapaport, M.H. (2012) Allopurinol augmentation in the outpatient treatment of bipolar mania: a pilot study. *Bipolar Disord* 14: 206~210.

Jahangard, L., Soroush, S., Haghighi, M., Ghaleiha, A., Bajoghli, H., Holsboer-Trachsler, E. and Brand, S. (2014) In a double-blind, randomized and placebo-controlled trial, adjuvant allopurinol improved symptoms of mania in in-patients suffering from bipolar disorder. *Eur Neuropsychopharmacol* 24: 1210~1221.

Machado-Vieira, R., Soares, J.C., Lara, D.R., Luckenbaugh, D.A., Busnello, J.V., Marca, G., Cunha, A., Souza, D.O., Zarate, C.A., Jr. and Kapczinski, F. (2008) A double-blind, randomized, placebo-controlled 4-week study on the efficacy and safety of the purinergic agents allopurinol and dipyridamole adjunctive to lithium in acute bipolar mania. *J Clin Psychiatry* 69: 1237~1245.

Regenold, W.T., Hisley, K.C., Phatak, P., Marano, C.M., Obuchowski, A., Lefkowitz, D.M., Sassan, A., Ohri, S., Phillips, T.L., Dosanjh, N., Conley, R.R. and Gullapalli, R. (2008) Relationship of cerebrospinal fluid glucose metabolites to MRI deep white matter hyperintensities and treatment resistance in bipolar disorder patients. *Bipolar Disord* 10: 753~764.

Regenold, W.T., Phatak, P., Kling, M.A. and Hauser, P. (2004) Post-mortem evidence from human brain tissue of disturbed glucose metabolism in mood and psychotic disorders. *Mol Psychiatry* 9: 731~733.

Knuppel, A., Shipley, M.J., Llewellyn, C.H. and Brunner, E.J. (2017) Sugar intake from sweet food and beverages, common mental disorder and depression: prospective findings from the Whitehall II study. *Sci Rep* 7: 6287.

Westover, A.N. and Marangell, L.B. (2002) A cross-national relationship between sugar consumption and major depression? *Depress Anxiety* 16: 118~120.

Sanchez-Lozada, L.G., Andres-Hernando, A., Garcia-Arroyo, F.E., Cicerchi, C., Li, N.,

Kuwabara, M., Roncal-Jimenez, C.A., Johnson, R.J. and Lanaspa, M.A. (2019) Uric acid activates aldose reductase and the polyol pathway for endogenous fructose and fat production causing development of fatty liver in rats. *J Biol Chem* 294: 4272~4281.

공격성

Solnick, S.J. and Hemenway, D. (2012) The "Twinkie Defense": the relationship between carbonated non-diet soft drinks and violence perpetration among Boston high school students. *Inj Prev* 18: 259~263.

Solnick, S.J. and Hemenway, D. (2014) Soft drinks, aggression and suicidal behaviour in US high school students. *Int J Inj Contr Saf Promot* 21: 266~273.

Moore, S.C., Carter, L.M. and van Goozen, S. (2009) Confectionery consumption in childhood and adult violence. *Br J Psychiatry* 195: 366~367.

Spitz, R.T., Hillbrand, M. and Foster, H.G. (1995) Uric acid levels and severity of aggression. *Psychol Rep* 76: 130.

Grover, C.D., Kay, A.D., Monson, J.A., Marsh, T.C. and Holway, D.A. (2007) Linking nutrition and behavioural dominance: carbohydrate scarcity limits aggression and activity in Argentine ants. *Proc Biol Sci* 274: 2951~2957.

Carroll, C.R. and Janzen, D.H. (1973) Ecology of foraging by ants. *Annual Review of Ecology and Systematics* 4: 231~257.

알츠하이머병

Johnson, R.J., Gomez-Pinilla, F., Nagel, M., Nakagawa, T., Rodriguez-Iturbe, B., Sanchez-Lozada, L.G., Tolan, D.R. and Lanaspa, M.A. (2020) Cerebral fructose metabolism as a potential mechanism driving Alzheimer's disease. *Front Aging Neurosci* 12: 560865.

Neth, B.J. and Craft, S. (2017) Insulin resistance and Alzheimer's disease: bioenergetic linkages. *Front Aging Neurosci* 9: 345.

Cenini, G. and Voos, W. (2019) Mitochondria as potential targets in Alzheimer Disease therapy: an update. *Front Pharmacol* 10: 902.

Kendig, M.D., Boakes, R.A., Rooney, K.B. and Corbit, L.H. (2013) Chronic restricted access to 10% sucrose solution in adolescent and young adult rats impairs spatial memory and alters sensitivity to outcome devaluation. *Physiol Behav* 120: 164~172.

Agrawal, R., Noble, E., Vergnes, L., Ying, Z., Reue, K. and Gomez-Pinilla, F. (2016) Dietary fructose aggravates the pathobiology of traumatic brain injury by influencing energy homeostasis and plasticity. *J Cereb Blood Flow Metab* 36: 941~953.

Xu, J., Begley, P., Church, S.J., Patassini, S., McHarg, S., Kureishy, N., Hollywood, K.A., Waldvogel, H.J., Liu, H., Zhang, S., Lin, W., Herholz, K., Turner, C., Synek, B.J., Curtis, M.A., Rivers-Auty, J., Lawrence, C.B., Kellett, K.A., Hooper, N.M., Vardy, E.R., Wu, D., Unwin, R.D., Faull, R.L., Dowsey, A.W. and Cooper, G.J. (2016) Elevation of brain glucose and polyol-pathway intermediates with accompanying brain-copper deficiency in patients with Alzheimer's disease: metabolic basis for dementia. *Sci Rep* 6: 27524.

Sims, B., Powers, R.E., Sabina, R.L. and Theibert, A.B. (1998) Elevated adenosine monophosphate deaminase activity in Alzheimer's disease brain. *Neurobiol Aging* 19: 385~391.

Hoyer, S. (1994) Possible role of ammonia in the brain in dementia of Alzheimer type. *Adv Exp Med Biol* 368: 197~205.

Roberts, R.O., Roberts, L.A., Geda, Y.E., Cha, R.H., Pankratz, V.S., O'Connor, H.M., Knopman, D.S. and Petersen, R.C. (2012) Relative intake of macronutrients impacts risk of mild cognitive impairment or dementia. *J Alzheimers Dis* 32: 329~339.

Ge, Q., Wang, Z., Wu, Y., Huo, Q., Qian, Z., Tian, Z., Ren, W., Zhang, X. and Han, J. (2017) High salt diet impairs memory-related synaptic plasticity via increased oxidative stress and suppressed synaptic protein expression. *Mol Nutr Food Res* 61(10): 1700134.

Pase, M.P., Himali, J.J., Jacques, P.F., DeCarli, C., Satizabal, C.L., Aparicio, H., Vasan, R.S., Beiser, A.S. and Seshadri, S. (2017) Sugary beverage intake and preclinical Alzheimer's disease in the community. *Alzheimers Dement* 13: 955~964.

Burrows, T., Goldman, S., Olson, R.K., Byrne, B. and Coventry, W.L. (2017) Associations between selected dietary behaviours and academic achievement: A study of Australian school aged children. *Appetite* 116: 372~380.

Cao, D., Lu, H., Lewis, T.L. and Li, L. (2007) Intake of sucrose-sweetened water induces insulin resistance and exacerbates memory deficits and amyloidosis in a transgenic mouse model of Alzheimer disease. *J Biol Chem* 282: 36275~36282.

Simopoulos, A.P. (2013) Dietary omega-3 fatty acid deficiency and high fructose intake in the development of metabolic syndrome, brain metabolic abnormalities, and non-alcoholic fatty liver disease. *Nutrients* 5: 2901~2923.

Singh, J.A. and Cleveland, J.D. (2018) Comparative effectiveness of allopurinol versus febuxostat for preventing incident dementia in older adults: a propensity-matched analysis. *Arthritis Res Ther* 20: 167.

Schretlen, D.J., Inscore, A.B., Jinnah, H.A., Rao, V., Gordon, B. and Pearlson, G.D. (2007) Serum uric acid and cognitive function in community-dwelling older adults. *Neuropsychology* 21: 136~140.

요산의 역설

Orowan, E. (1955) The origin of man. *Nature* 175: 683~684.

Kasl, S.V. (1974) Are there any promising biochemical correlates of achievement behavior and motivation? The evidence for serum uric acid and serum cholesterol. *Review of Educational Research* 44: 447~462.

Brooks, G.W. and Mueller, E. (1966) Serum urate concentrations among university professors; relation to drive, achievement, and leadership. *JAMA* 195: 415~418.

3부 자연보다 더 영리해지는 법

8장 식단 속 당류 파헤치기

현재 당류 섭취량 및 권고 기준

Ng, S.W., Slining, M.M. and Popkin, B.M. (2012) Use of caloric and noncaloric sweeteners in US consumer packaged foods, 2005~2009. *J Acad Nutr Diet* 112: 1828~1834.

Special Issue: U.S. beverage results for 2011. (2012) Beverage Digest 61: 2.

World Health Organization. (2015). Guideline: Sugars intake for adults and children. eneva, Switzerland: World Health Organization: 1~59.

Johnson, R.K., Appel, L.J., Brands, M., Howard, B.V., Lefevre, M., Lustig, R.H., Sacks, F., Steffen, L.M. and Wylie-Rosett, J. (2009) Dietary sugars intake and cardiovascular health: a scientific statement from the American Heart Association.

Circulation 120: 1011~1020.

과일과 당류

Jang, C., Hui, S., Lu, W., Cowan, A.J., Morscher, R.J., Lee, G., Liu, W., Tesz, G.J., Birnbaum, M.J. and Rabinowitz, J.D. (2018) The small intestine converts dietary fructose into glucose and organic acids. *Cell Metab* 27: 351~361.

Jang, C., Wada, S., Yang, S., Gosis, B., Zeng, X., Zhang, Z., Shen, Y., Lee, G., Arany, Z. and Rabinowitz, J.D. (2020) The small intestine shields the liver from fructose-induced steatosis. *Nat Metab* 2: 586~593.

Andres-Hernando, A., Orlicky, D.J., Kuwabara, M., Ishimoto, T., Nakagawa, T., Johnson, R.J. and Lanaspa, M.A. (2020) Deletion of fructokinase in the liver or in the intestine reveals differential effects on sugar-induced metabolic dysfunction. *Cell Metab* 32(1): 117~127.

Garcia-Arroyo, F.E., Gonzaga-Sanchez, G., Tapia, E., Munoz-Jimenez, I., Manterola-Romero,

L., Osorio-Alonso, H., Arellano-Buendia, A.S., Pedraza-Chaverri, J., Roncal-Jimenez, C.A., Lanaspa, M.A., Johnson, R.J. and Sanchez-Lozada, L.G. (2021) Osthol ameliorates kidney damage and metabolic syndrome induced by a high-fat/high-sugar diet. *Int J Mol Sci*. 22: 2431.

Zhang, J., Zhao, L., Cheng, Q., Ji, B., Yang, M., Sanidad, K.Z., Wang, C. and Zhou, F. (2018) Structurally different flavonoid subclasses attenuate high-fat and high-fructose diet induced metabolic syndrome in rats. *J Agric Food Chem* 66(46): 12412~12420.

Reungjui, S., Roncal, C.A., Mu, W., Srinivas, T.R., Sirivongs, D., Johnson, R.J., Nakagawa, T. (2007) Thiazide diuretics exacerbate fructose-induced metabolic syndrome. *J Am Soc Nephrol* 18: 2724~2731.

Madero, M., Arriaga, J.C., Jalal, D., Rivard, C., McFann, K., Perez-Mendez, O., Vazquez, A., Ruiz, A., Lanaspa, M.A., Jimenez, C.R., Johnson, R.J. and Lozada, L.G. (2011) The effect of two energy-restricted diets, a low-fructose diet versus a moderate natural fructose diet, on weight loss and metabolic syndrome parameters: a randomized controlled trial. *Metabolism* 60: 1551~1559.

American Academy of Pediatrics. (2001) The use and misuse of fruit juice in pediatrics. *Pediatrics* 107: 1210~1213.

Johnson, R.J. and Gower, T. (2008). *The Sugar Fix. The High-Fructose Fallout That Is*

Making You Fat and Sick. New York, Rodale.

당류가 함유된 음료 vs 당류가 함유된 음식

Sundborn, G., Thornley, S., Merriman, T.R., Lang, B., King, C., Lanaspa, M.A. and Johnson, R.J. (2019) Are liquid sugars different from solid sugar in their ability to cause metabolic syndrome? *Obesity (Silver Spring)* 27: 879~887.

Togo, J., Hu, S., Li, M., Niu, C. and Speakman, J.R. (2019) Impact of dietary sucrose on adiposity and glucose homeostasis in C57BL/6J mice depends on mode of ingestion: liquid or solid. *Mol Metab* 27: 22~32.

Kanbay, M., Guler, G., Ertuglu, L.A., Dagel, T., Afsar, B., Incir, S., Baygul, A., Covic, A., Andres-Hernando, A., Sanchez-Lozada, L.G., Lanaspa, M.A. and Johnson, R.J. (2021) The speed of ingestion of a sugary beverage has an effect on the acute metabolic response to fructose. *Nutrients* 13(6): 1916.

DiMeglio, D.P. and Mattes, R.D. (2000) Liquid versus solid carbohydrate: effects on food intake and body weight. *Int J Obes Relat Metab Disord* 24: 794~800.

프럭토스의 흡수와 대사

Roncal-Jimenez, C.A., Lanaspa, M.A., Rivard, C.J., Nakagawa, T., Sanchez-Lozada, L.G., Jalal, D., Andres-Hernando, A., Tanabe, K., Madero, M., Li, N., Cicerchi, C., Mc Fann, K.,

Sautin, Y.Y. and Johnson, R.J. (2011) Sucrose induces fatty liver and pancreatic inflammation in male breeder rats independent of excess energy intake. *Metabolism* 60: 1259~1270.

Lanaspa, M.A., Sanchez-Lozada, L.G., Cicerchi, C., Li, N., Roncal-Jimenez, C.A., Ishimoto, T., Le, M., Garcia, G.E., Thomas, J.B., Rivard, C.J., Andres-Hernando, A., Hunter, B., Schreiner, G., Rodriguez-Iturbe, B., Sautin, Y.Y. and Johnson, R.J. (2012) Uric acid stimulates fructokinase and accelerates fructose metabolism in the development of fatty liver. *PLoS One*. 7(10): e47948.

Sanchez-Lozada, L.G., Andres-Hernando, A., Garcia-Arroyo, F.E., Cicerchi, C., Li, N., Kuwabara, M., Roncal-Jimenez, C.A., Johnson, R.J. and Lanaspa, M.A. (2019) Uric acid activates aldose reductase and the polyol pathway for endogenous fructose and fat production causing development of fatty liver in rats. *J Biol Chem* 294: 4272~4281.

Burant, C.F. and Saxena, M. (1994) Rapid reversible substrate regulation of fructose transporter expression in rat small intestine and kidney. *Am J Physiol* 267: G71~79.

Garcia-Arroyo, F.E., Monroy-Sanchez, F., Munoz-Jimenez, I., Gonzaga, G., Andres-Hernando, A., Zazueta, C., Juarez-Rojas, J.G., Lanaspa, M.A., Johnson, R.J. and Sanchez-Lozada, L.G. (2019) Allopurinol prevents the lipogenic response induced by an acute oral fructose challenge in short-term fructose fed rats. *Biomolecules* 9: 601.

Sullivan, J.S., Le, M.T., Pan, Z., Rivard, C., Love-Osborne, K., Robbins, K., Johnson, R.J., Sokol, R.J. and Sundaram, S.S. (2015) Oral fructose absorption in obese children with non-alcoholic fatty liver disease. *Pediatr Obes* 10: 188~195.

인공감미료

Choudhary, A.K. and Lee, Y.Y. (2018) Neurophysiological symptoms and aspartame: What is the connection? *Nutr Neurosci* 21: 306~316.

Abdel-Salam, O.M., Salem, N.A., El-Shamarka, M.E., Hussein, J.S., Ahmed, N.A. and El-Nagar, M.E. (2012) Studies on the effects of aspartame on memory and oxidative stress in brain of mice. *Eur Rev Med Pharmacol Sci* 16: 2092~2101.

Sylvetsky, A.C., Figueroa, J., Zimmerman, T., Swithers, S.E. and Welsh, J.A. (2019) Consumption of low-calorie sweetened beverages is associated with higher total energy and sugar intake among children, NHANES 2011~2016. *Pediatr Obes* 14: e12535.

Hill, S.E., Prokosch, M.L., Morin, A. and Rodeheffer, C.D. (2014) The effect of non-caloric sweeteners on cognition, choice, and post-consumption satisfaction. *Appetite* 83: 82~88.

Andres-Hernando, A., Kuwabara, M., Orlicky, D.J., Vandenbeuch, A., Cicerchi, C., Kinnamon, S.C., Finger, T.E., Johnson, R.J. and Lanaspa, M.A. (2020) Sugar causes obesity and metabolic syndrome in mice independently of sweet taste. *Am J Physiol Endocrinol Metab*. 319: E276~E290.

Suez, J., Korem, T., Zeevi, D., Zilberman-Schapira, G., Thaiss, C.A., Maza, O., Israeli, D., Zmora, N., Gilad, S., Weinberger, A., Kuperman, Y., Harmelin, A., Kolodkin-Gal, I., Shapiro, H., Halpern, Z., Segal, E. and Elinav, E. (2014) Artificial sweeteners induce glucose intolerance by altering the gut microbiota. *Nature* 514: 181~186.

Johnson, R.J., Rivard, C., Lanaspa, M.A., Otabachian-Smith, S., Ishimoto, T., Cicerchi,

C., Cheeke, P.R., Macintosh, B. and Hess, T. (2013) Fructokinase, fructans, intestinal permeability, and metabolic syndrome: an equine connection? *J Equine Vet Science* 33: 120~126.

스포츠 음료

Cade, J.R., Free, H.J., De Quesada, A.M., Shires, D.L. and Roby, L. (1971) Changes in body fluid composition and volume during vigorous exercise by athletes. *J Sports Med Phys Fitness* 11: 172~178.

Johnson, R.J. and Murray, R. (2010) Fructose, exercise, and health. *Curr Sports Med Rep* 9: 253~258.

Dougherty, K.A., Baker, L.B., Chow, M. and Kenney, W.L. (2006) Two percent dehydration impairs and six percent carbohydrate drink improves boys basketball skills. *Med Sci Sports Exerc* 38: 1650~1658.

글루코스와 성과

Owen, L., Scholey, A.B., Finnegan, Y., Hu, H. and Sunram-Lea, S.I. (2012) The effect of glucose dose and fasting interval on cognitive function: a double-blind, placebo-controlled, six-way crossover study. *Psychopharmacology (Berl)* 220: 577~589.

Rampersaud, G.C., Pereira, M.A., Girard, B.L., Adams, J. and Metzl, J.D. (2005) Breakfast habits, nutritional status, body weight, and academic performance in children and adolescents. *J Am Diet Assoc* 105: 743~760; quiz 761~762.

Cooper, S.B., Bandelow, S., Nute, M.L., Morris, J.G. and Nevill, M.E. (2012) Breakfast glycaemic index and cognitive function in adolescent school children. *Br J Nutr* 107: 1823~1832.

Benton, D. and Parker, P.Y. (1998) Breakfast, blood glucose, and cognition. *Am J Clin Nutr*. 67: 772S~778S.

당류 저항성

Pontzer, H. (2017) The exercise paradox. *Sci Am* 316: 26~31.

Marlowe, F.W., Berbesque, J.C., Wood, B., Crittenden, A., Porter, C. and Mabulla, A. (2014) Honey, Hadza, hunter-gatherers, and human evolution. *J Hum Evol* 71: 119~128.

Crittenden, A.N., Sorrentino, J., Moonie, S.A., Peterson, M., Mabulla, A. and Ungar, P.S.

(2017) Oral health in transition: The Hadza foragers of Tanzania. *PLoS One* 12: e0172197.

Leonidas, J.C. (1965) Essential fructosuria. N Y State J Med 65: 2257~2259.

Bayard, V., Chamorro, F., Motta, J. and Hollenberg, N.K. (2007) Does flavanol intake influence mortality from nitric oxide-dependent processes? Ischemic heart disease, stroke, diabetes mellitus, and cancer in Panama. *Int J Med Sci* 4: 53~58.

Hollenberg, N.K., Rivera, A., Meinking, T., Martinez, G., McCullough, M., Passan, D., Preston, M., Taplin, D. and Vicaria-Clement, M. (1999) Age, renal perfusion and function in island-dwelling indigenous Kuna Amerinds of Panama. *Nephron* 82: 131~138.

Gutierrez-Salmean, G., Meaney, E., Lanaspa, M.A., Cicerchi, C., Johnson, R.J., Dugar, S., Taub, P., Ramirez-Sanchez, I., Villarreal, F., Schreiner, G. and Ceballos, G. (2016) A randomized, placebo-controlled, double-blind study on the effects of (-)-epicatechin on the triglyceride/HDLc ratio and cardiometabolic profile of subjects with hypertriglyceridemia: Unique in vitro effects. *Int J Cardiol* 223: 500~506.

9장 지방 스위치를 차단하는 최적의 식단

혈당지수와 영양

Atkinson, F.S., Foster-Powell, K. and Brand-Miller, J.C. (2008) International tables of glycemic index and glycemic load values. *Diabetes Care* 31: 2281~2283.

Foster-Powell, K., Holt, S.H. and Brand-Miller, J.C. (2002) International table of glycemic index and glycemic load values. *Am J Clin Nutr* 76: 5~56.

Mozaffarian, D., Hao, T., Rimm, E.B., Willett, W.C. and Hu, F.B. (2011) Changes in diet and lifestyle and long-term weight gain in women and men. *N Engl J Med* 364: 2392~2404.

Bendsen, N.T., Christensen, R., Bartels, E.M. and Astrup, A. (2011) Consumption of industrial and ruminant trans fatty acids and risk of coronary heart disease: a systematic review and meta-analysis of cohort studies. *Eur J Clin Nutr* 65: 773~783.

Shapiro, A., Tumer, N., Gao, Y., Cheng, K.Y. and Scarpace, P.J. (2011) Prevention and reversal of diet-induced leptin resistance with a sugar-free diet despite high fat content. *Br J Nutr* 106(3): 390~397.

Simopoulos, A.P. (2016) An increase in the omega-6/omega-3 fatty acid ratio increases the risk for obesity. *Nutrients* 8: 128.

Infante, J.P., Kirwan, R.C. and Brenna, J.T. (2001) High levels of docosahexaenoic acid (22:6n-3)-containing phospholipids in high-frequency contraction muscles of hummingbirds and rattlesnakes. *Comp Biochem Physiol B Biochem Mol Biol* 130: 291~298.

Schwingshackl, L., Hoffmann, G., Schwedhelm, C., Kalle-Uhlmann, T., Missbach, B., Knuppel, S. and Boeing, H. (2016) Consumption of dairy products in relation to changes in anthropometric variables in adult populations: a systematic review and meta-analysis of cohort studies. *PLoS One* 11: e0157461.

Thorning, T.K., Raben, A., Tholstrup, T., Soedamah-Muthu, S.S., Givens, I. and Astrup, A. (2016) Milk and dairy products: good or bad for human health? An assessment of the totality of scientific evidence. *Food Nutr Res* 60: 32527.

Wang, Y. and Beydoun, M.A. (2009) Meat consumption is associated with obesity and central obesity among US adults. *Int J Obes (Lond)* 33: 621~628.

식단 관련 연구

Andrews, P. and Johnson, R.J. (2020) Evolutionary basis for the human diet: consequences for human health. *J Intern Med* 287: 226~237.

Mozaffarian, D. (2016) Dietary and policy priorities for cardiovascular disease, diabetes, and obesity: a comprehensive review. *Circulation* 133: 187~225.

Ballard, K.D., Quann, E.E., Kupchak, B.R., Volk, B.M., Kawiecki, D.M., Fernandez, M.L., Seip, R.L., Maresh, C.M., Kraemer, W.J. and Volek, J.S. (2013) Dietary carbohydrate restriction improves insulin sensitivity, blood pressure, microvascular function, and cellular adhesion markers in individuals taking statins. *Nutr Res*. 33: 905~912.

Hyde, P.N., Sapper, T.N., Crabtree, C.D., LaFountain, R.A., Bowling, M.L., Buga, A., Fell, B., McSwiney, F.T., Dickerson, R.M., Miller, V.J., Scandling, D., Simonetti, O.P., Phinney, S.D., Kraemer, W.J., King, S.A., Krauss, R.M. and Volek, J.S. (2019) Dietary carbohydrate restriction improves metabolic syndrome independent of weight loss. *JCI Insight* 4: e128308.

Foster, G.D., Wyatt, H.R., Hill, J.O., Makris, A.P., Rosenbaum, D.L., Brill, C., Stein, R.I.,

Mohammed, B.S., Miller, B., Rader, D.J., Zemel, B., Wadden, T.A., Tenhave, T., Newcomb, C.W. and Klein, S. (2010) Weight and metabolic outcomes after 2 years on a low-carbohydrate versus low-fat diet: a randomized trial. *Ann Intern Med* 153: 147~157.

Samaha, F.F., Iqbal, N., Seshadri, P., Chicano, K.L., Daily, D.A., McGrory, J., Williams, T., Williams, M., Gracely, E.J. and Stern, L. (2003) A low-carbohydrate as compared with a low-fat diet in severe obesity. *N Engl J Med* 348: 2074~2081.

Mellberg, C., Sandberg, S., Ryberg, M., Eriksson, M., Brage, S., Larsson, C., Olsson, T. and Lindahl, B. (2014) Long-term effects of a Palaeolithic-type diet in obese postmenopausal women: a 2-year randomized trial. *Eur J Clin Nutr* 68: 350~357.

Sacks, F.M., Bray, G.A., Carey, V.J., Smith, S.R., Ryan, D.H., Anton, S.D., McManus, K., Champagne, C.M., Bishop, L.M., Laranjo, N., Leboff, M.S., Rood, J.C., de Jonge, L., Greenway, F.L., Loria, C.M., Obarzanek, E. and Williamson, D.A. (2009) Comparison of weight-loss diets with different compositions of fat, protein, and carbohydrates. *N Engl J Med* 360: 859~873.

Trichopoulou, A., Costacou, T., Bamia, C. and Trichopoulos, D. (2003) Adherence to a Mediterranean diet and survival in a Greek population. *N Engl J Med* 348: 2599~2608.

Mazidi, M., Katsiki, N., Mikhailidis, D.P., Sattar, N. and Banach, M. (2019) Lower carbohydrate diets and all-cause and cause-specific mortality: a population-based cohort study and pooling of prospective studies. *Eur Heart J* 40: 2870~2879.

Jospe, M.R., Roy, M., Brown, R.C., Haszard, J.J., Meredith-Jones, K., Fangupo, L.J., Osborne, H., Fleming, E.A. and Taylor, R.W. (2020) Intermittent fasting, Paleolithic, or Mediterranean diets in the real world: exploratory secondary analyses of a weight-loss trial that included choice of diet and exercise. *Am J Clin Nutr* 111: 503~514.

Volek, J.S., Phinney, S.D., Krauss, R.M., Johnson, R.J., Saslow, L.R., Gower, B., Yandy, W.W., King, J., Hecht, F.M., Teicholz, N., Bistrian, B.R., Hamdy, O. (2021) Alternative dietary patterns for Americans: Low-carbohydrate diet. *Nutrients* 13: 3299.

수면

Chaput, J.P., Tremblay, M.S., Katzmarzyk, P.T., Fogelholm, M., Hu, G., Maher, C., Maia, J.,

Olds, T., Onywera, V., Sarmiento, O.L., Standage, M., Tudor-Locke, C., Sampa-sa-Kanyinga, H. and Group, I.R. (2018) Sleep patterns and sugar-sweetened beverage consumption among children from around the world. *Public Health Nutr* 21: 2385~2393.

Markwald, R.R., Melanson, E.L., Smith, M.R., Higgins, J., Perreault, L., Eckel, R.H. and Wright, K.P., Jr. (2013) Impact of insufficient sleep on total daily energy expenditure, food intake, and weight gain. Proc Natl Acad Sci U S A 110: 5695~5700.

Chen, X., Beydoun, M.A. and Wang, Y. (2008) Is sleep duration associated with childhood obesity? A systematic review and meta-analysis. *Obesity (Silver Spring)* 16: 265~274.

지속적인 글루코스 모니터링의 이점

Zeevi, D., Korem, T., Zmora, N., Israeli, D., Rothschild, D., Weinberger, A., Ben-Yacov, O., Lador, D., Avnit-Sagi, T., Lotan-Pompan, M., Suez, J., Mahdi, J.A., Matot, E., Malka, G., Kosower, N., Rein, M., Zilberman-Schapira, G., Dohnalova, L., Pevsner-Fischer, M., Bikovsky, R., Halpern, Z., Elinav, E. and Segal, E. (2015) Personalized nutrition by prediction of glycemic responses. *Cell* 163: 1079~1094.

Hall, H., Perelman, D., Breschi, A., Limcaoco, P., Kellogg, R., McLaughlin, T. and Snyder, M. (2018) Glucotypes reveal new patterns of glucose dysregulation. *PLoS Biol*. 16: e2005143.

수분 섭취

Stookey, J.J. (2016) Negative, null and beneficial effects of drinking water on energy intake, energy expenditure, fat oxidation and weight change in randomized trials: a qualitative review. *Nutrients* 8: 19.

Stookey, J.D., Kavouras, S., Suh, H. and Lang, F. (2020) Underhydration is associated with obesity, chronic diseases, and death within 3 to 6 years in the U.S. population aged 51~70 years. *Nutrients* 12(4): 905.

Stookey, J.D. (2017) Under what conditions do water-intervention studies significantly improve child body weight? *Ann Nutr Metab* 70 Suppl 1: 62~67.

요산 수치 낮추기

Ejaz, A.A., Nakagawa, T., Kanbay, M., Kuwabara, M., Kumar, A., Garcia Arroyo, F.E., Roncal-Jimenez, C., Sasai, F., Kang, D.H., Jensen, T., Hernando, A.A., Rodriguez-Iturbe, B., Garcia, G., Tolan, D.R., Sanchez-Lozada, L.G., Lanaspa, M.A. and Johnson, R.J. (2020) Hyperuricemia in kidney disease: a major risk factor for cardiovascular events, vascular calcification, and renal damage. *Semin Nephrol* 40: 574~585.

Piani, F., Sasai F, Bjornstad, P., Borghi, C., Yoshimura, A., Sanchez-Lozada, L.G., Roncal-Jimenez, C., Garcia, G.E., Hernando, A.A., Fuentes, G.C., Rodriguez-Iturbe, B., Lanaspa, M.A., Johnson, R.J. (2021) Hyperuricemia and chronic kidney disease: to treat or not to treat. *J Bras Nefrol* S0101-28002021005026301.

Johnson, R.J., Bakris, G.L., Borghi, C., Chonchol, M.B., Feldman, D., Lanaspa, M.A., Merriman, T.R., Moe, O.W., Mount, D.B., Sanchez Lozada, L.G., Stahl, E., Weiner, D.E. and Chertow, G.M. (2018) Hyperuricemia, acute and chronic kidney disease, hypertension, and cardiovascular disease: report of a scientific workshop organized by the National Kidney Foundation. *Am J Kidney Dis* 71: 851~865.

10장 원래 체중을 회복하고 건강수명을 늘리는 법

보행 속도 테스트

Hills, A.P. and Parker, A.W. (1991) Gait characteristics of obese children. *Arch Phys Med Rehabil* 72: 403~407.

Santanasto, A.J., Coen, P.M., Glynn, N.W., Conley, K.E., Jubrias, S.A., Amati, F., Strotmeyer, E.S., Boudreau, R.M., Goodpaster, B.H. and Newman, A.B. (2016) The relationship between mitochondrial function and walking performance in older adults with a wide range of physical function. *Exp Gerontol* 81: 1~7.

Luk, T.H., Dai, Y.L., Siu, C.W., Yiu, K.H., Li, S.W., Fong, B., Wong, W.K., Tam, S. and Tse, H.F. (2012) Association of lower habitual physical activity level with mitochondrial and endothelial dysfunction in patients with stable coronary artery disease. *Circ J* 76: 2572~2578.

Apabhai, S., Gorman, G.S., Sutton, L., Elson, J.L., Plotz, T., Turnbull, D.M. and Trenell, M.I. (2011) Habitual physical activity in mitochondrial disease. *PLoS One* 6: e22294.

Coen, P.M., Jubrias, S.A., Distefano, G., et al. (2013) Skeletal muscle mitochondrial energetics are associated with maximal aerobic capacity and walking speed in older adults. *J Gerontol A Biol Sci Med Sci* 68: 447~455.

Jerome, G.J., Ko, S.U., Chiles Shaffer, N.S., Studenski, S.A., Ferrucci, L. and Simonsick, E.M. (2016) Cross-sectional and longitudinal associations between adiposity and walking endurance in adults age 60~79. *J Gerontol A Biol Sci Med Sci* 71: 1661~1666.

Studenski, S., Perera, S., Patel, K., et al. (2011) Gait speed and survival in older adults. *JAMA* 305: 50~58.

미토콘드리아 기능 향상

San Millan, I. and Brooks, G.A. (2018) Assessment of metabolic flexibility by means of measuring blood lactate, fat, and carbohydrate oxidation responses to exercise in professional endurance athletes and less-fit individuals. *Sports Med* 48: 467~479.

Achten, J. and Jeukendrup, A.E. (2004) Optimizing fat oxidation through exercise and diet. *Nutrition* 20: 716~727.

De Cabo, R. and Mattson, M.P. (2019) Effects of intermittent fasting on health, aging, and disease. *N Engl J Med* 381: 2541~2551.

Bourguignon, A., Rameau, A., Toullec, G., Romestaing, C. and Roussel, D. (2017) Increased mitochondrial energy efficiency in skeletal muscle after long-term fasting: its relevance to animal performance. *J Exp Biol* 220: 2445~2451.

Miller, B., Hamilton, K., Boushel, R., Williamson, K., Laner, V., Gnaiger, E. and Davis, M. (2017) Mitochondrial respiration in highly aerobic canines in the non-raced state and after a 1600-km sled dog race. *PLoS One* 12: e0174874.

Sies, H., Hollman, P.C., Grune, T., Stahl, W., Biesalski, H.K. and Williamson, G. (2012) Protection by flavanol-rich foods against vascular dysfunction and oxidative damage: 27th Hohenheim Consensus Conference. *Adv Nutr* 3: 217~221.

노화

Van Dam, E., van Leeuwen, L.A.G., Dos Santos, E., James, J., Best, L., Lennicke, C., Vincent, A.J., Marinos, G., Foley, A., Buricova, M., Mokochinski, J.B., Kramer, H.B., Lieb, W., Laudes, M., Franke, A., Kaleta, C. and Cocheme, H.M. (2020) Sugar-induced obesity and insulin resistance are uncoupled from shortened survival in drosophila. *Cell Metab* 31: 710~725 e717.

Roncal-Jimenez, C.A., Ishimoto, T., Lanaspa, M.A., Milagres, T., Hernando, A.A., Jensen, T., Miyazaki, M., Doke, T., Hayasaki, T., Nakagawa, T., Marumaya, S., Long, D.A., Garcia, G.E., Kuwabara, M., Sanchez-Lozada, L.G., Kang, D.H., Johnson, R.J. (2016) Aging-associated renal disease in mice is fructokinase dependent. *Am J Physiol Renal Physiol* 311(4): F722~F730.

Lai, J.Y., Atzmon, G., Melamed, M.L., Hostetter, T.H., Crandall, J.P., Barzilai, N. and Bitzer, M. (2012) Family history of exceptional longevity is associated with lower serum uric acid levels in Ashkenazi Jews. *J Am Geriatr Soc* 60: 745~750.

보충제와 비타민

Le, M.T., Lanaspa, M.A., Cicerchi, C.M., et al. (2016) Bioactivity-guided identification of botanical inhibitors of ketohexokinase. *PLoS One* 11: e0157458.

Gutierrez-Salmean, G., Meaney, E., Lanaspa, M.A., Cicerchi, C., Johnson, R.J., Dugar, S., Taub, P., Ramirez-Sanchez, I., Villarreal, F., Schreiner, G. and Ceballos, G. (2016) A randomized, placebo-controlled, double-blind study on the effects of (-)-epicatechin on the triglyceride/HDLc ratio and cardiometabolic profile of subjects with hypertriglyceridemia: Unique in vitro effects. *Int J Cardiol* 223: 500~506.

Gomez-Cabrera, M.C., Domenech, E., Romagnoli, M., et al. (2008) Oral administration of vitamin C decreases muscle mitochondrial biogenesis and hampers training-induced adaptations in endurance performance. *American Journal of Clinical Nutrition* 87: 142~149.

Garcia-Arroyo, F.E., Gonzaga-Sanchez, G., Tapia, E., Munoz-Jimenez, I., Manterola-Romero, L., Osorio-Alonso, H., Arellano-Buendia, A.S., Pedraza-Chaverri, J., Roncal-Jimenez, C.A., Lanaspa, M.A., Johnson, R.J. and Sanchez-Lozada, L.G. (2021) Osthol ameliorates kidney damage and metabolic syndrome induced by a high-fat/high-sugar diet. *Int J Mol Sci* 22: 2431.

맺음말

Benner, S. (2017) Uniting natural history with the molecular sciences. The ultimate multidisciplinarity. Acc Chem Res 50: 498~502.

Benner, S.A., Caraco, M.D., Thomson, J.M. and Gaucher, E.A. (2002) Planetary biology—paleontological, geological, and molecular histories of life. *Science* 296:

864~868.

Francey, C., Cros, J., Rosset, R., Creze, C., Rey, V., Stefanoni, N., Schneiter, P., Tappy, L. and Seyssel, K. (2019) The extra-splanchnic fructose escape after ingestion of a fructose-glucose drink: An exploratory study in healthy humans using a dual fructose isotope method. *Clin Nutr ESPEN* 29: 125~132.

Sherlock Holmes quote from Arthur Conan Doyle. (1890) *The Sign of the Four*. London, Spencer Blackett.